永磁同步电机先进驱动控制技术

王建立　邓永停　刘　京　著

科 学 出 版 社

北　京

内 容 简 介

永磁同步电机及其驱动控制系统在自动化设备的发展和优化升级过程中扮演着重要角色，本书系统深入地介绍了永磁同步电机的先进驱动控制方法。全书共6章，主要内容包括绪论、永磁同步电机基本控制方法、基于滑模控制理论的永磁同步电机控制、基于扰动观测器理论的永磁同步电机控制、基于矢量谐振控制器的永磁同步电机控制、基于预测控制理论的永磁同步电机控制。

本书可供高等院校、科研院所中自动化、电机及其控制等专业的研究生，以及从事伺服控制系统设计研发的技术人员阅读和参考。

图书在版编目(CIP)数据

永磁同步电机先进驱动控制技术 / 王建立, 邓永停, 刘京著. -- 北京 : 科学出版社, 2025. 6. -- ISBN 978-7-03-080994-0

Ⅰ. TM351.012

中国国家版本馆CIP数据核字第2025E2C237号

责任编辑：裴 育 朱英彪 纪四稳 / 责任校对：任苗苗
责任印制：肖 兴 / 封面设计：有道文化

科学出版社 出版
北京东黄城根北街16号
邮政编码：100717
http://www.sciencep.com
三河市春园印刷有限公司印刷
科学出版社发行 各地新华书店经销
*
2025年6月第 一 版 开本：720 × 1000 1/16
2025年6月第一次印刷 印张：14 1/2
字数：292 000

定价：160.00 元

(如有印装质量问题，我社负责调换)

前　言

近年来，随着电机制造技术、电力电子技术、传感器技术、计算机技术和控制理论的快速发展，基于永磁同步电机的交流伺服控制系统实现了高动态的转矩响应并表现出良好的应用性能，取代了直流伺服控制系统成为主流，在自动化设备的更新换代和优化升级过程中扮演着重要的角色。

在中国科学院长春光学精密机械与物理研究所，作者主要从事地基大口径光学望远镜总体和光电精密跟踪控制技术等研究工作，解决了传统的光电经纬仪等光电跟踪系统快速跟踪目标等技术难题，指导学生开展交流永磁同步电机用于大型地基光电设备伺服控制系统的创新研究，解决了永磁同步电机大惯量、宽动态、高精度跟踪技术难题，成果已经应用在研制的 1.2m、2m、2.5m 和 4m 等二十多台套地基大口径光电成像望远镜上，取得了理想的控制效果。作为学术带头人，作者带领学生系统总结了永磁同步电机伺服控制系统用于光电望远镜跟踪控制的算法研究，以及永磁同步电机的先进驱动控制技术研究成果，并整理成书，为同行提供技术参考。

本书从永磁同步电机的先进驱动控制技术出发，在介绍永磁同步电机基本原理和基本控制方法的基础上，针对实际的基于永磁同步电机的机电伺服控制系统中包括外部力矩扰动和模型参数摄动在内的非线性扰动抑制问题、谐振抑制问题、动态性能改善问题的解决方法进行系统的介绍，具体如下。

第 1 章对永磁同步电机及其应用、永磁同步电机的基本控制方案和永磁同步电机的先进控制技术进行简要的介绍。第 2 章讨论永磁同步电机基本控制方法，包括磁场定向矢量控制方法和空间矢量脉宽调制技术，同时对永磁同步电机调速系统的仿真建模方法进行介绍。针对永磁同步电机伺服控制系统中存在的非线性扰动问题，第 3、4 章分别从控制器本身的鲁棒性和扰动观测补偿两个角度介绍上述问题的解决方法。第 3 章介绍基于滑模控制理论的永磁同步电机控制方法，具体包括自适应滑模控制、超螺旋滑模控制、固定时间自适应超螺旋滑模控制和基于径向基函数(RBF)神经网络的固定时间非奇异终端滑模控制。第 4 章介绍基于扰动观测器理论的永磁同步电机控制方法，具体包括基于滑模控制的扰动观测器、基于迭代学习控制的扰动观测器、基于固定时间切换的广义扩张状态观测器和基于准谐振的级联扩张状态观测器。第 5 章针对永磁同步电机控制系统的谐振抑制问题，介绍基于降阶矢量谐振的广义自抗扰控制和基于分数阶矢量谐振的鲁棒内模控制这两种以矢量谐振控制器为核心的复合控制方法。第 6 章介绍一种具有较高潜力的高性能控制方法，即基于预测控制理论的永磁同步电机控制，该方法可有效克服控制过程的不确定性、非线性等因素，且能方便地处理被控系统中的各种约束，并对模型预测控制在永磁同步电机电流控制方面的应用进行了介绍。本书各章在介绍设计方法时均给出了仿真或实验实例，便于读者更好地对其进行理解。

本书由王建立负责全书的内容规划，撰写第 1、2 章；邓永停撰写第 4、6 章；刘京撰写第 3、5 章，并负责全书整理校对。在本书撰写过程中，参考了国内外大量相关文献资料，在此谨向各位同行深表谢意。本书的撰写还得到了中国科学院长春光学精密机械与物理研究所光电探测部同事以及刘秀峰、曹海洋、孙征、杨天、黄明飞、魏宗恩等研究生的支持和帮助，在此一并向他们表示感谢。

由于作者水平有限，书中难免存在疏漏或不足之处，敬请广大读者批评指正。

王建立

2024 年 8 月

目　录

先给红色线圈通电，那么电流从定子绕组中流过会产生类似条形磁铁的磁场，中间的转子永磁体由于磁极固定且同性相斥异性相吸，定子产生的旋转磁场就会带动转子绕中心轴旋转。当转子旋转到下一个绕组时，刚好下一个绕组的磁极和转子磁极相反，转子受力继续旋转。定子绕组上电流周期变化，转子持续旋转，最终转子转速和旋转磁场转速相等，电机进入稳定运行状态。

1.2 永磁同步电机的应用

永磁同步电机在体积、效率、功率密度、可靠性等多个方面表现出了明显的优势。近年来，随着电力电子器件、材料科学、电机设计以及控制理论等的快速发展，永磁同步电机获得了良好的应用性能，受到了众多领域工程技术人员的青睐。本节简要介绍永磁同步电机在数控车床、新能源电动汽车、电梯驱动、工业机器人以及雷达、光电望远镜设备等领域的应用。

1.2.1 在数控车床领域的应用

数控机床是工业生产过程中的重要机械加工设备，它是集机械、电子、信息和控制技术于一体的典型自动化设备。目前，数控机床的种类有很多，按照加工工艺不同，数控机床可分为数控车床、数控铣床、数控钻床、数控磨床等。其中，数控车床主要用于完成轴类、盘套类等回转体零件的加工，是使用最为广泛的数控机床之一。

在数控车床的使用过程中，操作人员将程序代码输入数控系统，数控车床便能够自动完成直线、锥面、圆弧和螺纹等多种工序的切削加工。典型的三轴数控车床的简化结构示意图如图 1.4 所示，数控系统通过伺服电机对刀具转台以及工件等的运动轨迹进行规划和控制，最终实现对机械件的切削加工[3]。

典型的三轴数控车床有主轴、X 轴和 Z 轴。其中，主轴为旋转轴，主轴电机驱动主轴旋转带动工件旋转。此外，主轴的旋转位置需与进给系统保持精确同步，这样才能实现对工件上特定位置的准确加工。X 轴和 Z 轴属于刀具进给系统，轴上伺服电机旋转运动，通过传动结构带动刀具转台完成刀具的进给。目前，鉴于永磁同步电机的优点，数控车床的主轴伺服系统正逐步采用基于永磁同步电机的交流伺服控制系统，以实现高精度的机械件加工。

1.2.2 在新能源电动汽车领域的应用

随着现代工业的迅猛发展，世界各国对能源的需求快速增长，随之而来的能源危机、环境污染等问题也日渐显现。在传统燃油汽车消耗大量石油能源并对环境产生一定污染的背景下，各国正积极推动新能源电动汽车的研发、布局

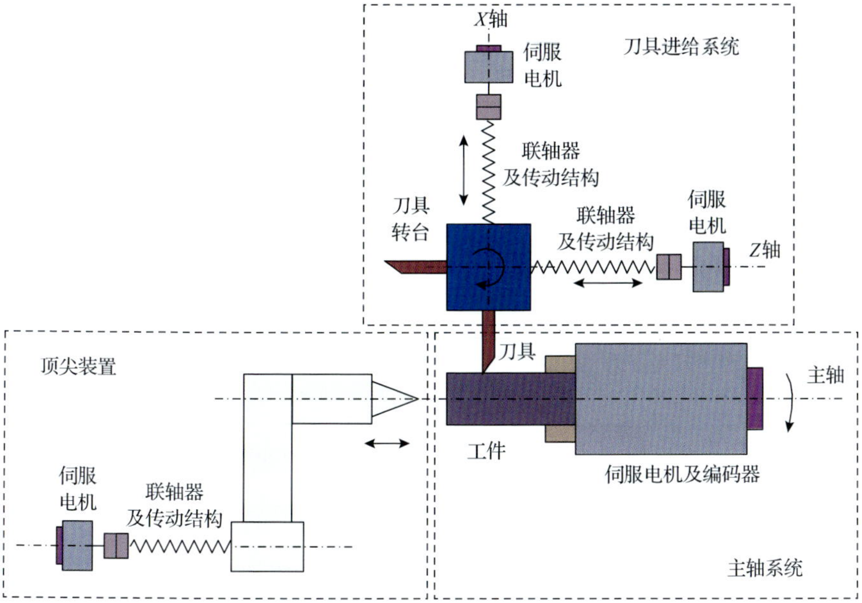

图 1.4 典型三轴数控车床简化结构示意图

和普及。电动汽车以电能作为整车的部分或全部动力来源，用电机来驱动车辆运动，通过消耗电能来替代对石油这类不可再生能源的直接消费。电动汽车具有起步快、效率高、能耗低等优点。

目前，新能源电动汽车正处在高速发展和大范围普及的阶段，通常所讲的电动汽车包括纯电动汽车、混合动力汽车和燃料电池汽车等利用电机来驱动的汽车。电动汽车的核心是动力电池、电机和电控系统。其中，电机及其驱动控制系统在整车系统中发挥着至关重要的作用，直接影响车辆的动力性能和驾驶舒适度。电动汽车的主流驱动电机是永磁同步电机和交流异步电机。永磁同步电机结构简单、体积小、重量轻、运行可靠，且不需要励磁电流，具有较高的功率密度，非常利于电动汽车的能量转换。永磁同步电机凭借着自身的优点，正成为电动汽车的主力驱动电机。

根据电动汽车的动力驱动结构方案不同，电机及其驱动控制系统在车身的位置分布也不尽相同，某电动汽车及其驱动系统分布结构示意图如图 1.5 所示。电机及其驱动控制系统一般需保证汽车具有足够大的启动转矩、良好的启动和加减速性能，以满足频繁启停、爬坡等多种工况；在受到外界干扰时，需迅速调整电机输出的转矩和转速，由此来保证电动汽车良好的驾驶性能。

1.2.3 在电梯驱动领域的应用

电梯在现代高层建筑中扮演着非常重要的角色，属于特种设备。随着现代高层

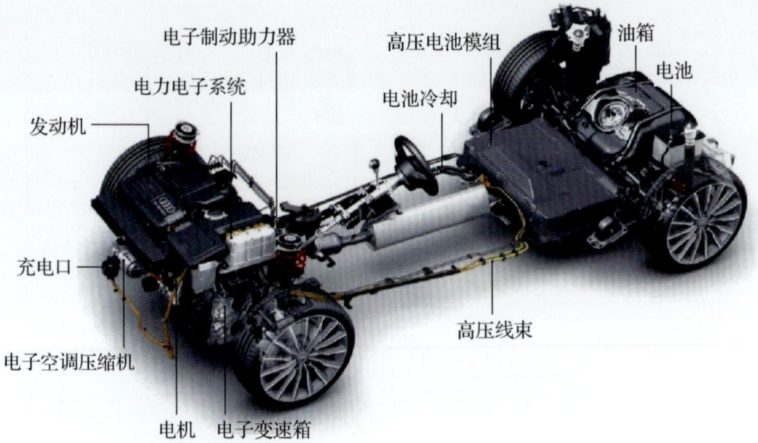

图 1.5　电动汽车及其驱动系统分布结构示意图

建筑不断增加，电梯的数量也在成比例提高。电梯的核心部件是曳引电机及其驱动控制系统，它们对电梯的舒适性和安全性具有决定性作用。曳引电机是电梯驱动系统的主要执行部件，采用的曳引电机及驱动控制方式不同，电梯的运行性能、舒适度和能耗效率、噪声等均会有很大的不同[4]。采用交流电机调速系统的电梯具有能耗较低、精度高、可靠性高、舒适度好等优点，目前是电梯驱动控制领域的主流。

典型的电梯曳引系统结构示意图如图 1.6 所示。电梯曳引系统主要由曳引电机、曳引轮、导向轮、轿厢、对重、对称补偿装置等组成，曳引轮直接固定在曳引电机上。电梯的拖动，实际上是一个基于曳引电机的位置和速度伺服控制系统，

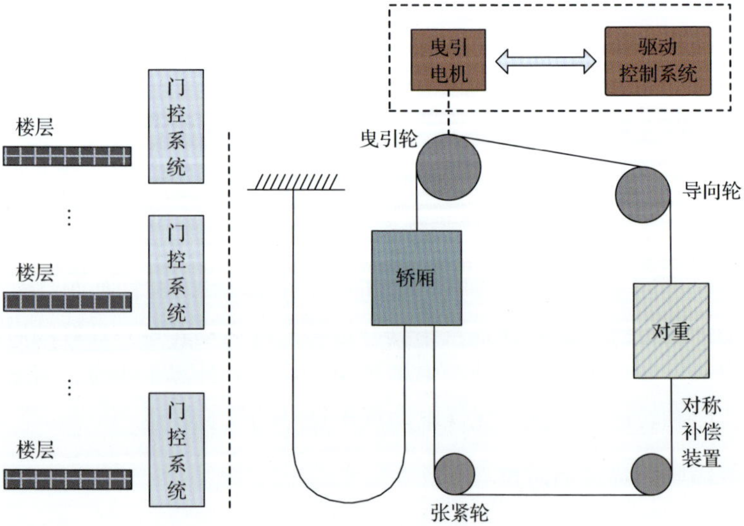

图 1.6　电梯曳引系统结构示意图

如图 1.7 所示。目前，永磁同步曳引电机以其紧凑的体积、优良的控制性能和较高的效率在电梯驱动领域得到了较多的应用。

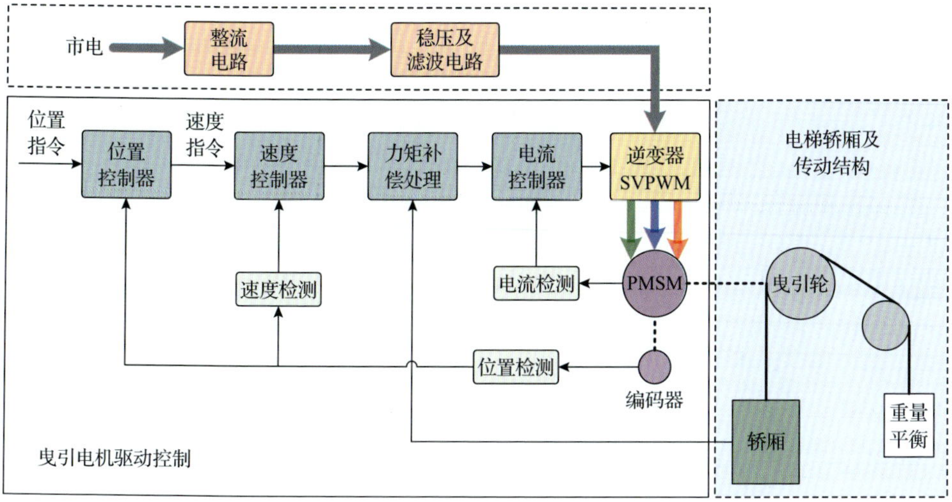

图 1.7 基于永磁同步电机的电梯曳引驱动控制结构框图
SVPWM 指空间矢量脉宽调制

1.2.4 在工业机器人领域的应用

工业机器人是一种典型的机电一体化设备，具有工作精度高、自动化程度高、工作负载大、工作强度稳定等多种优点。目前，为了提高生产效率和产品质量，机器人在工业生产领域得到了广泛的应用。例如，在电焊、装配、搬运、喷漆等领域，逐渐采用工业机器人代替人工来完成相应的特定工作[5]，如图 1.8 所示。特别是在一些劳动强度大、工作环境恶劣、重复性高的制造领域，对工业机器人的需求更是与日俱增。一些精度高、智能化程度高的机器人在汽车制造和航空航天领域也得到了应用。为了具有更好的适用性，工业机器人也正朝着高精度、智能

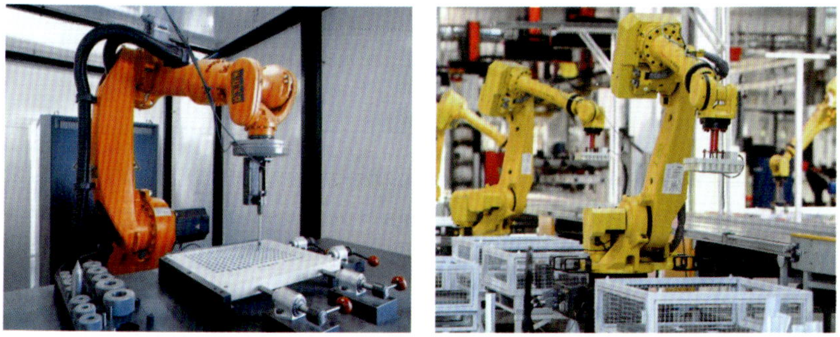

图 1.8 工业机器人参与生产现场图

化、专用化的方向发展，先后出现了用于装配、喷漆、弧焊、切割、搬运、码垛等多种用途的工业机器人。

世界上第一台工业机器人诞生于 20 世纪 50 年代，历经几十年的发展，国际上出现了日本松下、瑞典 ABB 和德国 KUKA 等影响力较大的机器人公司。工业机器人上大部分关节的运动均是通过电机的伺服控制来实现的，伺服控制系统的性能是影响工业机器人能力的重要因素。工业机器人的关节部分惯量变化大、力矩耦合严重，对控制系统提出了较高的要求[6]。随着电力电子、新材料以及控制科学的快速发展，基于永磁同步电机的交流伺服系统以其响应快、精度高、过载能力强、可靠性高等优势，被广泛应用于工业机器人中。文献[7]介绍了石油化工领域用于钢制储罐球片切割的工业机器人，并对工业切割机器人基于永磁同步电机的运动控制系统进行了研究。文献[8]介绍了基于永磁同步电机的驱控一体化多轴机器人运动控制系统及其在 Delta 机器人上的应用。工业机器人是推动工业自动化的关键角色，我国的工业机器人市场具有巨大的潜力，进一步加强工业机器人相关技术的研究具有重要意义。

1.2.5　在雷达和光电望远镜设备领域的应用

雷达和光电望远镜是一类执行目标搜索发现和跟踪观测任务的设备，如图 1.9 所示。它们探测目标的工作原理不同，雷达设备通过自行发射无线电波，并接收目标的应答信号来实现对目标的探测。光电望远镜设备通过自身的光学系统对目标进行光学成像来实现对目标的探测。但是，不论是雷达还是光电望远镜设备，对目标的搜索发现和跟踪观测均需借助设备跟踪架的伺服控制系统来实现。伺服控制系统是雷达和光电望远镜的重要组成部分，它直接影响设备的最终性能。

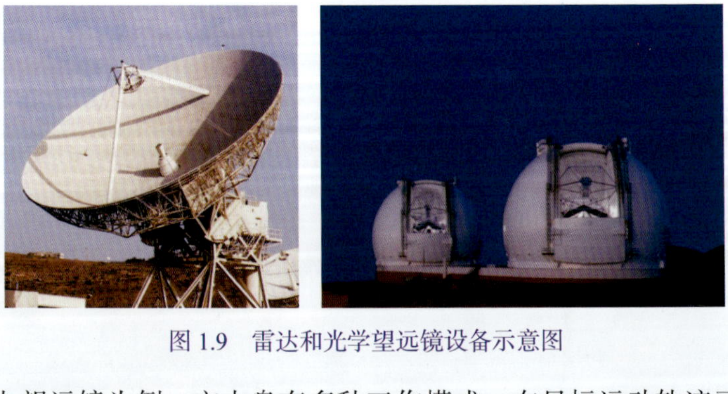

图 1.9　雷达和光学望远镜设备示意图

以光电望远镜为例，它本身有多种工作模式。在目标运动轨迹已知的情况下，可由主控计算机发送目标位置和速度信息到伺服控制系统，引导望远镜对目标进行数引跟踪观测；在目标运动轨迹未知的情况下，一般由图像数据处理系统对跟踪图像进行实时计算并将目标的脱靶量信息发送到伺服控制系统，伺服控制系统驱动望远镜完成对目标的图像闭环自动跟踪。在目标运动过程中，伺服控制系统需要在风载等多重干扰条件下按照指令控制望远镜的方位轴和俯仰轴运动，保证目标稳定在视场中心，实现望远镜的高精度指向。光电望远镜的伺服控制系统结构示意图如图 1.10 所示。为了实现对目标的高精度稳定跟踪，目前国内外大型望远镜设备的跟踪架主轴正广泛使用由永磁同步力矩电机直接驱动的交流伺服控制系统。

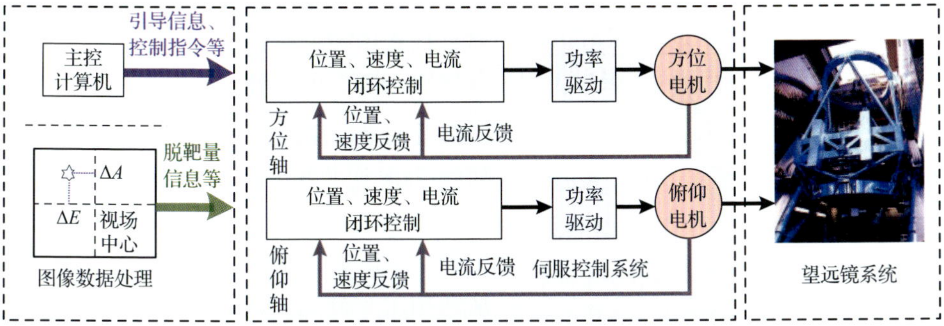

图 1.10 光电望远镜伺服控制系统结构示意图

1.3 永磁同步电机的基本控制方案

永磁同步电机的基本控制方案主要可以分为两类：矢量控制(vector control, VC)和直接转矩控制(direct torque control, DTC)。矢量控制通过坐标变换方法使交流电机获得类似直流电机的控制方式，具有良好的稳态控制性能。直接转矩控制则取消了矢量控制中的电流控制器，取而代之的是基于 BangBang 控制的转矩和磁链闭环调节，并通过查询电压矢量表来实现逆变器的最佳开关控制。相比于矢量控制，直接转矩控制的转矩响应速度大幅提高，但是由于采用 BangBang 控制，系统中存在较大的转矩和磁链波动。矢量控制和直接转矩控制在稳态性能和动态响应性能等方面各有特点。

1.3.1 矢量控制方案

20 世纪 70 年代，研究人员提出了矢量控制方案，并将其应用到异步电机的伺服控制系统。随着永磁同步电机的大范围应用，目前矢量控制方案也被广泛应用到永磁同步电机的伺服控制系统。矢量控制也称为磁场定向控制(field oriented control, FOC)，它的基本思想是根据合成总磁动势不变的原则，通过坐标变换将电机定子电流中转矩分量和励磁分量解耦，实现转矩和磁场的独立控制，将交流

案的基本思想是取消对电流的控制，通过定子磁场定向的方式，借助空间矢量理论，直接对电机的转矩和磁链进行控制。在保持定子磁链幅值不变的前提下，通过改变定子磁链与转子磁链的夹角来实现对转矩的控制[10]。

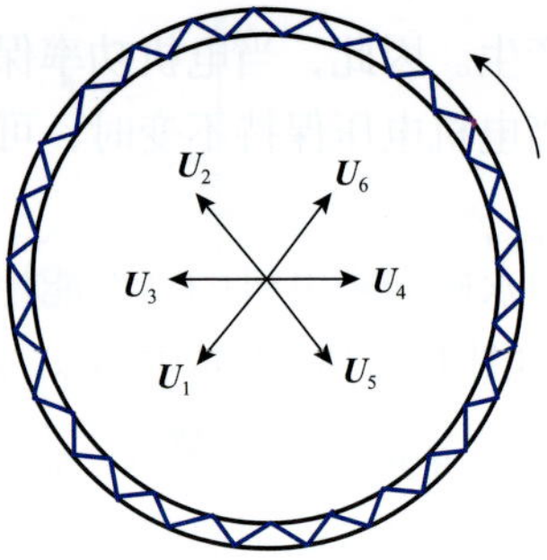

图 1.13　定子磁链圆形轨迹示意图

在圆形磁链轨迹直接转矩控制方案中，定子磁链轨迹为准圆形，如图 1.13 所示，电机定子电流能够表现出较好的正弦度，该方案是目前研究和应用较多的直接转矩控制方案。基于圆形磁链轨迹直接转矩控制方案的永磁同步电机控制结构框图如图 1.14 所示，直接转矩控制方案将逆变器和电机作为一个整体对其进行控制，其基本控制原理是：通过引导定子磁链空间矢量沿着一条预设的曲线旋转运动来保持定子磁场在一定误差带内恒定不变。直接转矩控制取消了旋转坐标变换，在定子静止坐标系中对电机的定子磁链和电磁转矩实施独立控制，根据转矩、磁链的控制要求，通过查询电压矢量表选出最优化电压矢量直接控制逆变器开关状态。在直接转矩控制方案中，定子磁链和电磁转矩的控制器均采用具有继电器特性的 BangBang 控制器(又称“滞环比较器”)，这使得直接转矩控制系统的转矩响应速度会显著高于矢量控制系统[10]。

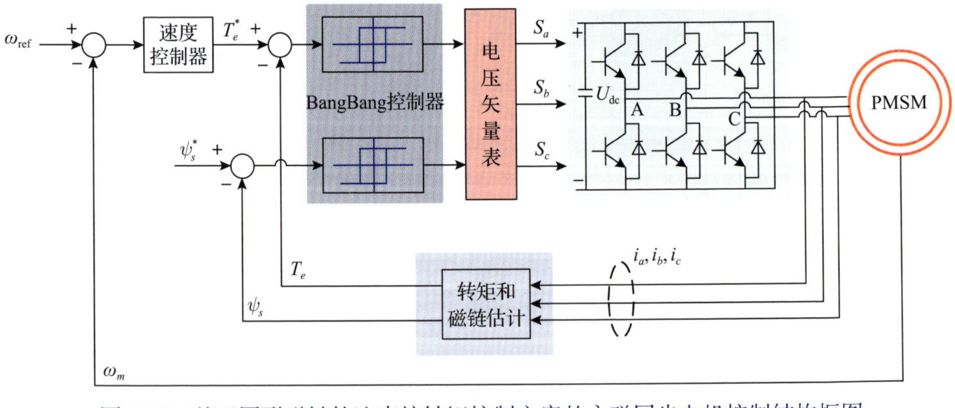

图 1.14　基于圆形磁链轨迹直接转矩控制方案的永磁同步电机控制结构框图

直接转矩控制是一种高动态性能的交流电机调速控制方案，具有如下特点：

(1) 基于静止坐标系对电机进行闭环控制，不需要进行旋转坐标变换，控制系统比较简单；

(2) 没有电流控制环节，不需要对定子电流的磁场分量和转矩分量分别进行闭环控制；

(3)没有针对定子电压的脉宽调制环节，因此也不需要设计脉宽调制算法；

(4)特有的电压矢量表；

(5)经典直接转矩控制对定子磁链幅值和电磁转矩均采 BangBang 控制器进行闭环控制。

直接转矩控制方案结构简单，省去了复杂数学模型简化及矢量变换等处理过程，具有较强的非线性特征，动态响应速度快，能够充分发挥逆变器的高频开关能力。但是，该控制方案也存在明显的缺陷，主要体现在转矩脉动大和低速控制性能差两个方面。直接转矩控制方案的磁链和转矩控制器为滞环比较器，滞环比较器的环宽直接影响转矩的波动程度，当环宽比较小时电机会出现转矩瞬间波动情况，而当环宽比较大时电机的转矩波动幅值会较大；此外，直接转矩控制直接利用定子电压电流模型计算定子磁链进行闭环控制，当电机运行速度较低时，定子电阻压降占比较大，阻值参数的摄动会对定子磁链的计算值产生较大影响，进而导致控制性能下降[11]。

直接转矩控制方案中转矩波动的存在严重影响系统控制的平稳性。为此，研究人员也提出了很多改善方法，有容错直接转矩控制方法[11]以及基于最优占空比的新型直接转矩控制方法[12]等。上述方法从不同的角度出发，对直接转矩控制方法进行了改进性设计，实现了转矩波动幅值的降低，以及电机控制性能的有效提高。

1.4 永磁同步电机的先进控制技术

基于永磁同步电机的交流伺服控制系统，是一个非线性、强耦合、多变量的复杂被控对象，其实际的运行工况非常复杂。首先，受到温度、磁路饱和等因素的影响，在电机运行过程中，电阻、电感等参数均可能发生摄动变化。此外，外界风载、负载惯量变化等扰动因素均会导致伺服系统的控制性能变差。随着永磁同步电机在各个领域的应用不断拓展，对其控制系统的要求也在不断提高。特别是在一些高精度应用的场合，要求控制系统稳定性好、动态响应速度快、精度高以及对扰动具有良好的鲁棒性。在永磁同步电机的伺服控制系统中，伺服控制策略是决定控制性能的决定性因素。因此，研究人员对基于永磁同步电机的交流伺服控制系统的控制策略开展了大量的研究，并提出了包括自抗扰控制、滑模控制、模型预测控制和智能控制在内的多种先进控制方法。上述方法在实际的永磁同步电机伺服控制系统中得到了有效应用，获得了良好的控制性能。

1.4.1 自抗扰控制技术

1998 年，韩京清研究员基于对比例-积分-微分(proportion integration differentiation,

PID）经典控制理论的深入研究和总结，首次提出了自抗扰控制（active disturbance rejection control, ADRC）的概念[13]。自抗扰控制是一种非线性控制方法，由跟踪微分器（安排过渡过程）、非线性扩张状态观测器和非线性反馈控制律组成[14]。自抗扰控制器的设计无须依赖被控对象精确的数学模型，通过扩张状态观测器实现对系统扰动的主动抑制，具有较强的鲁棒性。

典型二阶自抗扰控制结构框图如图 1.15 所示。其中，跟踪微分器可以通过快速跟踪输入信号并提取其微分信号来安排参考信号的过渡过程，能够将给定的阶跃参考信号修正为连续变化的参考信号；由于系统对连续变化的参考指令具有更好的跟踪性能，安排过渡过程可以有效降低控制器参数整定的复杂度，有利于解决快速性和超调之间的矛盾[15]。非线性反馈控制律可以保证系统具有较好的稳定性和误差收敛速度。自抗扰控制的核心部分在于扩张状态观测器的设计，非线性扩张状态观测器将系统模型误差和未知扰动看成一个总扰动并可实现对其良好估计。在反馈控制回路中依据扩张状态观测器的估计结果对控制量进行动态补偿，能够有效提高控制系统的抗扰动能力。

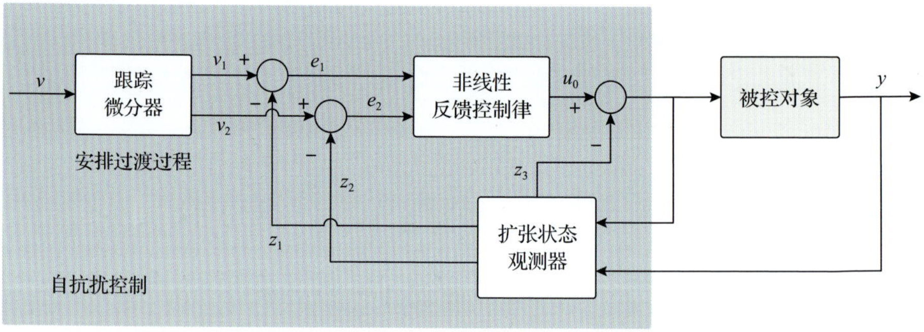

图 1.15　典型二阶自抗扰控制结构框图

在自抗扰控制理论提出后，受到了国内外研究人员的广泛关注，在自抗扰控制的控制结构、参数整定、稳定性分析等方面开展了大量的研究。对于自抗扰控制，理论上只需确定系统的阶数，便能获得良好的控制性能。但是，非线性自抗扰控制的参数较多，参数整定复杂，特别是应用到高阶系统时参数整定难度较大，这些因素限制了它在实际控制系统中的应用。针对上述问题，2013 年，高志强教授提出了线性自抗扰控制方法。线性自抗扰控制将非线性扩张状态观测器和非线性反馈控制律线性化，并引入带宽的概念对自抗扰控制器的参数进行整定，降低了参数整定难度，使得自抗扰控制方法获得了更广泛的应用[16]。

目前，自抗扰控制方法被应用于众多领域的实际控制系统，如稳压控制、运动控制、温度控制、位移控制等。文献[17]介绍了自抗扰控制在汽车牵引控制方面的应用，文献[18]介绍了自抗扰控制在电机控制系统扰动抑制方面的应用，文献[19]介绍了自抗扰控制在工业机器人柔性关节运动控制上的应用，文献[20]介绍了自抗扰控制在精密机械加工控制系统中的应用，文献[21]介绍了自抗扰控制技术在飞行控制上的应用。此外，自抗扰控制理论也可用来解决一些特殊的数学问题，如欧拉-伯努利方程、薛定谔方程等的镇定问题[22,23]。

1.4.2 滑模控制技术

20 世纪 50 年代，滑模控制方法率先由苏联研究人员提出。滑模控制是变结构控制的一种，与常规控制方法的区别在于控制的不连续性。滑模控制方法的控制理念是根据系统状态偏离滑模面的程度来切换控制器的结构(控制律或控制器参数)，从而使系统按照预定的滑模轨迹运动。其优点在于结构简单、易于实现，无需被控对象精确的数学模型，且对于系统的匹配和非匹配扰动均具有较强的鲁棒性。当系统处于滑动模态时，滑模控制下的系统对被控对象的参数摄动、外部力矩干扰等因素的敏感度会大大降低。鉴于其强大的扰动抑制能力，滑模控制方法获得了研究人员的广泛关注。Levant[24]对滑动精度和滑模控制的阶等基础问题进行了分析和讨论。Young 等[25]对滑模控制方法在实际工程中的应用给出了指导。国内高为炳教授较早对滑模控制理论进行了研究和介绍，随后滑模控制方法也得到了国内研究人员的广泛关注，并在多个领域得到了应用[26]。目前，滑模控制已经形成了一套比较完整的理论体系。

滑模控制器的设计主要分为两个部分：滑模面的设计和滑模控制律的设计。滑模面代表系统的最终控制目标，位于滑模面上的系统状态变量均能够收敛到平衡点；滑模控制律的作用是使系统状态收敛到滑模面上。传统滑模控制方法的优点十分突出，但是其控制律中含有不连续的切换函数导致系统也存在明显的滑模抖振问题。滑模控制方法的高频抖振问题限制了它在很多场合的应用。

近年来，滑模控制技术的研究主要集中在以下三个方面[27]：

(1) 滑模面设计。滑模面的设计形式决定滑模控制系统的状态收敛方式，它对系统状态到达平衡点的运动轨迹具有决定性作用。通常来说，滑模面可分为线性滑模面和非线性滑模面。线性滑模面具有渐近收敛特性，其对应的系统收敛动态方程通常为线性微分方程。常见的线性滑模面有传统滑模面、积分型滑模面等。非线性滑模面下的系统收敛方式为非线性，可实现有限时间收敛的特性。其中，终端滑模面是非线性滑模面的一个重要分支，具有抖振抑制能力。为了优化滑模控制性能，研究人员以终端滑模面为基础提出了多种改进型滑模面设计方法。

(2) 滑模控制律设计。滑模控制律的作用是将系统状态从任意位置收敛至滑模面上的平衡点。从理论上来讲，在滑模控制过程中，滑模控制律首先应该保证系统状态以一定的趋近速度向滑模面运动；当系统状态到达滑模面后，滑模控制律需保证系统状态沿着滑模面向平衡点运动而不会脱离滑模面；当系统状态达到平衡点后，滑模控制律需保证系统状态稳定在平衡点，且尽量降低抖振现象。现有的滑模控制律的设计大多是围绕上述三个阶段性能的改善来提高滑模控制系统的性能。

(3)滑模抖振抑制。滑模控制的高频抖振主要来源于滑模控制律中的切换函数。由于实际的控制系统多为离散控制系统，受到测量误差、时间滞后、惯性等因素的影响，系统状态达到滑模面的平衡点后，基本无法保持静止在平衡点上，而是来回穿越滑动，进而产生了抖振现象。系统的高频抖振会严重恶化控制性能，抖振问题是滑模控制需要着重解决的问题。

针对滑模抖振问题，研究人员主要从三个角度进行分析并提出解决途径：①切换函数连续化；②降低控制增益；③高阶滑模控制。连续函数法、边界层法和趋近律法均属于切换函数连续化的范畴，这类方法虽然能够有效降低系统抖振，但是在一定程度上牺牲了传统滑模控制的强鲁棒性。降低控制增益主要通过自适应滑模控制或扰动观测器等方法来实现，通过自适应律或扰动观测器的实时扰动估计补偿来解除系统稳定性和鲁棒性对高切换增益的要求。高阶滑模控制通过将切换函数放置在滑模面的高阶导数上来实现对抖振的抑制，它在保留传统滑模控制的强鲁棒性和收敛性能的同时，可有效提高系统的控制精度。在高阶滑模控制中，超螺旋切换控制作为一种二阶滑模控制方法在永磁同步电机控制系统中应用较为广泛。

随着现代控制理论的发展，为了提高滑模控制系统的性能，研究人员也相继提出了将滑模控制和其他控制算法相结合的复合控制策略，如自适应鲁棒滑模控制、模糊滑模控制、神经网络滑模控制、基于扰动观测器的滑模控制、终端滑模控制等。目前，滑模控制方法在电机控制、机器人控制、无人机姿态控制等方面得到了较多应用。

1.4.3　模型预测控制技术

模型预测控制(model predictive control，MPC)方法于 20 世纪 80 年代开始在电力电子领域得到应用，该方法利用被控对象的数学模型以及基于约束条件的代价函数来实现快速稳定而准确的控制。近年来，数字微处理器的计算能力不断提高，大大促进了模型预测控制在实际系统中的应用。模型预测控制方法以其高动态响应性能的优点成为永磁同步电机伺服控制领域的研究热点之一。模型预测控制方法的控制思路是通过离散化被控对象的数学模型来获取系统未来时刻的状态预测值，再利用参考值和预测值之间的误差构建代价函数，最后通过最小化代价函数来确定下一个控制周期施加的最优控制量。为了实现更高的控制性能，通常也会在代价函数中引入更多的约束条件，并通过权重因子来平衡各个约束条件对代价函数的影响。

目前，模型预测控制在永磁同步电机的电流控制中得到了较多的应用。模型预测控制方法主要分为两类：连续控制集模型预测控制(continuous control set model predictive control, CCS-MPC)和有限控制集模型预测控制(finite control set model predictive control, FCS-MPC)。其中，CCS-MPC 和 FOC 一样，是基于脉宽调制的电流控制方法。CCS-MPC 将代价函数转化为电压方程，通过微分过程来求取最优电压参考值。CCS-MPC 控制器输出电压参考指令，再通过脉宽调制技术生成逆变器开关信号驱动电机旋转。FCS-MPC 则是通过最小化代价函数选出最优电压矢量，并将最优电压矢量直接作用于逆变器，是一种可变开关频率的调制方法[28]。相比于 CCS-MPC，FCS-MPC 通过代价函数求取最优解时不存在微分过程，可以依据控制需求在代价函数中增加约束条件，更有利于控制性能的优化。基于 FCS-MPC 的模型预测电流控制结构框图如图 1.16 所示。

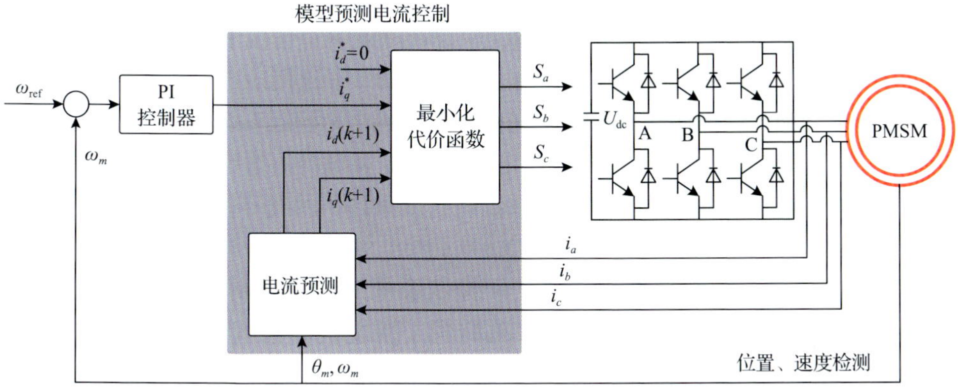

图 1.16 基于 FCS-MPC 的模型预测电流控制结构框图

常规模型预测控制方法的控制性能高度依赖于被控对象的模型精度，参数摄动或外部干扰会严重影响状态预测值的正确性，进而导致最小化代价函数寻优的控制量失准，控制精度降低。提高模型预测控制方法的鲁棒性是模型预测控制领域十分关注的问题。目前，研究人员已提出了许多可行的解决方法，例如，将模型预测控制与参数辨识、预测值更新补偿以及无模型控制方法等相结合，来实现模型预测控制系统对干扰的抑制能力的有效增强[29]。

此外，影响模型预测控制性能的另外一个关键因素是代价函数的设计，代价函数优化也是模型预测控制领域的研究热点之一。在代价函数中，权重因子决定了各个控制约束的重要程度，直接影响最优电压矢量的选取结果。因此，对于代价函数的优化基本集中在解决权重因子的整定问题。在模型预测电流控制中，由于代价函数中仅有电流误差项，无需权重因子对各个约束条件进行平衡，不涉及权重因子整定问题。因此，权重因子整定问题主要存在于模型预测转矩控制等代研究人员的广泛关注和研究。为了使自抗扰控制的参数整定更加简单，高志强教授在非线性自抗扰控制的基础上提出了线性自抗扰控制方法(其去掉了跟踪微分器)，并提出了线性反馈控制律和线性扩张状态观测器。因此，扩张状态观测器主要分为非线性扩张状态观测器和线性扩张状态观测器。非线性扩张状态观测器虽需要调整的参数较多，但精度更高；而线性扩张状态观测器设计简单，更利于工程实现。

扩张状态观测器作为自抗扰控制的核心部分，其扰动观测性能对系统的最终性能具有决定性影响。目前，对于扩张状态观测器的研究包括以下方面[33]：

(1) 观测器收敛特性设计。扩张状态观测器的收敛特性设计主要在于收敛律的设计，分为线性收敛律和非线性收敛律两种。收敛律直接影响观测器的收敛速度和收敛精度。传统的非线性收敛律为韩京清教授设计的基于 fal 函数的观测器收敛律，该收敛律设计遵循“大误差小增益、小误差大增益”的原则。针对非线性扩张状态观测器整定参数多、理论分析复杂等问题，高志强教授提出了线性扩张状态观测器，线性扩张状态观测器基于“带宽法”对参数进行整定。此外，为了提高对未知变扰动的观测性能，研究人员提出了基于双曲正切函数的非线性收敛律的扩张状态观测器等多种新型扩张状态观测器[34,35]。

(2) 观测器参数整定设计。参数整定是扩张状态观测器实现良好观测性能的重要因素。对于非线性扩张状态观测器，常见的参数整定方法有基于经验公式优化法、基于人工智能优化法等。对于线性扩张状态观测器，大多数均基于“带宽法”进行参数整定。此外，有研究人员提出了基于观测误差的变带宽法，变带宽法的基本思想是在大误差时用大的带宽来保证更快的收敛速度，在小误差时用小的带宽保证稳态观测性能。

(3) 观测器结构设计。文献[36]提出使用降阶线性扩张状态观测器来解决相位滞后问题。文献[37]提出采用高阶线性扩张状态观测器来观测时变扰动，通过纵向提升观测器阶次提高扰动观测精度。文献[38]设计了一种串联内模扩张状态观测器，有效提高了系统对包括齿槽转矩在内的扰动力矩的观测和补偿能力。上述方法从不同角度出发对扩张状态观测器的结构进行了改进设计，实现了观测器观测性能的提高。

3) 滑模扰动观测器

随着滑模控制理论日渐成熟，鉴于滑模控制方法的优点，滑模扰动观测器随即也被研究人员提出用于控制系统的扰动在线估计。滑模扰动观测器具有结构简单、有限时间估计和收敛速度快等特点。根据采用的滑模控制方法不同，滑模扰动观测器具有如下形式：基于传统滑模控制的扰动观测器、基于积分滑模面的扰动观测器、基于终端滑模控制的扰动观测器以及基于二阶滑模控制的扰动观测器等。基于滑模扰动观测器的闭环控制结构框图如图 1.19 所示。

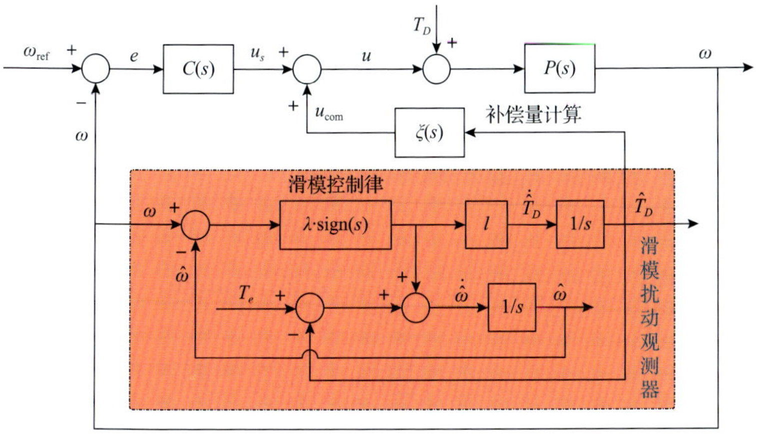

图 1.19 基于滑模扰动观测器的闭环控制结构框图

滑模扰动观测器对于扰动估计的性能，包括误差收敛速度和收敛精度等均由滑模控制律来决定。因此，常规的滑模扰动观测器与传统的滑模控制相同，具有滑模抖振的缺点。随着对滑模控制的深入研究，研究人员提出了很多抑制滑模控制器抖振的方法，这些方法可作为参考，加入滑模扰动观测器的设计之中，以进一步提高观测器的性能。目前，滑模扰动观测器在永磁同步电机控制系统的负载扰动力矩观测领域获得了大量的应用。Liu 等[39]设计了滑模观测器实时估计系统扰动，并使用低通滤波器来抑制滑模抖振，有效提高了扰动观测补偿精度。Wang 等[40]设计了一种基于快速终端积分滑模面的滑模观测器，实现了对系统总扰动的准确估计和补偿。

1.4.5 智能控制技术

智能控制是一类将控制理论和人工智能技术相结合的控制方法，它是解决具有不确定性对象、高度非线性以及任务目标复杂等特征的控制问题的有效方法。1977 年，美国学者 G. N. Saridis 提出了智能控制的三元论概念，如图 1.20 所示，智能控制(intelligent control)由人工智能(artificial intelligence)、自动控制(automatic control)和运筹学(operational research)组成，智能控制三元论在“智能”和“控制”的基础上，更强调了高层次控制中的“调度”、“规划”和“管理”[41]。

智能控制技术是一种具有模拟人类学习和自适应能力的控制技术，其基本思想是设计一个具有自学习、推理和决策等功能的控制器，且该控制器能够根据被控对象参数的变化情况实时做出动态调整。常见的智能控制方法有模糊控制、神经网络控制、专家控制和遗传算法控制等。智能控制方法的特点是：①无须建立被控对象的数学模型，适用于非线性、具有复杂不确定性的被控系统，鲁棒性好；②具有自适应和自学习能力，控制能力可以不断优化。智能控制技术的出现为解决复杂非线性、不确定系统的控制问题提供了新的思路。智能控制方法的数据处

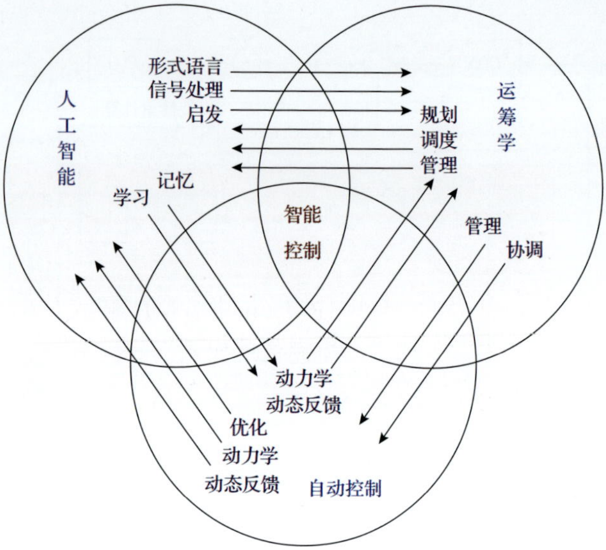

图 1.20　基于三元论的智能控制方法

理和计算量一般比较大，随着数字处理器的发展，智能控制算法也被应用到永磁同步电机控制等多个方面。

在智能控制方法中，模糊控制方法和神经网络控制方法是两个重要分支。模糊控制方法由美国加利福尼亚大学伯克利分校的 Zadeh 教授于 1965 年提出，它是一种基于模糊集理论、模糊语言变量和模糊逻辑推理的智能控制方法[42]。1975 年，Mamdani 等首次将模糊控制方法用于蒸汽锅炉的温度控制，实现了模糊控制方法的成功应用[43]。近年来，模糊控制以其应用简单、成本低等优点在工业自动控制领域获得了较大的应用价值。

模糊控制系统的结构框图如图 1.21 所示，模糊控制过程模仿了人类模糊推理和决策的过程，其核心在于模糊控制器的设计。模糊控制器包括模糊化单元、模

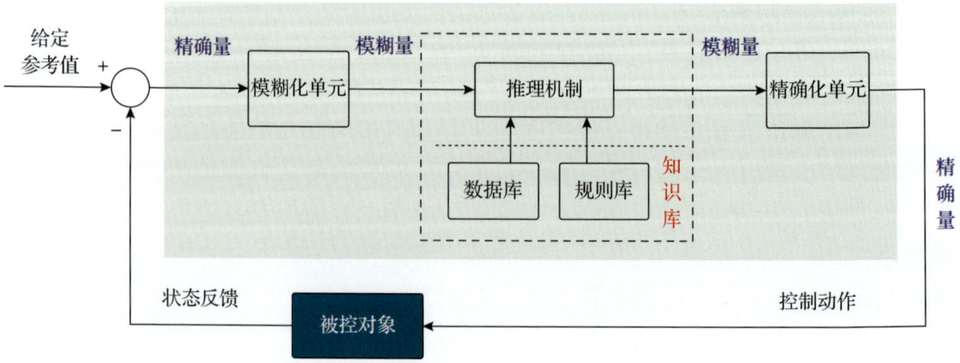

图 1.21　模糊控制系统结构框图

糊推理单元、模糊规则库和精确化单元。模糊控制系统的性能主要取决于模糊规则库和推理机制的设计等因素，模糊控制不依赖被控对象的数学模型，而是完全基于控制专家的经验知识决定控制动作。

对于模糊控制，控制器的输入量必须经过模糊化单元才能用于模糊控制量的计算。模糊化是模糊控制的第一步，其作用是将输入的精确量转换为模糊量。对于一个模糊变量，其模糊子集通常可划分如下：{负大(NB)，负中(NM)，负小(NS)，零(ZO)，正小(PS)，正中(PM)，正大(PB)}或{负大(NB)，负中(NM)，负小(NS)，零负(NZ)，零正(PZ)，正小(PS)，正中(PM)，正大(PB)}，用三角形隶属度函数表示如图1.22所示。图中，模糊化单元输出的模糊变量进入模糊推理单元后，经由知识库和推理机制便可输出模糊控制量。其中，知识库由数据库和规则库组成，数据库主要用来存放所有输入、输出变量的模糊子集隶属度函数，规则库则主要用来存放基于专家知识和经验的模糊规则。模糊控制量再进入精确化单元，生成精确控制量，实现对系统的闭环控制。模糊控制方法无须建立被控对象的数学模型，对于结构复杂、系统机理认识不清楚、非线性、时变系统具有较好的控制效果。

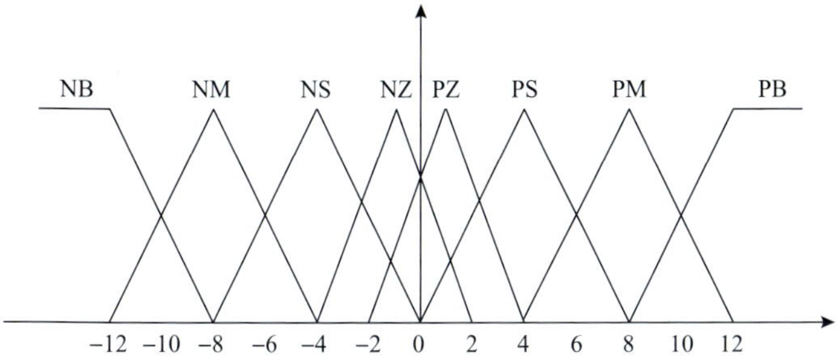

图1.22 模糊化等级和模糊子集示意图

模糊控制技术是从人的经验角度出发，来解决智能控制中人类语言的描述和推理问题。神经网络控制技术则从另一个角度出发，即通过数学手段模拟人脑神经网络的结构和工作机理来实现智能行为[44]。神经网络控制理论在20世纪50年代末初步形成，随后出现了递归神经网络(recurrent neural network, RNN)，大大促进了神经网络控制技术的发展。神经网络控制技术是自动控制领域的前沿控制算法之一，它将神经网络理论和控制理论相结合，通过学习来映射平衡状态时的对应关系[45]。神经网络控制方法能够对任意非线性函数进行逼近，对数据映射具有很好的自适应能力。因此，神经网络控制方法是解决最优问题的一种有效途径。

人工神经网络从信息处理的角度对人脑神经元网络进行抽象和建模，按照不同的连接方式组成不同的网络。神经网络是一种运算模型，它由大量的神经元节点相互连接组成。每个节点代表一种特定的输出函数，每两个节点之间的连接都代表一个对于通过该连接信号的加权值，即权重。网络自身通常均是对自然界某种算法或者函数的逼近。根据神经网络的连接方式，神经网络可以分为三类，即前馈型神经网络、反馈型神经网络和自组织神经网络，其中前馈型神经网络和反馈型神经网络比较适合于控制系统的应用。典型的前馈型神经网络主要有单神经元网络、反向传播(back propagation, BP)神经网络和径向基函数(redial basis function, RBF)神经网络；反馈型神经网络主要有 Hopfield 神经网络[41]。

BP 神经网络是一种单向传播的多层前向网络，每层神经元的状态只影响下一层神经元的状态，输入信息从输入层经隐含层逐层进行处理，最后传向输出层。具有一个隐含层的 BP 神经网络结构如图 1.23(a)所示，图中 i 为输入层神经元，j 为隐含层神经元，k 为输出层神经元。BP 神经网络算法是一种全局逼近算法，具有良好的逼近非线性映射的能力。但是，其存在收敛速度慢、易陷入局部极小值的问题，难以满足高实时性要求。

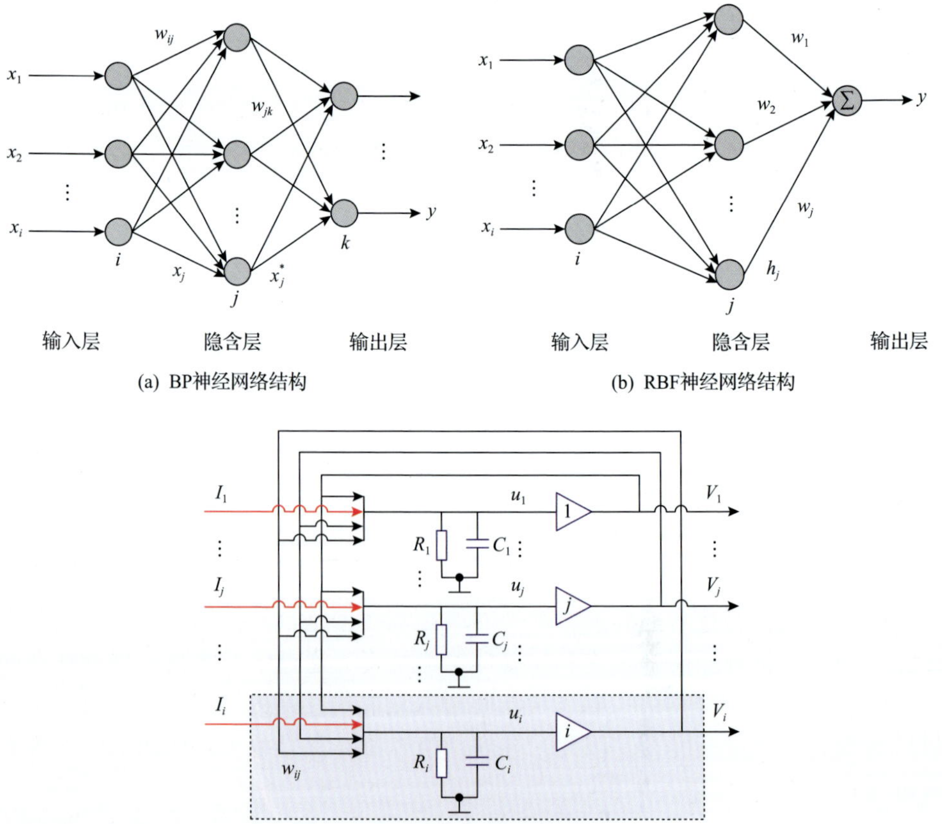

(a) BP神经网络结构

(b) RBF神经网络结构

(c) Hopfield神经网络结构

图 1.23　典型神经网络结构图

RBF 神经网络是一种单隐含层的三层前馈型神经网络。RBF 神经网络属于一种局部逼近的神经网络，它是模拟人脑中相互覆盖接收域和局部调整的神经网络结构，能以任意精度逼近任意连续函数。多输入单输出的 RBF 神经网络结构如图 1.23(b)所示，图中 x_i 为神经网络输入，h_j 为隐含层第 j 个神经元的输出，w_j 为网络权值，y 为神经网络输出。在 RBF 神经网络中，只调节权值，输入空间到输出空间是非线性的，隐含层空间到输出空间是线性的。RBF 神经网络可有效加快学习速度，避免局部极小值的问题，因此适用于高度实时性的控制系统。

Hopfield 神经网络是由美国学者 J. J. Hopfield 提出的，它是一种由非线性元件构成的全连接型单层反馈网络，每一个神经元都将自己的信息通过连接传送给其他所有神经元，同时也接收其他所有神经元的信息，Hopfield 神经网络的结构如图 1.23(c)所示[41]。它是由一系列互联的神经单元组成的反馈型神经网络。图中 I_i 为输入电流，R_i、C_i 分别为输入电阻和输入电容，u_i 为第 i 个神经元的输入，V_i 为整个神经元的输出，w_{ij} 为连接权值。反馈型神经网络具有稳定状态，当能量函数值最小时神经网络处于稳定状态。Hopfield 神经网络解决了著名的旅行推销员问题，非常适合用于处理优化计算问题。

目前，神经网络控制方法在自动控制领域的非线性控制、系统辨识、容错控制等方面获得了广泛应用[46]。此外，随着对神经网络技术的研究不断深入，神经网络控制方法在医学、生物、经济等其他领域也开始发挥良好的作用。

1.5 本章小结

近年来，永磁同步电机以其自身良好的特性成为机电伺服控制系统的主流驱动电机，并广泛应用于多个领域。本章首先对永磁同步电机的基本工作原理和特点进行了概述，在此基础上对永磁同步电机在数控车床领域、新能源电动汽车领域、电梯驱动领域、机器人领域以及雷达和光电望远镜设备领域的应用依次进行了介绍。其次，介绍了永磁同步电机的基本控制方案，包括矢量控制方案和直接转矩控制方案。最后，对自抗扰控制技术、滑模控制技术、模型预测控制技术、扰动观测补偿控制技术、智能控制技术等永磁同步电机的先进控制技术进行了介绍。从基本原理、基本控制方案到应用先进控制技术，本章对永磁同步电机进行了系统性的简要介绍，为后续永磁同步电机先进驱动控制技术的介绍奠定了基础。

参考文献

[1] 王奇维. 多工况下永磁同步电机电气参数辨识方法研究[D]. 哈尔滨: 哈尔滨工业大学, 2022.

[2] 王松. 永磁同步电机的参数辨识及控制策略研究[D]. 北京: 北京交通大学, 2011.

永磁同步电机的控制结构一般采用位置环、速度环和电流环由外到内的三环控制模式。位置控制器主要完成位置的精确定点和跟踪，它接收来自位置参考指令与编码器信号的偏差值，然后根据偏差值进行位置控制算法的运算，输出速度控制器的参考指令。当出现较大的位置偏差时，位置控制器产生较大的速度指令，驱动电机以较高的速度运行；随着位置偏差的减小，速度参考值也减小，电机缓慢运动到指定位置并停止。速度控制器作为串级控制的内环，主要作用是增强控制系统的抗扰动能力，实现控制系统的稳定跟踪，其输入为速度参考指令与反馈速度信号的偏差，输出为电流环的参考指令，控制电机加减速或者匀速，实现速度的平稳运行。电流控制器的作用是使电机电流快速、无静差地跟随电流参考值，电流环由 d 轴控制器和 q 轴控制器组成，编码器实时检测电机的角度位置，电流传感器实时检测电机的相电流，控制器以电流值和电角度值为依据进行 Clarke 变换和 Park 变换，实现电流闭环校正。输出控制信号再进行 Park 逆变换，经空间矢量脉宽调制产生逆变器驱动信号，最终实现磁场和电流的正交控制。

永磁同步电机矢量控制的具体过程为：位置控制器根据位置偏差输出速度参考指令 ω_{ref}，速度控制器根据编码器检测的电机转速进行速度调节，输出电流参考信号 $i_{q\text{ref}}$；检测到的电机相电流 i_a 、i_b 经过 Clarke 变换和 Park 变换得到 d 轴和 q 轴电流 i_d 、i_q，电流环控制器将电流给定值与实际值进行比较，输出 d 轴和 q 轴电压 u_d 、u_q；再经过 Park 逆变换得到两相静止坐标系电压 u_α 、u_β；u_α 、u_β 作为输入经过 SVPWM 变换输出功率驱动信号，产生电机的三相定子电流，控制电机按指令旋转运行。

永磁同步电机的稳态矢量示意图如图 2.6 所示。电机稳速运行时，在同步旋转坐标系下的所有量均为直流量。

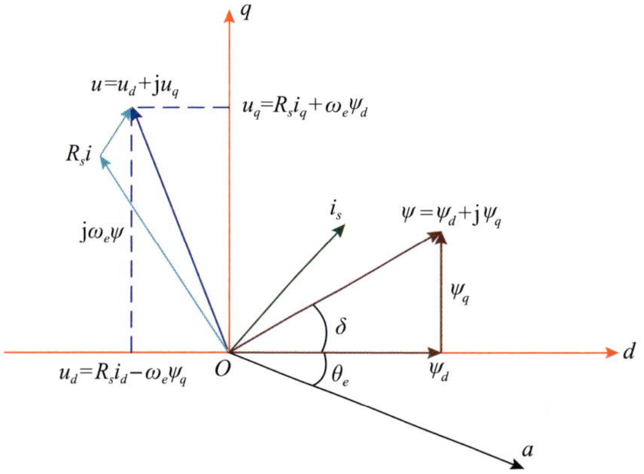

图 2.6　永磁同步电机的稳态矢量示意图

在永磁同步电机矢量控制过程中，坐标变换如图 2.7 所示。从电流变换的角度来说是交流→直流→交流的转换过程，从坐标变换的角度来说是静止坐标系→同步旋转坐标系→静止坐标系的转换过程。首先，通过 Clarke 变换将三相静止坐标系中的物理量转换到两相静止坐标系中，再通过 Park 变换转换到同步旋转坐标系中；在同步旋转坐标系中实现转矩电流分量和励磁电流分量的解耦，并分别对其进行校正计算。然后，通过 Park 逆变换将同步旋转坐标系中的直流分量转换为两相静止坐标系中的交流分量。最后，两相静止坐标系中的交流控制量再经过脉宽调制，驱动功率器件开关实现对电机的旋转控制。

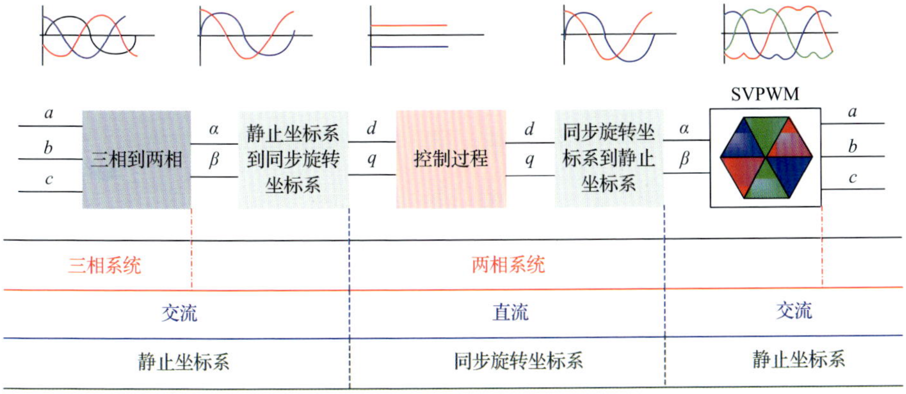

图 2.7　矢量控制坐标变换过程

2.3　空间矢量脉宽调制技术

目前，在永磁同步电机的驱动控制领域中，应用较为广泛的脉宽调制技术是 SVPWM。SVPWM 以电机定子磁链跟踪思想为基础，通过控制逆变器开关切换，使电机获得幅值恒定的圆形旋转磁场。SVPWM 将逆变器和电机放在一起作为调制对象，通过不同电压矢量组合构成调制信号，按一定的顺序开关逆变器功率器件，在电机定子中形成失真较小的正弦波电流，在降低磁链抖动的同时，可以有效改善母线电压利用率。与常规的正弦脉宽调制(sinusoidal pulse width modulation, SPWM)技术相比，SVPWM 技术可提高电源的利用率，降低电机电流的畸形，输出更平滑的电磁转矩。

2.3.1　空间矢量脉宽调制原理

根据定子三相电压可定义空间电压矢量，表达式如下：

$$\boldsymbol{U}_s = \frac{2}{3}\left(u_a + u_b \mathrm{e}^{\mathrm{j}\frac{2\pi}{3}} + u_c \mathrm{e}^{\mathrm{j}\frac{4\pi}{3}}\right) = u_\alpha + \mathrm{j}u_\beta \tag{2.20}$$

式中，j 为虚数单位。

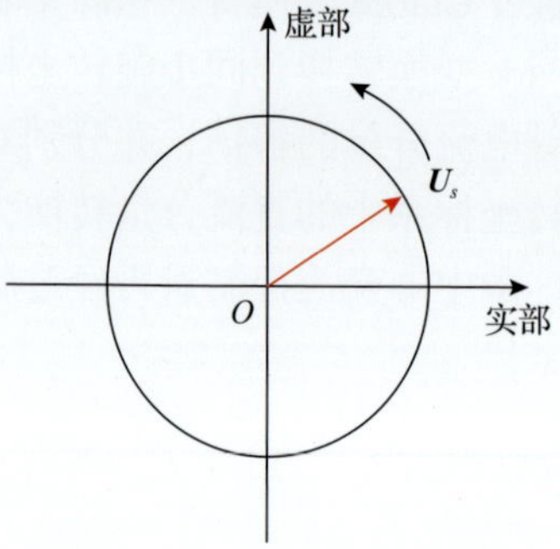

图 2.8　空间电压矢量运动轨迹

当定子的三相电压为对称正弦电压时，由式(2.20)可合成一个幅值与相电压峰值相等的空间电压矢量。空间电压矢量的运动速度与相电压的频率相同，形成一个圆形运动轨迹，如图 2.8 所示。由空间矢量变换的可逆性可知，若空间电压矢量幅值不变且相角连续变化形成圆形运动轨迹，即圆形定子磁链，则电机三相电压就为正弦波。通过交替开关逆变器的功率器件输出电压矢量，可以实现引导定子磁链运动形成圆形轨迹，这就是空间矢量脉宽调制的基本思路。

在交流伺服控制系统中，典型的电压型三相逆变器结构如图 2.9 所示。其中，逆变器各个桥臂上的半导体功率器件的开关状态决定了电机各相电压的大小，定义 g_a、g'_a、g_b、g'_b、g_c、g'_c 分别代表三相桥臂上 6 个功率器件的开关状态，“1”表示半导体功率器件导通，“0”表示半导体功率器件关闭。每个逆变器的上侧和下侧两个半导体功率器件均以互补模式工作，同一个桥臂上的两个功率器件不可同时导通，因此每个桥臂只选择一个功率器件的开关状态就可描述整个逆变器的工作状态。

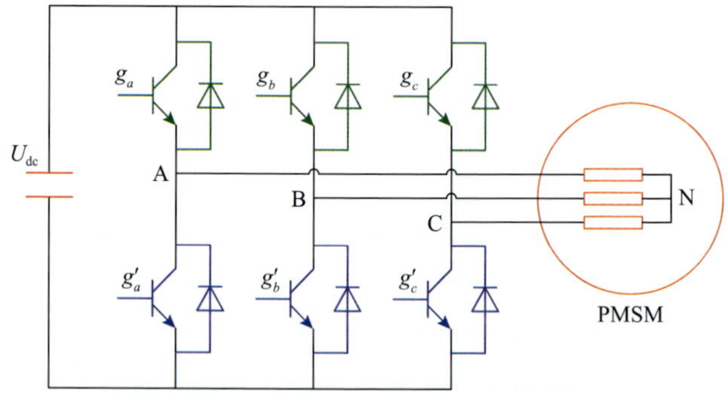

图 2.9　典型电压型三相逆变器结构

逆变器在每个调制周期有 8 种工作状态，即 000、001、010、011、100、101、110、111，对应 8 个基本空间电压矢量（$\boldsymbol{U}_0$、$\boldsymbol{U}_1$、$\boldsymbol{U}_2$、$\boldsymbol{U}_3$、$\boldsymbol{U}_4$、$\boldsymbol{U}_5$、$\boldsymbol{U}_6$、$\boldsymbol{U}_7$），如图 2.10 所示。其中，$\boldsymbol{U}_0$(000)和 $\boldsymbol{U}_7$(111)为两个零电压矢量，其余 6 个为非零基本电压矢量且非零基本电压矢量的幅值均为 $2U_{dc}/3$。8 个基本空间电压矢量将复平面分割成了 6 块区域，称为扇区。

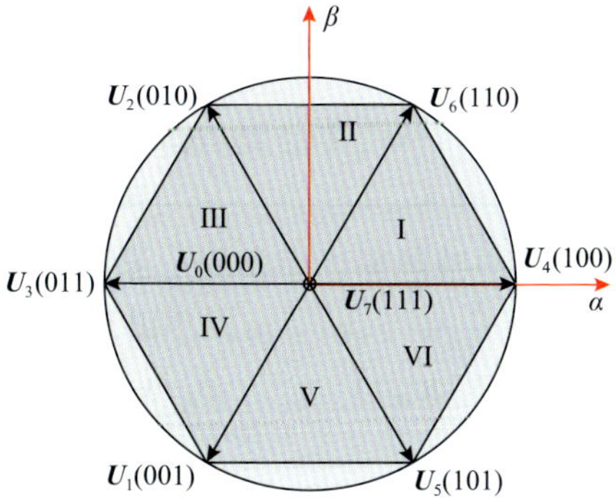

图 2.10　空间基本电压矢量图

电机侧的电压与逆变器开关状态之间的关系如下[7]:

$$
\begin{cases}
u_{\mathrm{AN}} = \dfrac{U_{\mathrm{dc}}}{3}\left(2g_a - g_b - g_c\right) \\
u_{\mathrm{BN}} = \dfrac{U_{\mathrm{dc}}}{3}\left(2g_b - g_a - g_c\right) \\
u_{\mathrm{CN}} = \dfrac{U_{\mathrm{dc}}}{3}\left(2g_c - g_a - g_b\right)
\end{cases} \tag{2.21}
$$

将 8 种开关状态代入式(2.21)，可得电机侧电压和输出的空间电压矢量 $\boldsymbol{U}_s$，见表 2.1。标准的空间矢量脉宽调制是基于平均值等效原理，在一个调制周期内利用调制算法对基本电压矢量进行组合，产生对应的开关状态和开关作用时间，最后输出与参考电压矢量在时间上积分量相等的电压矢量。

表 2.1　开关状态与电压关系

开关状态			u_{AN}	u_{BN}	u_{CN}	$\boldsymbol{U}_s$
g_a	g_b	g_c				
0	0	0	0	0	0	0
1	0	0	$2U_{\mathrm{dc}}/3$	$-U_{\mathrm{dc}}/3$	$-U_{\mathrm{dc}}/3$	$2U_{\mathrm{dc}}/3$
0	1	0	$-U_{\mathrm{dc}}/3$	$2U_{\mathrm{dc}}/3$	$-U_{\mathrm{dc}}/3$	$2U_{\mathrm{dc}}\Big/\left(3\mathrm{e}^{\mathrm{j}\frac{2\pi}{3}}\right)$
1	1	0	$U_{\mathrm{dc}}/3$	$U_{\mathrm{dc}}/3$	$-2U_{\mathrm{dc}}/3$	$2U_{\mathrm{dc}}\Big/\left(3\mathrm{e}^{\mathrm{j}\frac{\pi}{3}}\right)$
0	0	1	$-U_{\mathrm{dc}}/3$	$-U_{\mathrm{dc}}/3$	$2U_{\mathrm{dc}}/3$	$2U_{\mathrm{dc}}\Big/\left(3\mathrm{e}^{\mathrm{j}\frac{4\pi}{3}}\right)$

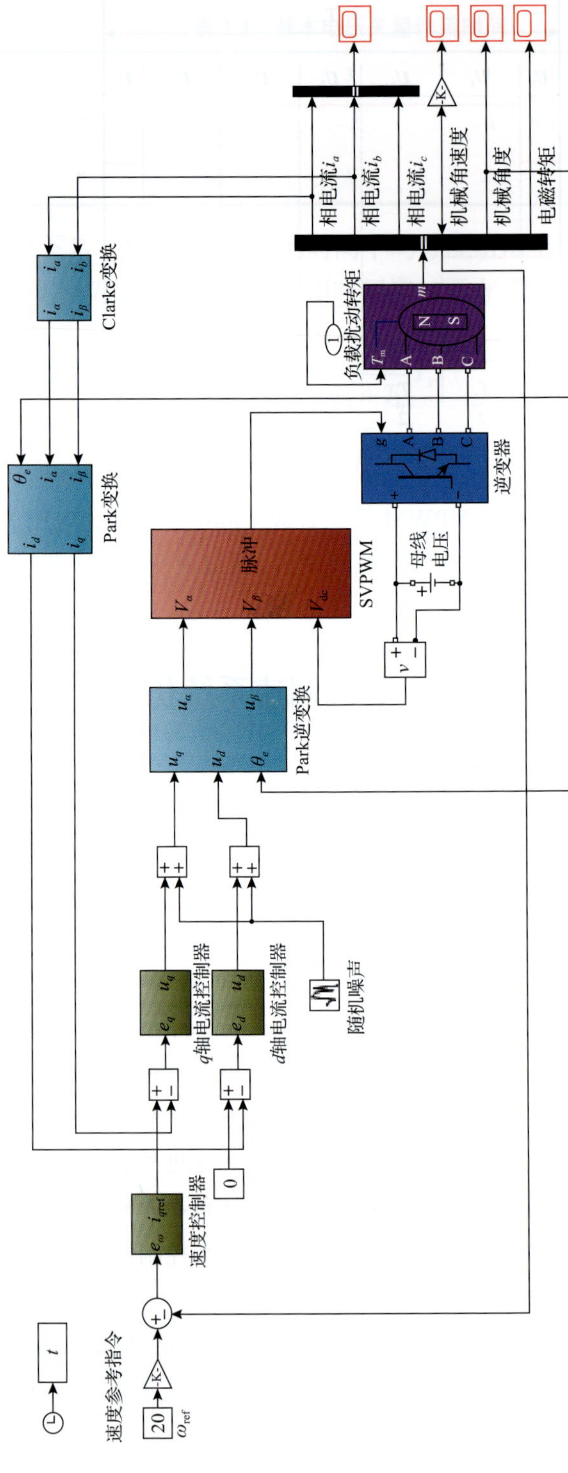

图 2.13　永磁同步电机调速系统仿真模型

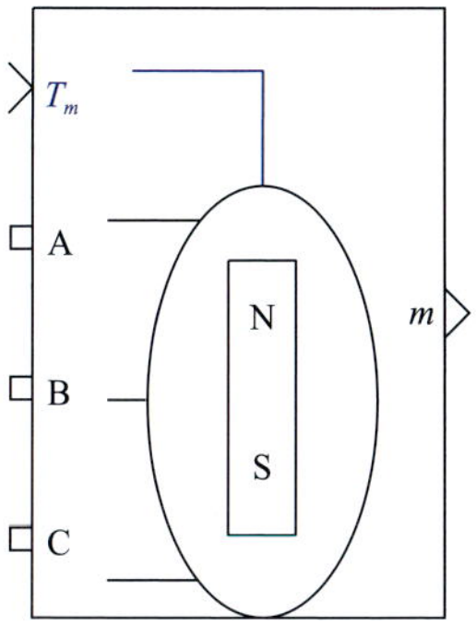

图 2.14　永磁同步电机模块

模块共有四项输入，其中 A、B、C 分别为电机的三相接线端，T_m 为负载扰动转矩。模块输出只有 m，m 具体包含 6 个输出：定子三相电流（单位 A）、机械角度（单位 rad）、机械角速度（单位 rad/s）和电磁转矩（单位 N·m）。

双击该模块可以对永磁同步电机的相关参数进行设置。Configuration 界面下可以设置电机相数、反电动势波形、转子类型、机械输入方式等参数，如图 2.15(a) 所示；Parameters 界面下可以设置电机定子电阻、定子电感、磁链/电压常数/转矩常数、转动惯量、阻尼系数、磁极对数、摩擦系数以及电机初始状态等参数，如图 2.15(b) 所示。

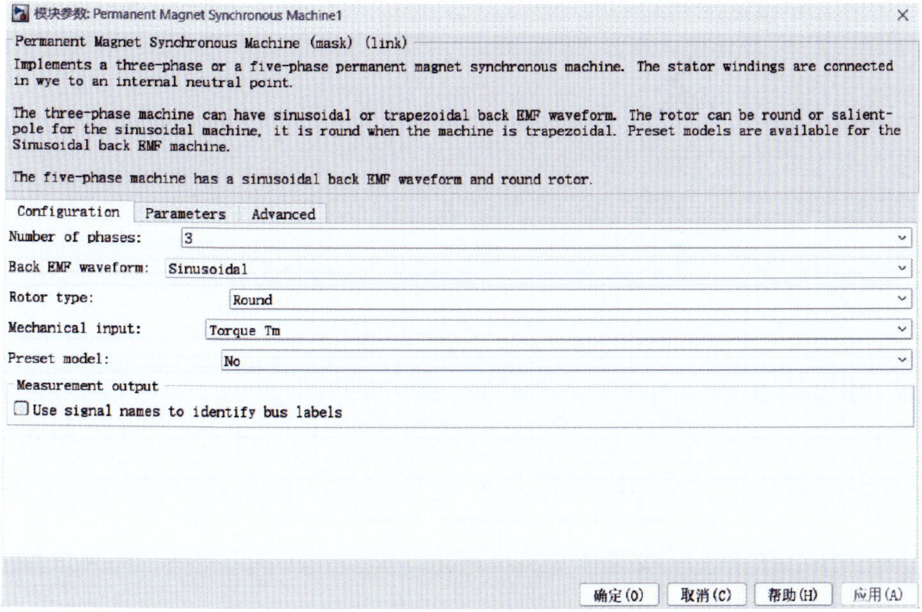

(a) Configuration界面

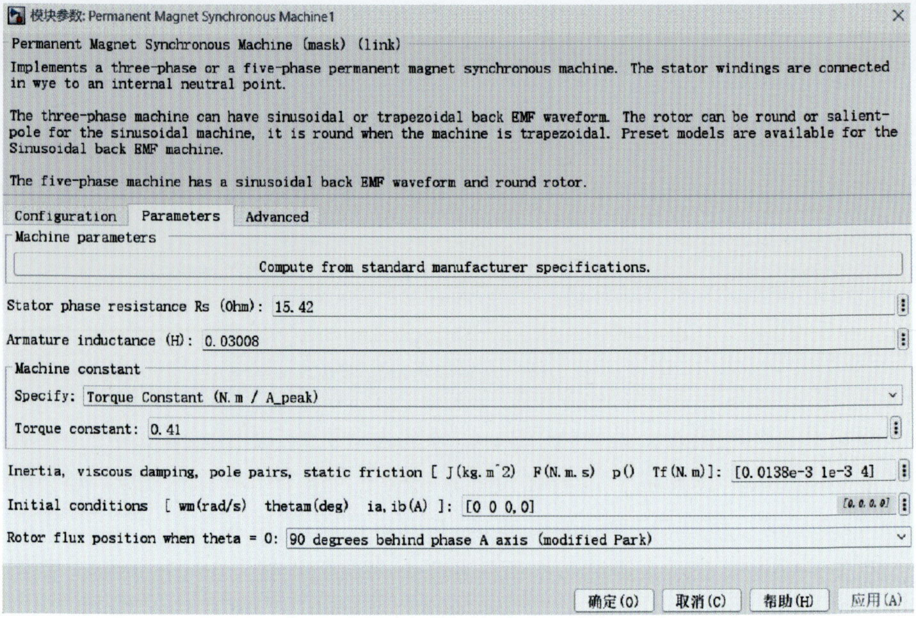

(b) Parameters界面

图 2.15　电机参数设置

2) 空间矢量脉宽调制模块

空间矢量脉宽调制模块如图 2.16 所示。使用 MATLAB Function 编写 SVPWM 的主调制算法，模块输入为 α 、β 相电压 u_α 、u_β ，调制周期 T_s ，三角波载波 Wave，母线电压 U_{dc} ；模块输出 Pulse 为 PWM 脉宽调制信号。

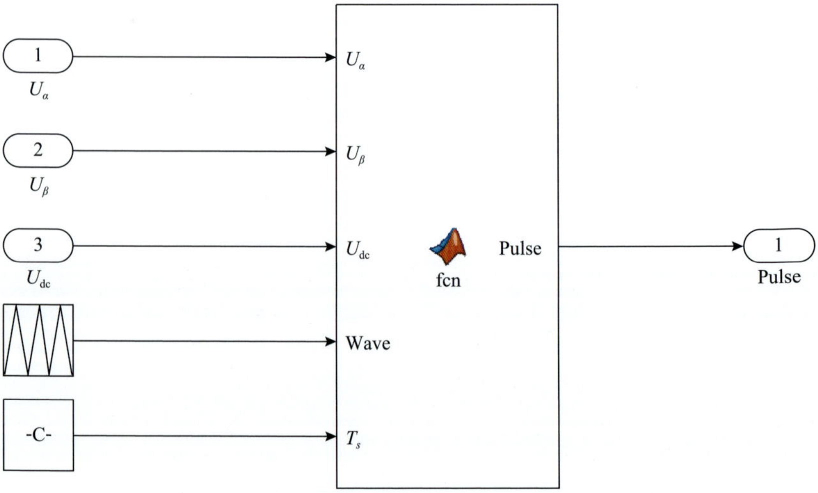

图 2.16　空间矢量脉宽调制模块

实现 SVPWM 的算法具体如下：

```
function [Pulse] = fcn(Ualfa,Ubeta,Udc,Wave,T)
u0 = [0 1 0 1 0 1]; %u0=[0 0 0]
u1 = [1 0 0 1 0 1]; %u1=[1 0 0]
u2 = [1 0 1 0 0 1]; %u2=[1 1 0]
u3 = [0 1 1 0 0 1]; %u3=[0 1 0]
u4 = [0 1 1 0 1 0]; %u4=[0 1 1]
u5 = [0 1 0 1 1 0]; %u5=[0 0 1]
u6 = [1 0 0 1 1 0]; %u6=[1 0 1]
u7 = [1 0 1 0 1 0]; %u7=[1 1 1]
%判断扇区
Va = Ubeta;
Vb = 0.5*(sqrt(3)*Ualfa-Ubeta);
Vc = 0.5*(-sqrt(3)*Ualfa-Ubeta);
X = sqrt(3)*T/Udc*Ubeta;
Y = T/(2*Udc)*(3*Ualfa+sqrt(3)*Ubeta);
Z = T/(2*Udc)*(-3*Ualfa+sqrt(3)*Ubeta);
if Va>0
    Aa = 1;
else
    Aa = 0;
end
if Vb>0
    Bb = 1;
else
    Bb = 0;
end
if Vc>0
    Cc = 1;
else
    Cc = 0;
end
Sector = Aa+2*Bb+4*Cc;
%确定作用时间
if Sector==3
```

```
    Ua = u1;
    Ub = u2;
    t1 = -Z;
    t2 = X;
else if Sector==1
    Ua = u2;
    Ub = u3;
    t1 = Z;
    t2 = Y;
else if Sector==5
    Ua = u3;
    Ub = u4;
    t1 = X;
    t2 = -Y;
else if Sector==4
    Ua = u4;
    Ub = u5;
    t1 = -X;
    t2 = Z;
else if Sector==6
    Ua = u5;
    Ub = u6;
    t1 = -Y;
    t2 = -Z;
else
    Ua = u6;
    Ub = u1;
    t1 = Y;
    t2 = -X;
end
if(t1+t2)>T
    t1 = t1*T/(t1+t2);
    t2 = t2*T/(t1+t2);
end
```

```
%计算逆变器开关时间
Vcompar1 = (T-t1-t2)/4;
Vcompar2 = t1/2+Vcompar1;
Vcompar3 = t2/2+Vcompar2;
%输出调制信号
if Wave>=0&&Wave<Vcompar1
    Pulse = u0;
else if Wave>=Vcompar1&&Wave<Vcompar2
    Pulse = Ua;
else if Wave>=Vcompar2&&Wave<Vcompar3
    Pulse = Ub;
else
    Pulse = u7;
end
```

3) 逆变器模块

逆变器模块如图 2.17 所示，采用 Simulink 库中 SimPowerSystems 子目录下自带的逆变器模块。逆变器模块输入为脉宽调制信号和母线电压，模块输出 A、B、C 与电机模块的 A、B、C 三相直接相连。

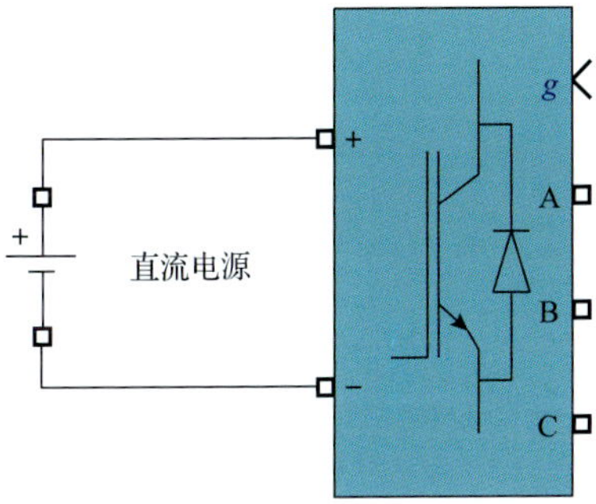

图 2.17　逆变器模块

4) 坐标变换模块

坐标变换模块以 Park 逆变换模块为例进行介绍，如图 2.18 所示。Park 逆变换模块输入为 d 轴电压 u_d 、q 轴电压 u_q 以及电机电角度 θ_e ，模块输出为 α 轴电压 u_α 和 β 轴电压 u_β 。

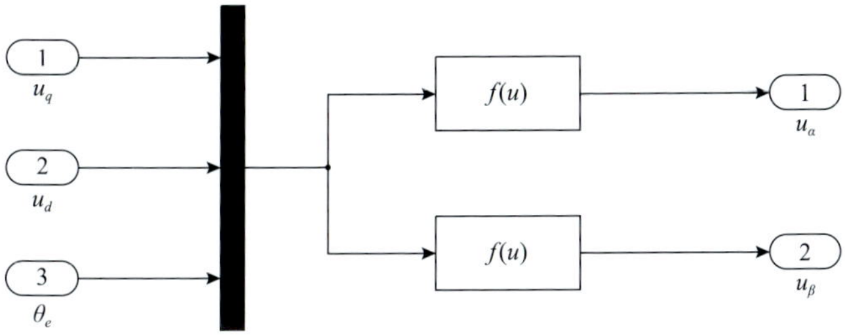

图 2.18　坐标变换模块

Park 逆变换模块使用 Simulink 库中的 User-Defined Functions 模块自带的 Fcn 实现，其中 u_α 的表达式具体实现如图 2.19 所示。

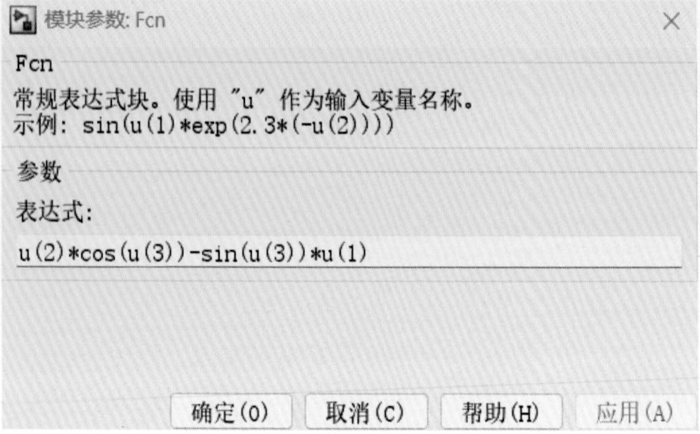

图 2.19　Fcn 坐标变换实现

5）控制器模块

电流控制器和速度控制器均采用传统 PI 控制方法，其中 q 轴电流控制器模块如图 2.20 所示。采用 Simulink 中自带的积分模块、增益模块和数学运算模块，构成 PI 控制器模块。控制器模块输入为误差，输出为控制量。

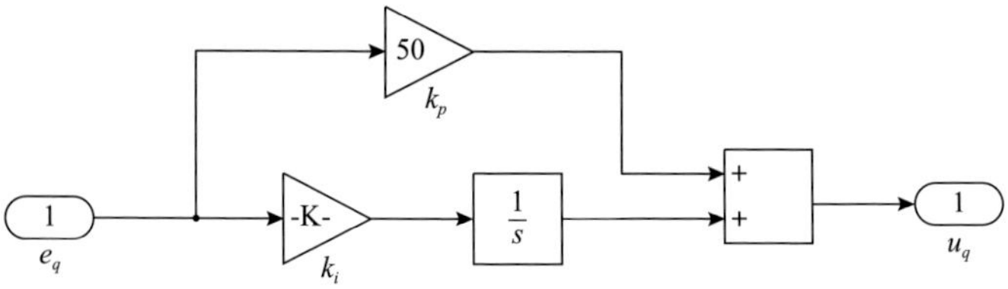

图 2.20　q 轴电流控制器模块

基于上述永磁同步电机控制过程中涉及的几个主要模块，便可建立永磁同步电机调速系统仿真模型。下面结合电机控制实例进行仿真分析。

2.4.2　永磁同步电机的仿真实例

本节以某型永磁同步电机为对象进行调速系统仿真实例，电流环和速度环均采用 PI 控制器进行闭环控制，空间矢量脉宽调制频率为 10kHz。永磁同步电机具体参数如下：线包电阻 5.578Ω，绕组电感 105.51mH，转矩系数 34.965N·m/A，磁极对数 20，电机和负载转动惯量 2500kg·m^2。下面给出永磁同步电机跟踪不同类型速度参考指令时的仿真结果。

1. 速度闭环跟踪阶跃参考信号

通过限制速度控制器的控制量对电机的加速度（电流）进行限幅，使得电机运行时保留一定的恒加速或减速运行时间。由此，可更清晰地观测到电机调速阶段和稳定运行阶段电流、转矩和反电动势等参数的变化情况。

首先，给定 10(°)/s 的速度参考指令；在 $t = 5$s 时，速度参考指令发生阶跃变化，减小为 5(°)/s。在此条件下，永磁同步电机的速度响应曲线、三相电流响应曲线和转矩响应曲线分别如图 2.21～图 2.23 所示。

通过上述三组数据曲线可以看到：在电机的启动阶段，控制电流较大，输出较大转矩，电机以最大加速能力运行直到电机转速接近给定参考指令，电机的三相电流呈正弦形状；当电机转速到达参考指令数值后，控制电流迅速减小，电机输出转矩也随之迅速减小，此时电机输出的转矩主要用来克服摩擦力矩。当电机进入稳速运行状态时，电机的三相电流仍呈正弦形状，只是由于电流幅值较小，看上去并不明显。此外，在 $t = 5$s 时，速度参考指令发生阶跃变化，电机控制电流幅值增大，电机输出反向力矩；当电机转速到达参考指令数值后，控制电流和电机转矩再次迅速减小，电机以新的速度稳定运行。

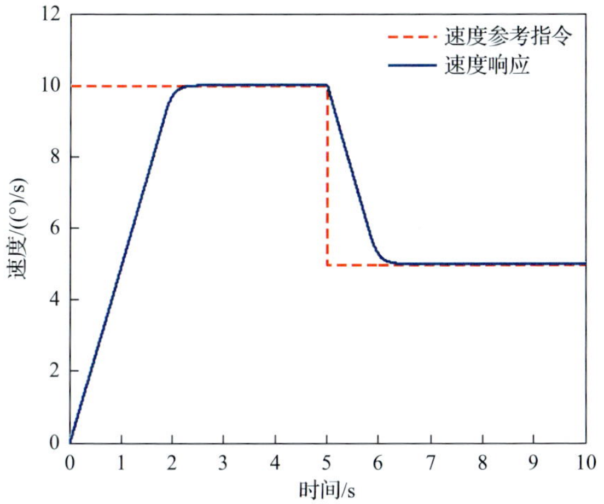

图 2.21 永磁同步电机的速度响应曲线(阶跃参考指令)

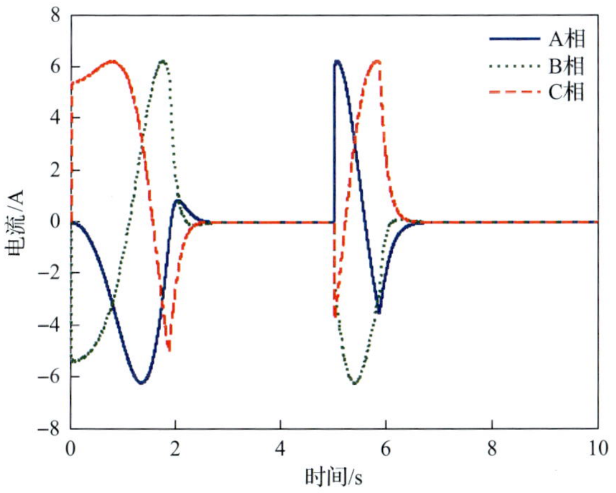

图 2.22 永磁同步电机的三相电流响应曲线(阶跃参考指令)

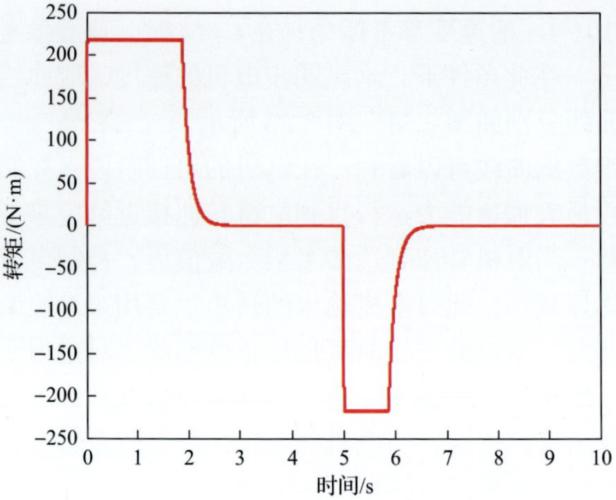

图 2.23　永磁同步电机的转矩响应曲线(阶跃参考指令)

电机的 d 轴、q 轴电流响应曲线如图 2.24 所示。通过两组曲线可以看到，在同步旋转坐标系下，q 轴电流的曲线走势与电机输出转矩的曲线走势相同，d 轴电流在零上下波动。通过对 d 轴和 q 轴电流的单独控制，实现了永磁同步电机类似直流电机的控制方式，这与前面所述基于 $i_d = 0$ 的永磁同步电机矢量控制原理是一致的。

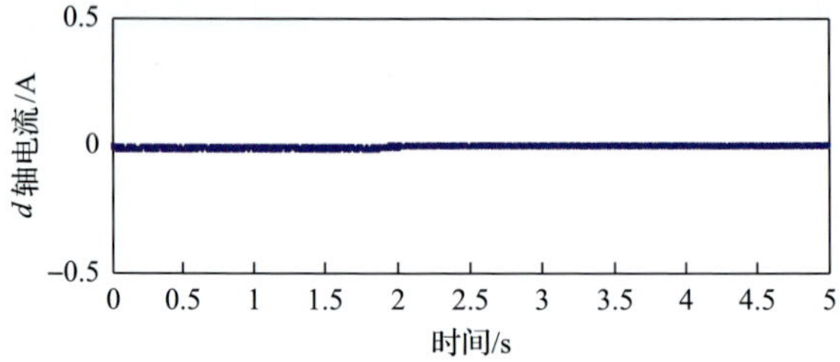

(a) i_d

(b) i_q

图 2.24　d 轴、q 轴电流响应曲线

永磁同步电机的三相反电动势响应曲线如图 2.25 所示。可以看到，三相反电动势在整个电机运行过程中呈正弦形状。根据永磁同步电机的数学模型，三相反电动势最大幅值与电机的电角速度成正比，因此在电机加速过程中，三相反电动势幅值逐渐增大；在电机稳速运行过程中，三相反电动势最大幅值恒定；在电机

以更低转速稳速运行时，三相反电动势的最大幅值也随之减小且保持恒定。

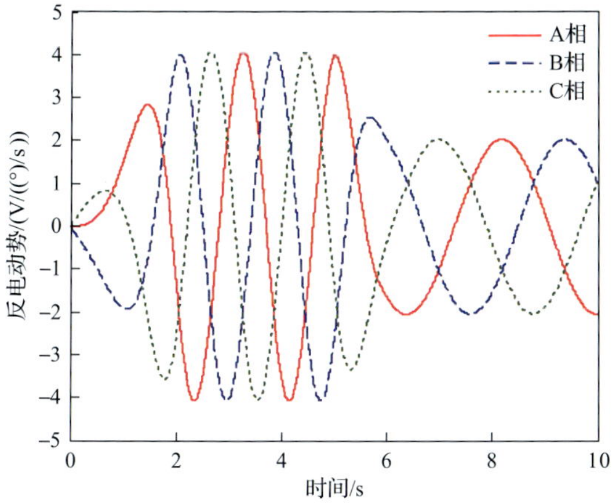

图 2.25　永磁同步电机的三相反电动势响应曲线

电机稳速运行过程中，定子磁链的响应曲线如图 2.26 所示。可以看到，由两相静止坐标系下磁链合成的定子磁链轨迹为圆形，半径幅值为ψ_f。放大局部曲线可以看到磁链具有一定的波动情况，这是由于电流波动引起磁链波动。磁链响应与前面所述永磁同步电机矢量控制中对定子磁链的描述是一致的。

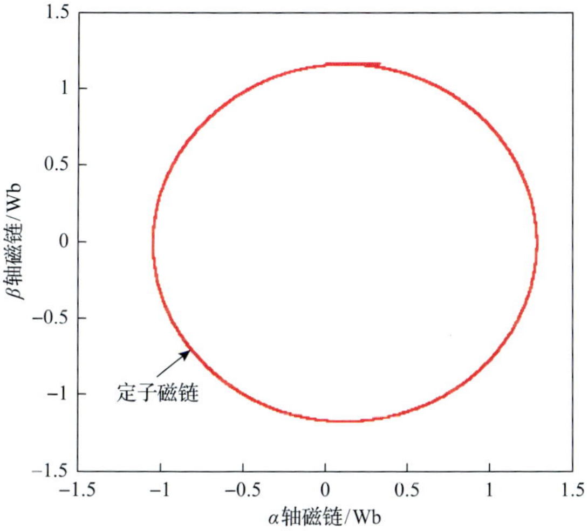

图 2.26　定子磁链响应曲线

2. 速度闭环跟踪正弦参考信号

给定最大幅值为 5(°)/s、频率为 0.15rad/s 的正弦速度参考指令，永磁同步电机的速度响应、三相电流响应、反电动势响应曲线分别如图 2.27～图 2.29 所示。

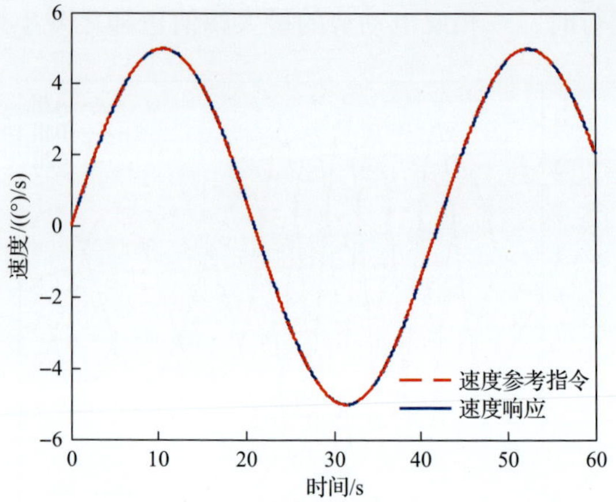

图 2.27　永磁同步电机的速度响应曲线(正弦参考指令)

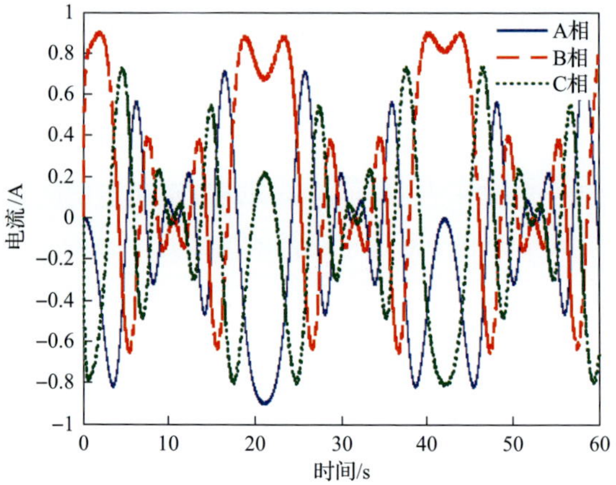

图 2.28　永磁同步电机的三相电流响应曲线(正弦参考指令)

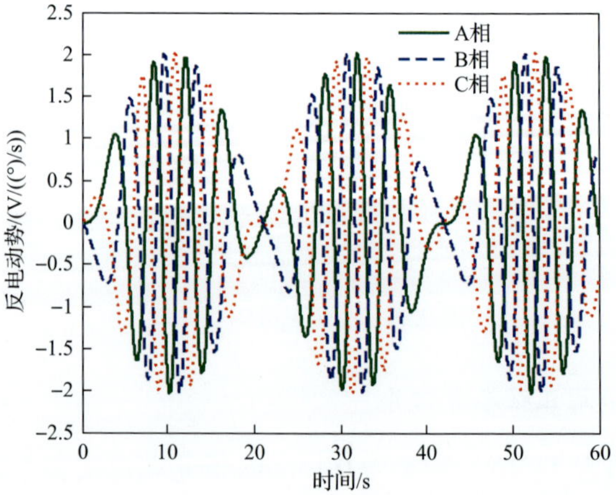

图 2.29　永磁同步电机的三相反电动势响应曲线(正弦参考指令)

通过上述仿真曲线可以看到，永磁同步电机能够准确地跟踪速度正弦参考指令。在电机以正弦速度运行的过程中，三相定子电流呈螺旋状分布，三相反电动势也呈螺旋状分布。这是因为电机参考指令的速度和加速度数值随时间实时变化，所以在跟踪正弦参考指令的过程中，电机也一直处于加速和减速的动态调整过程中。

上述永磁同步电机调速系统的仿真分析，充分验证了永磁同步电机矢量控制和空间矢量脉宽调制等基本控制方法的正确性和有效性。

2.5　本 章 小 结

本章首先介绍了永磁同步电机在不同坐标系下的数学模型及坐标变换方法；在此基础上，详细介绍了永磁同步电机闭环控制过程中应用的磁场定向矢量控制方法、空间矢量脉宽调制方法及实现；最后，介绍了建立永磁同步电机调速系统仿真模型的方法，对永磁同步电机速度闭环控制进行了仿真分析。仿真给出了永磁同步电机调速过程中速度、三相电流、转矩以及三相反电动势的响应结果，上述内容为永磁同步电机在机电伺服控制系统中的应用奠定了良好的基础。

参 考 文 献

[1] 王成元, 夏加宽, 孙宜标. 现代电机控制技术[M]. 北京: 机械工业出版社, 2010.

[2] 周扬忠, 胡育文. 交流电动机直接转矩控制[M]. 北京: 机械工业出版社, 2010.

[3] 袁登科, 陶生桂. 交流永磁电机变频调速系统[M]. 北京: 机械工业出版社, 2011.

[4] 袁雷, 胡冰新, 魏克银, 等. 现代永磁同步电机控制原理及 MATLAB 仿真[M]. 北京: 北京航空航天大学出版社, 2016.

[5] Ghafari-Kashani A R, Faiz J, Yazdanpanah M J. Integration of non-linear H_∞ and sliding mode control techniques for motion control of a permanent magnet synchronous motor[J]. IET Electric Power Applications, 2010, 4(4): 267-280.

[6] 杨书生, 钟宜生. 永磁同步电机转速伺服系统鲁棒控制器设计[J]. 中国电机工程学报, 2009, 29(3): 84-90.

[7] 张兴, 张崇巍. PWM 整流器及其控制[M]. 北京: 机械工业出版社, 2012 .

[8] 周卫平, 吴正国, 唐劲松, 等. SVPWM 的等效算法及 SVPWM 与 SPWM 的本质联系[J]. 中国电机工程学报, 2006, 26(2): 133-137.

第 3 章　基于滑模控制理论的永磁同步电机控制

随着对永磁同步电机控制系统精度和动态响应性能的要求不断提高，针对控制系统面临的参数摄动和外部力矩扰动等多重干扰的问题，研究人员提出了滑模控制方法并获得了广泛的关注和应用。滑模控制方法是一种变结构控制方法，系统的滑动模态与被控对象的参数变化和外部扰动均无关，它的抗扰动能力强于常规的连续控制系统。滑模控制方法是提高控制系统鲁棒性的有效方法，在传统滑模控制方法的基础上，结合自适应控制等其他先进控制算法，多种新型滑模控制方法也相继被研究人员提出，以进一步优化系统的控制性能。本章将对自适应滑模控制方法、超螺旋滑模控制方法、固定时间自适应超螺旋滑模控制方法以及基于 RBF 神经网络的固定时间非奇异终端滑模控制方法等四类方法进行介绍。

3.1　自适应滑模控制

3.1.1　滑模控制器设计

滑模控制本质上是一种变结构控制方法，在动态控制过程中，系统的控制结构并不固定，而是随着系统状态有目的地变化，控制系统状态按照预设的滑模轨迹运动。滑模控制方法具有鲁棒性强、实现简单等优点。其缺点在于系统状态到达滑模面后由于惯性等因素无法实现严格地沿着滑模面运动，而是在滑模面两侧高频穿越，进而导致出现滑模高频抖振问题，如图 3.1 所示。

永磁同步电机的动态运动方程可表达如下：

$$J\dot{\omega}_m = K_t i_q + B\omega_m + T_D + f = u^* + \varDelta \tag{3.1}$$

式中，ω_m 为电机机械角速度；J 为电机及负载的转动惯量；K_t 为转矩系数；i_q 为 q 轴电流；T_D 为扰动转矩；B 为黏性摩擦系数；f 为参数摄动；u^* 为控制量；$\varDelta$ 为包括系统模型参数摄动和力矩扰动在内的总扰动，总扰动有界即 $|\varDelta| \leqslant D$。

将滑模面定义为速度跟踪误差，表达式如下：

$$s = \omega_{\text{ref}} - \omega_m \tag{3.2}$$

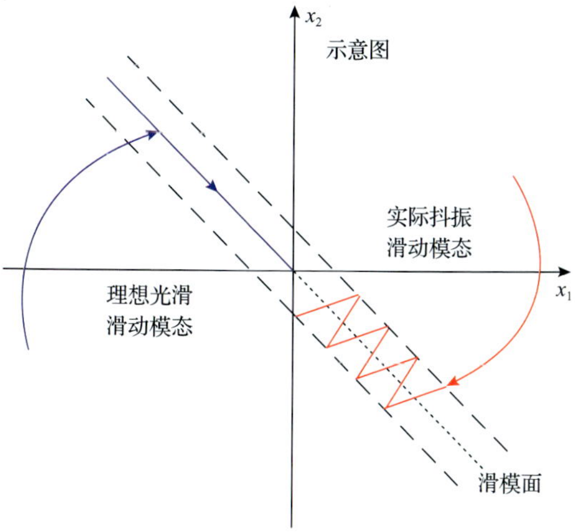

图 3.1　滑模抖振示意图

结合式(3.1)、式(3.2)可得

$$\dot{s}=\dot{\omega}_{\mathrm{ref}}-\dot{\omega}_m=\dot{\omega}_{\mathrm{ref}}-\left(u^*+\varDelta\right)/J \tag{3.3}$$

在滑模控制系统中，系统状态的变化分为趋近运动阶段和滑模运动阶段。系统状态从任意一个初始状态运动到滑模面的过程，称为趋近运动阶段；系统状态到达滑模面并在滑模控制律的作用下沿着滑模面运动的过程，称为滑模运动阶段。

为了改善系统趋近运动和滑模运动阶段的动态品质，研究人员提出了趋近律的概念。下面介绍三种典型的滑模趋近律[1]。

(1) 等速趋近律：

$$\dot{s}=-k\cdot\mathrm{sign}(s),\quad k>0 \tag{3.4}$$

式中，k 为切换增益，决定系统状态趋近滑模面的速度，k 越大，趋近速度越大。

(2) 指数趋近律：

$$\dot{s}=-k\cdot\mathrm{sign}(s)-\eta s,\quad k>0,\eta>0 \tag{3.5}$$

式中，$\dot{s}=-\eta s$ 为指数项，该公式的解为 $s=s(0)\mathrm{e}^{-\eta t}$。指数趋近律的系统状态收敛速度仍主要取决于 k。而指数项的加入可以保证当系统状态距离滑模面比较远时，系统能够以更大的速度趋近滑模面进入滑模运动阶段。

(3) 幂次变速趋近律：

$$\dot{s}=-k\left|s\right|^{\alpha}\mathrm{sign}(s),\quad k>0,1\leqslant\alpha<2 \tag{3.6}$$

幂次变速趋近律通过设置幂次系数 α 的数值，使得当系统状态距离滑模面较远时，以较大的速度趋近滑模面；当系统状态距离滑模面较近时，控制增益降低，进而系统状态趋近滑模面的速度降低并削弱系统抖振。

以等速趋近律为例，设计速度滑模控制器。结合式(3.3)、式(3.4)，控制量 u^* 可表达如下：

$$u^* = k \cdot \mathrm{sign}(s) + J\dot{\omega}_{\mathrm{ref}} \tag{3.7}$$

定义李雅普诺夫函数如下：

$$V = \frac{1}{2}s^2 \tag{3.8}$$

可得

$$\begin{aligned} \dot{V} &= s \cdot \dot{s} \\ &= s \cdot \left[\dot{\omega}_{\mathrm{ref}} - \left(u^* + \varDelta \right) / J \right] \\ &= s \cdot \left[\dot{\omega}_{\mathrm{ref}} - \left(k \cdot \mathrm{sign}(s) + J\dot{\omega}_{\mathrm{ref}} + \varDelta \right) / J \right] \\ &= -s \cdot (k \cdot \mathrm{sign}(s) + \varDelta) / J \end{aligned} \tag{3.9}$$

根据李雅普诺夫稳定性定理，滑模控制系统稳定需保证 $\dot{V} \leqslant 0$。在此条件下，该滑模控制器的切换增益需满足如下条件：

$$k \geqslant D \tag{3.10}$$

由式(3.10)可知，当系统面临较大的干扰时，为了保证系统的稳定性和鲁棒性，一般需要滑模控制器具有较大的切换增益。但是，大的切换增益不可避免会给系统带来滑模抖振问题。

首先，分析切换增益 k 对系统抖振的影响。利用应用较为广泛的指数趋近律 $\dot{s} = -k \cdot \mathrm{sign}(s) - \eta s$ 设计永磁同步电机的速度环滑模控制器。给定速度参考指令 $\omega_{\mathrm{ref}} = 5 + 3\sin(0.3t)$（单位(°)/s），将滑模控制器中参数 $\eta = 10$ 保持不变，参数 k 分别取 0.5、3 和 8 时，系统的速度响应和滑模面响应结果如图 3.2～图 3.5 所示。

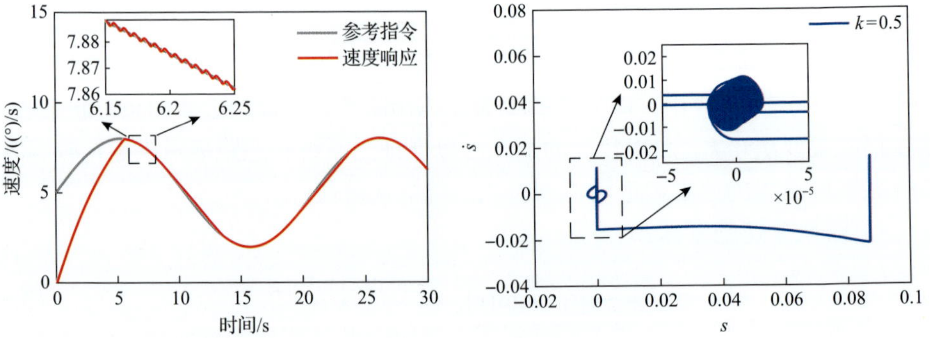

图 3.2　切换增益 $k = 0.5$ 系统响应结果

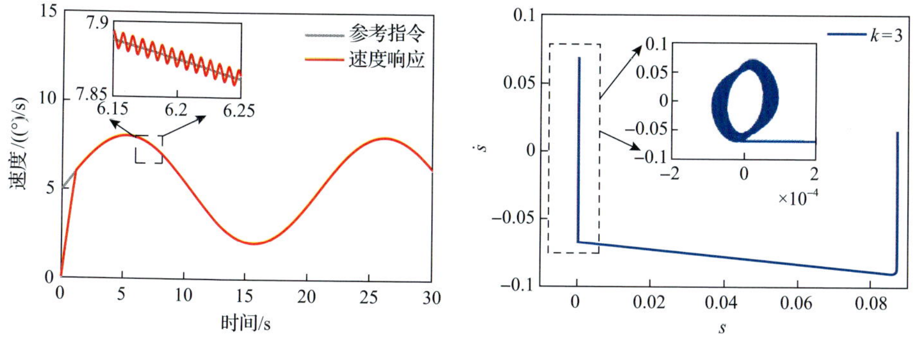

图 3.3　切换增益 $k=3$ 系统响应结果

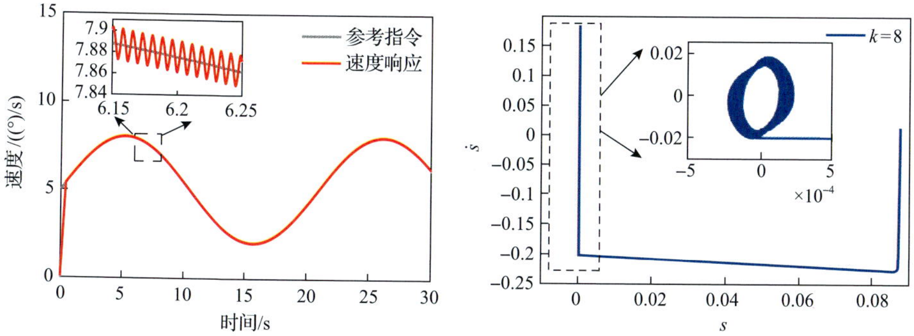

图 3.4　切换增益 $k=8$ 系统响应结果

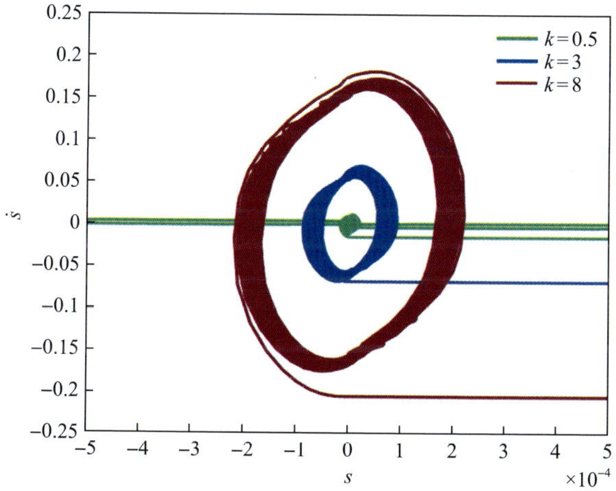

图 3.5　不同切换增益下滑模面稳态响应对比

由图 3.2(a)、图 3.3(a)、图 3.4(a)可以看出，滑模切换增益 k 越大，速度响应的快速性越好，但是速度稳态时呈现出越大的抖振。由图 3.2(b)、图 3.3(b)、图 3.4(b)可以看出，系统状态到达滑模面上时，并未稳定在滑模面上，而是在滑模面两侧来回运动，因而产生了滑模抖振。结合图 3.5 滑模面稳态响应对比结果可知，滑模切换增益 k 越大，滑模控制系统的抖振越大。

其次，分析切换增益 k 对系统鲁棒性的影响。给定速度参考指令 $\omega_{\text{ref}} = 3\sin(0.3t)$（单位 (°)/s），在 $t = 15\text{s}$ 时向系统中加入 $T_D = -1000\text{N}\cdot\text{m}$ 的阶跃扰动信号。滑模控制器参数设置为 $\eta = 50$ 保持不变，参数 k 分别取 5、6、7 时，系统的速度响应和电流响应结果如图 3.6 所示。

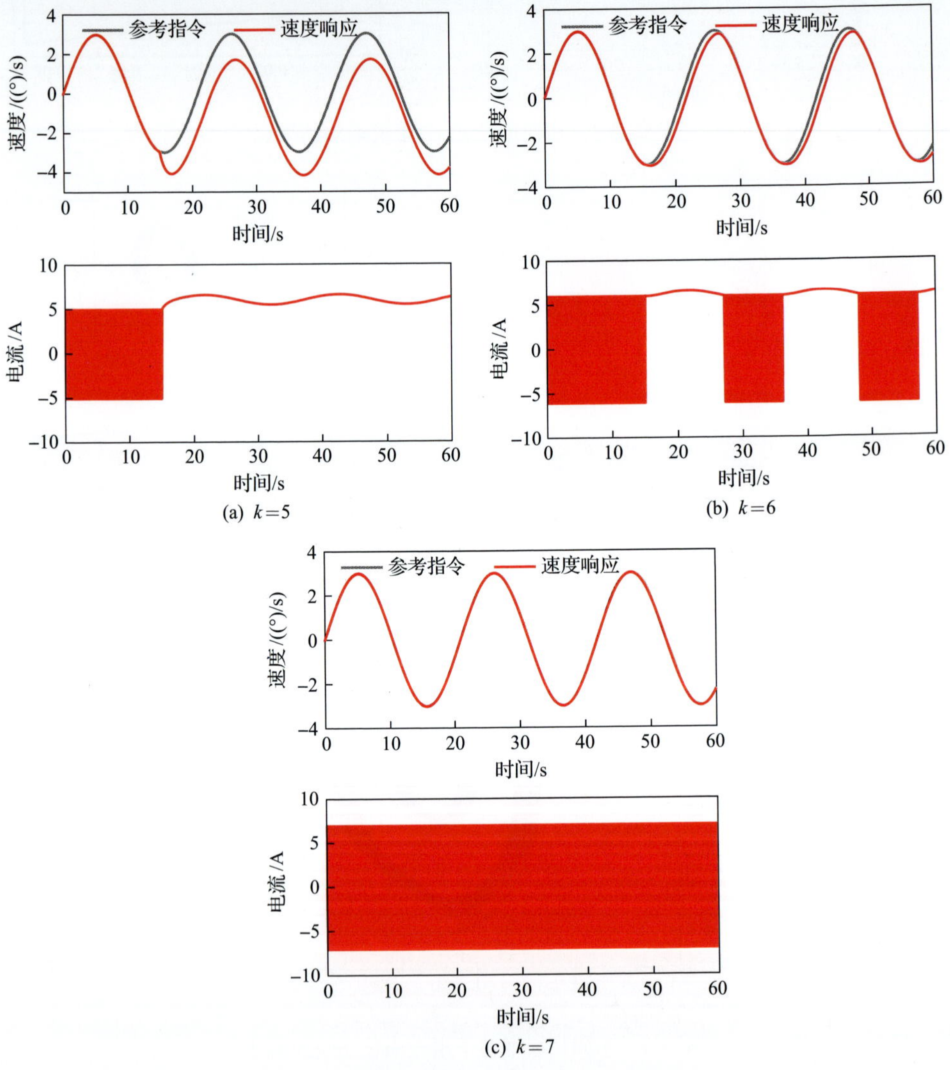

(a) $k=5$　(b) $k=6$　(c) $k=7$

图 3.6　切换增益对系统鲁棒性的影响

由图 3.6 的仿真结果可以看出，当切换增益 k 取值为 5 时，将扰动力矩加入系统后速度响应中出现了明显的偏差量，这表明此时系统的抗扰动能力较差。将切换增益 k 增大到 6 时，扰动力矩对于速度响应的影响明显降低，这表明系统的鲁棒性得到了提高。当切换增益 k 增大到 7 时，系统的鲁棒性进一步得到提高，但是从控制量响应结果可以看出，系统稳态时存在明显的抖振现象。由上述仿真结果可知，滑模切换增益 k 越大，滑模控制系统的抗扰动能力越强。

3.1.2 基于自适应滑模控制的速度控制器设计

由 3.1.1 节的分析可知，为了保证滑模控制系统的稳定性和鲁棒性，滑模控制器的切换增益取值应大于系统扰动值的上界。但是，实际系统中的扰动项无法测量并提前预知，且过大的切换增益会带来抖振问题。因此，有研究人员提出了自适应滑模控制方法。

自适应滑模控制方法利用自适应律对系统扰动进行在线估计，并将估计值补偿到滑模控制器。该方法可有效降低系统扰动对滑模控制切换增益的限制，在提高系统鲁棒性的同时将降低系统抖振。

自适应律设计如下：

$$\dot{\hat{\varDelta}} = \frac{1}{\gamma}s, \quad \gamma > 0 \tag{3.11}$$

式中，$1/\gamma$ 为自适应增益；$\hat{\varDelta}$ 为系统扰动 $\varDelta$ 的估计值，系统扰动的估计误差为 $\tilde{\varDelta} = \varDelta - \hat{\varDelta}$。

由此，自适应滑模控制器的控制律表达式如下：

$$u^* = k \cdot \mathrm{sign}(s) + J\dot{\omega}_{\mathrm{ref}} - \hat{\varDelta} \tag{3.12}$$

定义李雅普诺夫函数如下：

$$V = \frac{1}{2}s^2 + \frac{1}{2}\frac{\gamma}{J}\tilde{\varDelta}^2 \tag{3.13}$$

可得

$$\begin{aligned}
\dot{V} &= s\dot{s} + \frac{\gamma}{J}\tilde{\varDelta}\dot{\tilde{\varDelta}} \\
&= s\left[\dot{\omega}_{\mathrm{ref}} - \frac{1}{J}\left(u^* + \varDelta\right)\right] + \frac{\gamma}{J}\tilde{\varDelta}\left(\frac{1}{\gamma}s\right) \\
&= s\left[\dot{\omega}_{\mathrm{ref}} - \frac{1}{J}\left(k \cdot \mathrm{sign}(s) + J\dot{\omega}_{\mathrm{ref}} - \hat{\varDelta} + \varDelta\right)\right] + \frac{s\tilde{\varDelta}}{J} \\
&= s\left(-\frac{k}{J} \cdot \mathrm{sign}(s) - \frac{1}{J}\tilde{\varDelta}\right) + \frac{s\tilde{\varDelta}}{J} \\
&= -\frac{k}{J}|s| \leqslant 0
\end{aligned} \tag{3.14}$$

由式(3.14)可知，$\dot{V} \leqslant 0$。在此条件下，满足滑模面的可达性，基于上述自适应滑模控制器的控制系统是稳定的。

为了避免自适应律估计过程中出现$\hat{\Delta}$过大进而导致控制信号u过大的情况，有研究人员提出映射自适应算法，将$\hat{\Delta}$的数值变化限制在$[\Delta_{\min}, \Delta_{\max}]$范围内。映射自适应算法的表达式如下[1]：

$$\dot{\hat{\Delta}} = \mathrm{Proj}_{\hat{\Delta}}\left(\frac{s}{\gamma}\right) \tag{3.15}$$

其中，$\mathrm{Proj}_{\hat{\Delta}}\left(\frac{s}{\gamma}\right)$的表达式如下：

$$\mathrm{Proj}_{\hat{\Delta}}\left(\frac{s}{\gamma}\right) = \begin{cases} 0, & \hat{\Delta} \geqslant \Delta_{\max}，\ \dfrac{s}{\gamma} > 0 \\ 0, & \hat{\Delta} \leqslant \Delta_{\min}，\ \dfrac{s}{\gamma} < 0 \\ \dfrac{s}{\gamma}, & \Delta_{\min} < \hat{\Delta} < \Delta_{\max} \end{cases} \tag{3.16}$$

映射自适应算法的思想在于，当自适应估计值$\hat{\Delta}$超过上限且有继续增大的趋势时取$\hat{\Delta}$值固定不变；当自适应估计值$\hat{\Delta}$低于下限且有继续减小的趋势时取$\hat{\Delta}$值固定不变。

3.1.3　仿真实例

为了验证自适应滑模控制器的有效性，分别设计滑模控制器$u^* = k \cdot \mathrm{sign}(s) + \eta s$和自适应滑模控制器$u^* = k \cdot \mathrm{sign}(s) + \eta s - \hat{\Delta}$，在扰动条件下对比上述两种算法的速度控制性能。

假设电流环闭环传递函数为1，取永磁同步电机速度环被控对象表达如下：

$$J\frac{\mathrm{d}\omega_m}{\mathrm{d}t} = K_t \cdot u(t) + T_D \tag{3.17}$$

式中，$J = 6000\mathrm{kg \cdot m^2}$；$K_t = 165\mathrm{N \cdot m/A}$；$T_D$为系统扰动。

首先，设置滑模控制器参数$k = 6$、$\eta = 50$，自适应滑模控制器参数$k = 6$、$\eta = 50$，自适应增益$1/\gamma = 1000000$均固定不变。给定速度参考指令$\omega_{\mathrm{ref}} = 1 \cdot \sin(0.3t)$（单位(°)/s），在$t = 15\mathrm{s}$时加入外部扰动力矩$T_D = -1000\mathrm{N \cdot m}$，对比相同控制参数下滑模控制器和自适应滑模控制器的控制效果，如图3.7所示。

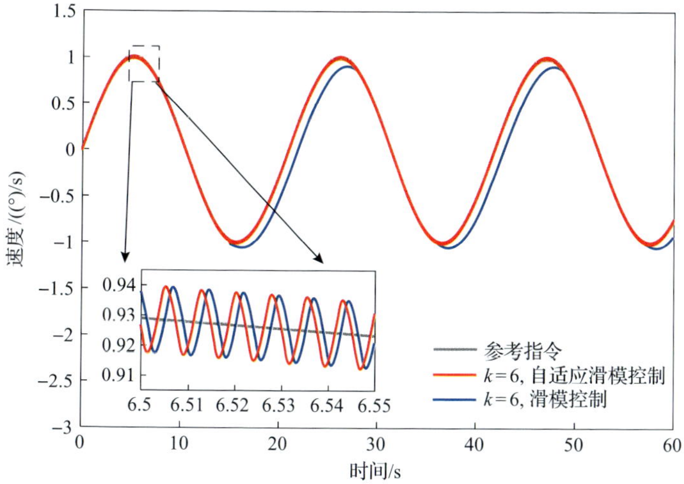

(a) 速度响应曲线

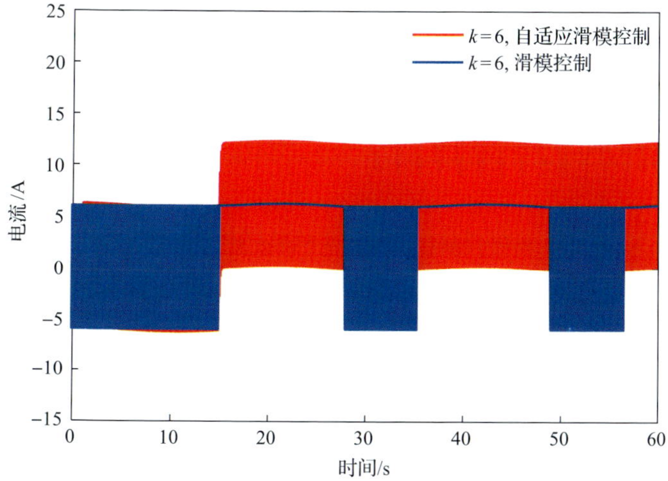

(b) 电流响应曲线

图 3.7　滑模控制器和自适应滑模控制器控制性能对比 1

由图 3.7 可以看到，当系统存在扰动时，在上述预设控制参数下，采用滑模控制器的系统速度响应出现较大的速度波动并具有明显的稳态偏差，而采用自适应滑模控制器的系统速度响应出现小幅波动并快速恢复到设定稳态数值。这表明，相比于滑模控制器，自适应滑模控制器具有更强的鲁棒性。由于滑模控制器和自适应滑模控制器的参数 k 和 η 取值相同，速度响应的抖振程度基本相同，即系统稳态时的滑模抖振程度基本相同。

滑模控制器的参数 $k=6$ 、$\eta=50$ 固定不变，自适应滑模控制器的参数 k 由 6 降低为 4，$\eta=50$ ，自适应增益 $1/\gamma=1000000$ 固定不变，在此条件下对比滑模控制器和自适应滑模控制器的控制效果，如图 3.8 所示。

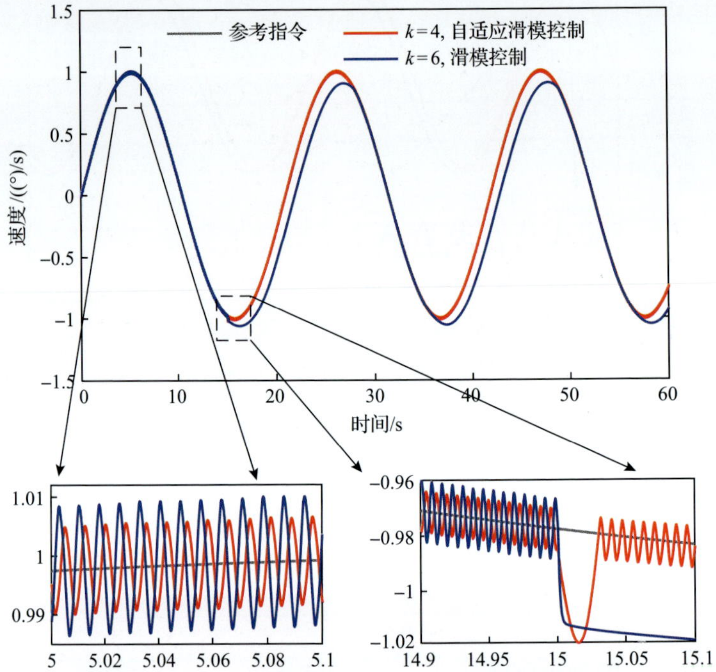

图 3.8　滑模控制器和自适应滑模控制器控制性能对比 2

由图 3.8 的速度响应对比可以看到，虽然减小了自适应滑模控制器的切换增益，但是由于自适应控制律的加入，对扰动力矩进行了在线补偿，系统仍然保持了良好的鲁棒性。自适应滑模控制器下速度响应的扰动波动和控制精度均优于单独的滑模控制器。此外，自适应滑模控制下系统的滑模抖振更小，获得了更优的控制性能。

上述仿真结果表明，相比于滑模控制，自适应滑模控制具有更强的鲁棒性，且自适应控制律的加入可有效降低系统的滑模抖振。

给定速度参考指令为 $\omega_{\text{ref}} = 0.1$ (°)/s 的阶跃参考信号，在 $t = 15$s 加入1000N·m 外部扰动力矩，自适应增益 $1/\gamma$ 分别取 500000、1000000 和 2000000 时，自适应律对扰动的估计结果如图 3.9 所示。可以看到，自适应律对系统扰动做出了实时估计，进而在滑模控制律中可以实现对扰动的在线补偿。自适应增益 $1/\gamma$ 取值越大，自适应律对扰动估计的快速性越好，但是扰动信号估计的稳态值波动稍大。从自适应律的更新公式可以看出，其估计值更新与滑模面相关，进而更大的自适应增益也带来了更大的自适应估计值抖振波动。

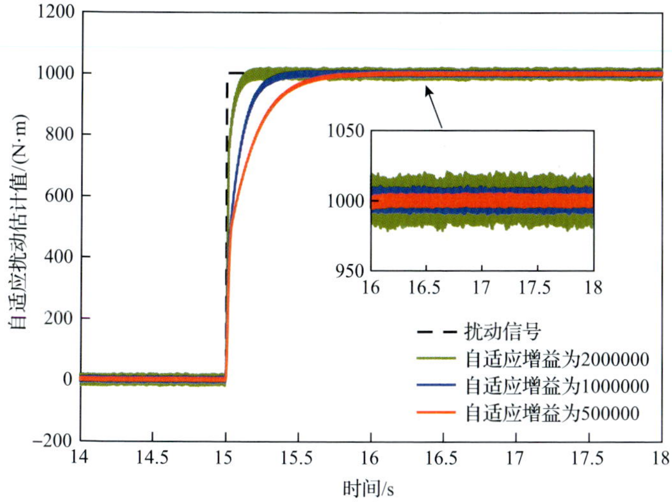

图 3.9　自适应律对扰动的估计结果

3.2　超螺旋滑模控制

3.2.1　超螺旋滑模控制器基本原理

传统的滑模控制方法为有界不确定性扰动条件下的鲁棒控制问题提供了良好的解决途径，在伺服控制系统设计中得到了广泛的关注。传统的滑模控制方法即一阶滑模控制方法，在传统滑模控制方法中主要存在两个问题。首先，在传统的一阶滑模控制器中，滑模变量的相对阶为 1。这意味着滑模控制律显式地出现在滑模变量的一阶导数中，即不连续的切换控制直接作用在滑模面的一阶导数上，这样就限制了滑模面的设计。其次，滑模控制律中的符号函数项要求控制器具有无穷大的切换频率，然而实际的控制系统无法实现无穷大的切换频率。这些非理想条件，使得滑模运动状态并不能精确到达预先设计的滑模面上，而是在滑模面两侧来回穿越，从而产生滑模抖振现象。此外，高频的切换控制很容易导致系统未建模特性的显现，使系统中出现复杂的响应信号。

降低和消除高频抖振是滑模控制系统需要解决的首要问题。针对传统滑模控制系统中的抖振问题，研究人员提出了很多解决方法，包括趋近律法、边界层法和高阶滑模控制方法等。引入趋近律或边界层等方法可有效降低滑模控制系统抖振，但本质上是以牺牲一定的鲁棒性来抑制抖振的[2,3]。高阶滑模控制方法是一种既可以保留传统滑模控制的强抗干扰能力又能够有效抑制抖振的方法[4]。高阶滑模控制要求滑模变量及其一定阶的导数项均趋近于零，它将不连续的切换控制作用在滑模面的高阶导数上，以此在一定程度上实现了抖振抑制，提高了滑模控制系统的控制精度[5-7]。

对于永磁同步电机的速度控制系统，二阶滑模控制方法是比较适用的高阶滑模控制方法。对于二阶滑模控制，滑模变量及其一阶导数项都趋于零，高频切换项体现在滑模变量的导数项中。二阶滑模控制方法的实际控制量是对高频切换项的积分，能够十分有效地抑制抖振问题。常用的二阶滑模控制方法是超螺旋控制算法(即 Super-Twist 控制算法)，该算法具有二阶滑模控制的连续、滑模面及其导数均能收敛到平衡点的优点，同时无须求取滑模面的导数或极值，生成的控制量连续无抖振，因而获得了更为广泛的应用。

常规的超螺旋控制算法表达式如下[8]：

$$\begin{cases}\dot{s}=-k_1\left|s\right|^{1/2}\operatorname{sign}(s)+v\\ \dot{v}=-k_2\operatorname{sign}(s)\end{cases}\tag{3.18}$$

式中，s 为滑模面；增益参数 $k_1>0$ 、$k_2>0$ 。

超螺旋滑模控制算法的系统状态运动轨迹示意图如图 3.10 所示。系统状态不在一阶滑模面 $s=0$ 的平面上滑动，而是在 s-$\dot{s}$ 的平面内呈螺旋状向原点收敛。

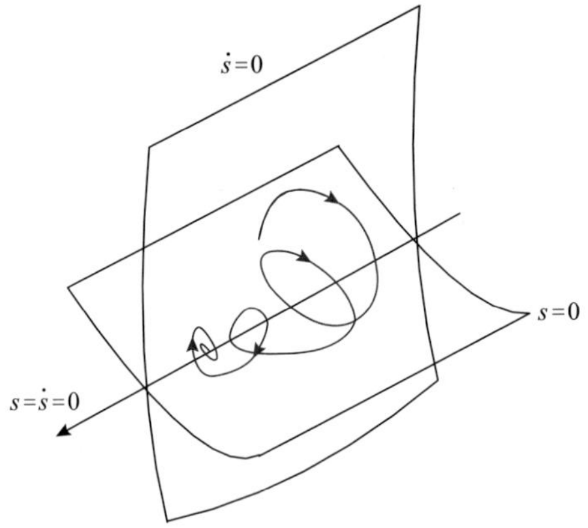

图 3.10　超螺旋滑模控制状态运动轨迹示意图

3.2.2　基于超螺旋滑模控制的速度控制器设计

考虑如下通用表达形式的系统：

$$\dot{x}=u+f\tag{3.19}$$

式中，x 为系统状态变量；f 为系统扰动。

超螺旋滑模控制律表达式如下：

$$u = -k_p |s|^{1/2} \operatorname{sign}(s) - \int k_i \operatorname{sign}(s) \tag{3.20}$$

超螺旋滑模控制的滑模面相轨迹示意图如图 3.11 所示。

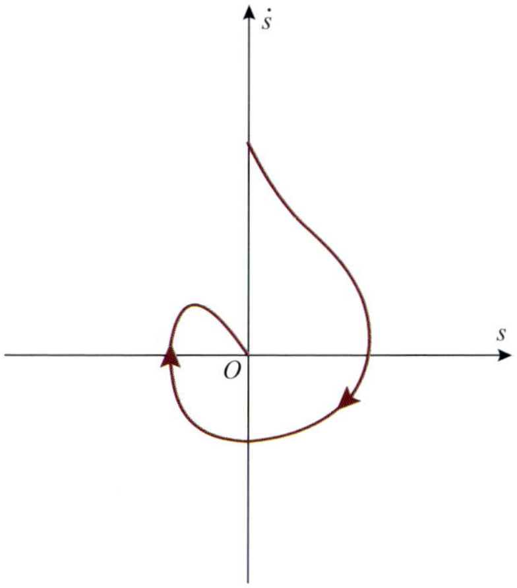

图 3.11 超螺旋滑模控制的滑模面相轨迹示意图

假设系统扰动 $f(t)$ 可微且有界，满足 $|\dot{f}(t)| \leqslant \delta$，$\delta > 0$。

可得式(3.19)的系统状态方程表达如下：

$$\begin{cases} \dot{x} = -k_p |s|^{1/2} \operatorname{sign}(s) + z \\ \dot{z} = -k_i \operatorname{sign}(s) + \dot{f} \end{cases} \tag{3.21}$$

首先，考虑系统受常值扰动的情况。此时，式(3.21)可表示如下：

$$\begin{cases} \dot{x} = -k_p |s|^{1/2} \operatorname{sign}(s) + z \\ \dot{z} = -k_i \operatorname{sign}(s) \end{cases} \tag{3.22}$$

文献[9]基于一种类二次型李雅普诺夫函数给出了超螺旋滑模控制算法的收敛特性定理及分析证明过程，具体如下。

定理 3.1 若 $k_p > 0$，$k_i > 0$，则式(3.22)的系统状态能够在有限时间内收敛到原点平衡状态，即 $x = \dot{x} = 0$。

证明 令 $\boldsymbol{A} = \begin{bmatrix} -\frac{1}{2}k_p & \frac{1}{2} \\ -k_i & 0 \end{bmatrix}$，由于超螺旋控制的增益 k_p、k_i 均为正值，它的特征多项式为 $p(\varDelta) = \varDelta^2 + \frac{1}{2}k_p \varDelta + \frac{1}{2}k_i$，故 $\boldsymbol{A}$ 为赫尔维茨(Hurwitz)矩阵。

因此，对于任意正定对称矩阵 $\boldsymbol{Q}$，存在一个正定对称矩阵 $\boldsymbol{P}$ 满足李雅普诺夫方程，表达式如下：

$$\boldsymbol{A}^{\mathrm{T}} \boldsymbol{P} + \boldsymbol{P} \boldsymbol{A} = -\boldsymbol{Q} \tag{3.23}$$

将二次型函数 $V(x,z)$ 作为李雅普诺夫函数，定义如下：

$$V(x,z) = \boldsymbol{\zeta}^{\mathrm{T}} \boldsymbol{P} \boldsymbol{\zeta} \tag{3.24}$$

式中，$\boldsymbol{\zeta}^{\mathrm{T}} = \left[|x|^{1/2} \operatorname{sign}(s), z \right]$。$V(x,z)$ 为连续正定函数，除集合 $\{x = 0\}$，V 处处可微。系统没有收敛到原点时，系统状态不会满足集合 $\{x = 0\}$。利用关系式

$\frac{\mathrm{d}|x|}{\mathrm{d}t}=\dot{x}\mathrm{sign}(x)$，可得如下表达式：

$$\dot{\boldsymbol{\zeta}}=\begin{bmatrix}\frac{1}{2}\frac{1}{|x|^{1/2}}\left(-k_p|x|^{1/2}\mathrm{sign}(x)+z\right)\\ -k_i\mathrm{sign}(s)\end{bmatrix}=\frac{1}{|\zeta_1|}\boldsymbol{A\zeta} \tag{3.25}$$

对V求导，可得

$$\dot{V}=\frac{1}{|\zeta_1|}\boldsymbol{\zeta}^{\mathrm{T}}\left(\boldsymbol{A}^{\mathrm{T}}\boldsymbol{P}+\boldsymbol{PA}\right)\boldsymbol{\zeta}=-\frac{1}{|\zeta_1|}\boldsymbol{\zeta}^{\mathrm{T}}\boldsymbol{Q\zeta} \tag{3.26}$$

$V=\boldsymbol{\zeta}^{\mathrm{T}}\boldsymbol{P\zeta}$ 为二次正定函数，故可得

$$\lambda_{\min}(\boldsymbol{P})\|\boldsymbol{\zeta}\|_2^2\leqslant\boldsymbol{\zeta}^{\mathrm{T}}\boldsymbol{P\zeta}\leqslant\lambda_{\max}(\boldsymbol{P})\|\boldsymbol{\zeta}\|_2^2 \tag{3.27}$$

式中，$\lambda_{\min}(\boldsymbol{P})$和$\lambda_{\max}(\boldsymbol{P})$分别表示矩阵$\boldsymbol{P}$的最小特征值和最大特征值；$\|\boldsymbol{\zeta}\|_2$代表欧氏空间上的 2 范数，且$\|\boldsymbol{\zeta}\|_2^2=\zeta_1^2+\zeta_2^2=|x|+y^2$。

进一步可得

$$|\zeta_1|=|x|^{1/2}\leqslant\|\zeta\|_2\leqslant\frac{V^{1/2}}{\lambda_{\min}^{1/2}(\boldsymbol{P})} \tag{3.28}$$

结合式(3.26)，可得$\dot{V}$的表达式如下：

$$\dot{V}\leqslant-\frac{1}{|\zeta_1|}\lambda_{\min}(\boldsymbol{Q})\|\boldsymbol{\zeta}\|_2=-\frac{\|\boldsymbol{\zeta}\|_2}{|\zeta_1|}\lambda_{\min}(\boldsymbol{Q})\|\boldsymbol{\zeta}\|_2\leqslant-\lambda_{\min}(\boldsymbol{Q})\|\boldsymbol{\zeta}\|_2 \tag{3.29}$$

结合式(3.27)，可得

$$\frac{V^{1/2}}{\lambda_{\max}^{1/2}(\boldsymbol{P})}\leqslant\|\boldsymbol{\zeta}\|_2 \tag{3.30}$$

结合式(3.29)、式(3.30)可得$\dot{V}$的表达式如下：

$$\dot{V}\leqslant-\gamma(\boldsymbol{Q})V^{1/2} \tag{3.31}$$

式中，$\gamma(\boldsymbol{Q})=\frac{\lambda_{\min}(\boldsymbol{Q})}{\lambda_{\max}^{1/2}(\boldsymbol{P})}$。当满足$t\geqslant T=\frac{2}{\gamma(\boldsymbol{Q})}V^{1/2}\left(x_0,z_0\right)$时，$V=0$。故系统状态能在有限时间$T$内收敛到原点，$x=0$，$z=0$，$\dot{x}=0$。证毕。

对于受到时变扰动的超螺旋滑模控制系统，有研究人员也对此进行了分析和

推导，此时仅要求 $k_p>0$ 、$k_i>0$ 无法保证系统状态在有限时间内收敛到原点平衡状态。文献[10]给出控制参数取值规则为 $k_p>\sqrt{\frac{2}{k_i-\delta}\frac{(k_i-\delta)(1+p)}{1-p}}$ ，$k_i>\delta$ 且 $0<p<1$；文献[11]给出控制参数取值规则为 $k_p=\sqrt{\delta}$ 、$k_i=1.1\delta$ 或者 $k_p=0.5\sqrt{\delta}$ 、$k_i=4\delta$ ；文献[12]给出控制参数取值规则为 $k_p>2$ ，$k_i>\frac{k_p{}^3+\delta^2\left(4k_p-8\right)}{k_p\left(4k_p-8\right)}$ 。

定义滑模面变量为速度跟踪误差 $s=\omega_{\text{ref}}-\omega_m$，结合永磁同步电机的运动状态方程，可得其超螺旋滑模速度控制器表达式如下：

$$u=\frac{J}{K_t}\left(k_1|s|^{1/2}\text{sign}(s)+\int k_2\text{sign}(s)\right)=k_p|s|^{1/2}\text{sign}(s)+\int k_i\text{sign}(s) \tag{3.32}$$

3.2.3 仿真实例

采用超螺旋滑模控制方法设计永磁同步电机的速度控制器进行仿真分析。

1. 超螺旋滑模控制效果

超螺旋滑模控制器参数设置如下：$k_p=15$ ，$k_i=2$ 。给定 3(°)/s 的速度参考指令，在超螺旋滑模控制下速度响应、控制量响应结果如图 3.12 所示，滑模面响应结果如图 3.13 所示。

由图 3.12 的速度响应和控制量响应的稳态曲线可以看出，相比于一阶滑模控制，在超螺旋滑模控制下系统的抖振大大降低，但仍有一定程度的抖振残留。由图 3.13 的滑模面响应曲线可以看出，与前面所述相同，系统状态呈螺旋状向原点

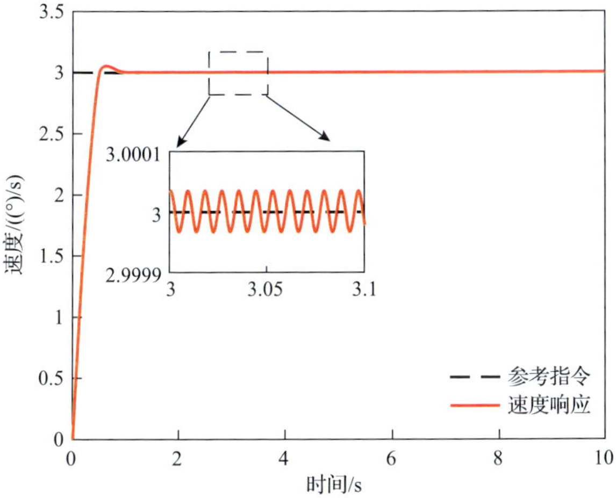

(a) 速度响应曲线

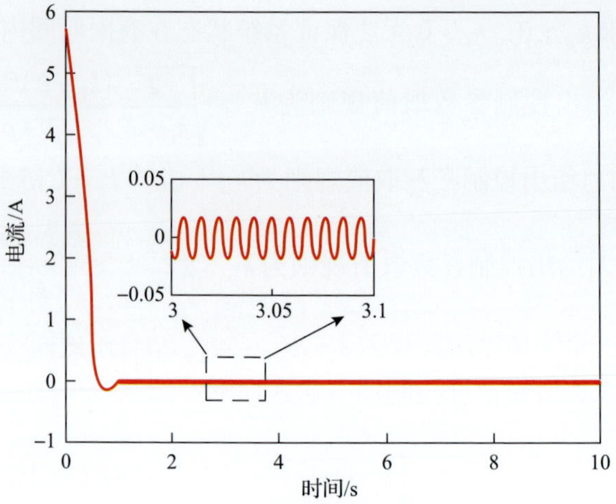

(b) 控制量响应曲线

图 3.12　超螺旋滑模控制仿真结果

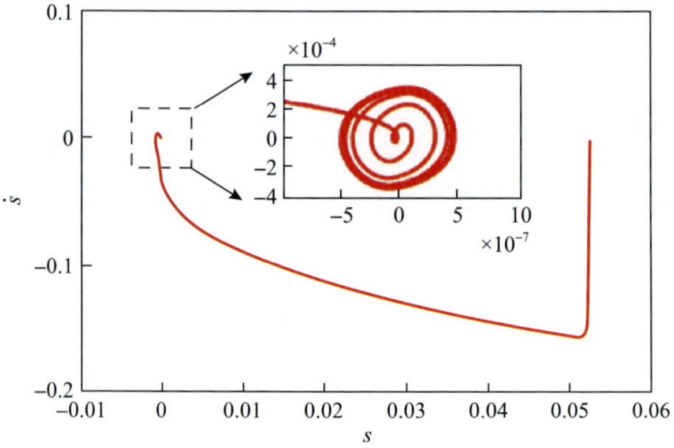

图 3.13　滑模面响应结果

平衡状态运动。

2. 控制参数变化对超螺旋滑模控制性能的影响

超螺旋滑模控制器参数 $k_i = 2$ 固定不变，k_p 分别取 25、50、75 时，超螺旋滑模控制下速度响应、控制量响应结果对比如图 3.14 所示，滑模面响应结果对比如图 3.15 所示。

可以看出，参数 k_p 对系统状态趋近段的快速性具有较大影响，k_p 越大，系统响应越快。系统仍有一定程度的滑模抖振残留，k_p 对残留抖振也有一定小幅度的影响，k_p 越大，残留的滑模抖振越大。

超螺旋滑模控制器参数 $k_p = 50$ 固定不变，k_i 分别取 2、15、30 时，超螺旋滑

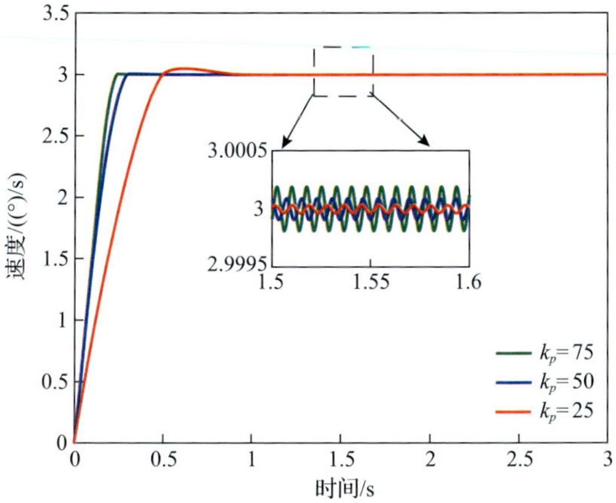

(a) 速度响应曲线

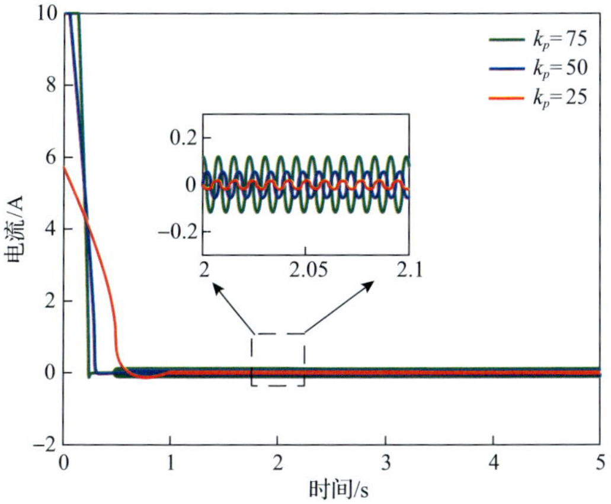

(b) 控制量响应曲线

图 3.14　不同 k_p 取值超螺旋滑模控制结果对比

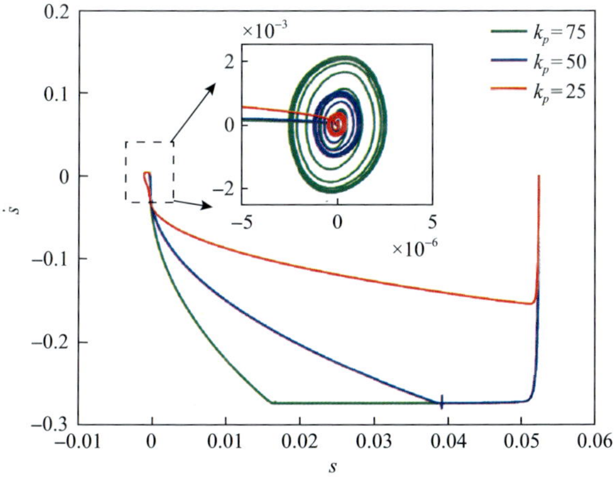

图 3.15　不同 k_p 取值超螺旋滑模控制滑模面响应结果对比

模控制下速度响应、控制量响应结果对比如图 3.16 所示，滑模面响应结果对比如图 3.17 所示。

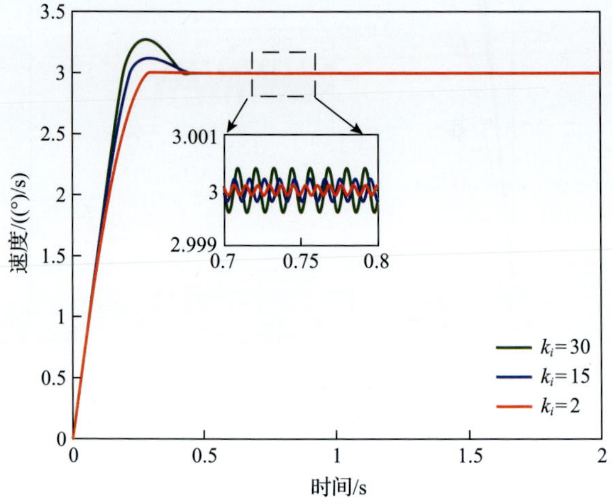

(a) 速度响应曲线

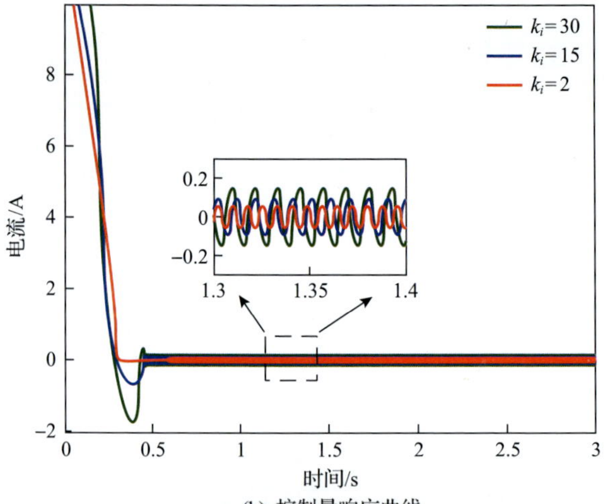

(b) 控制量响应曲线

图 3.16　不同 k_i 取值超螺旋滑模控制结果对比

可以看到，参数 k_i 对系统的动态响应性能具有较大影响，k_i 越大，系统响应超调量越大。同样，k_i 取值对系统的残留抖振幅度也有一定的影响，随着 k_i 数值的增大，系统残留的滑模抖振也增大。

综上，在实际超螺旋滑模控制器设计过程中，应合理选择参数 k_p 和 k_i，以达到理想的控制性能。

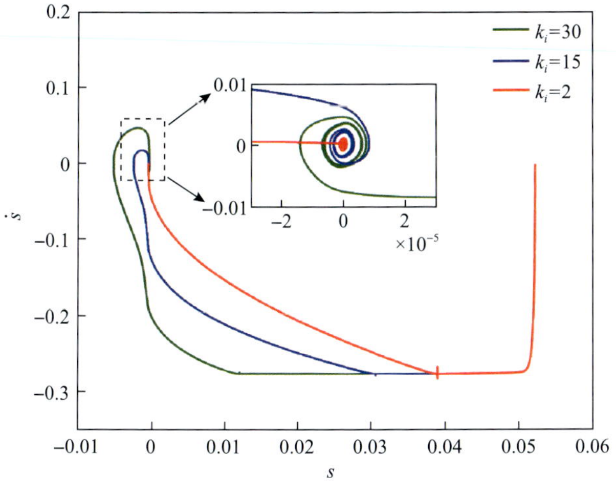

图 3.17 不同 k_i 取值超螺旋滑模控制滑模面响应结果对比

3.3 固定时间自适应超螺旋滑模控制

由 3.2 节分析可知，尽管超螺旋滑模控制能有效削弱滑模控制系统的抖振，但仍然会有一定的抖振量残留。此外，当系统状态离滑模面较远时，超螺旋滑模控制器收敛速度相对缓慢[13]。扰动观测补偿是削弱滑模控制系统抖振的另一类有效方法。本节介绍一种基于固定时间自适应律的超螺旋滑模控制方法，并将其应用于永磁同步电机控制系统的电流环。利用固定时间自适应律对系统中的未知扰动进行在线估计并补偿到超螺旋滑模控制器，固定时间自适应律能够确保扰动估计误差在固定时间内收敛到零[14]，以更好地抑制系统抖振并提高系统的抗扰动能力，提高电流的控制性能。

3.3.1 基于超螺旋滑模控制的电流控制器设计

在 dq 轴同步旋转坐标系下电流方程表达如下：

$$\begin{cases} \dot{i}_d = -\dfrac{R}{L}i_d + \omega_e i_q + \dfrac{1}{L}u_d \\ \dot{i}_q = -\dfrac{R}{L}i_q - \omega_e i_d + \dfrac{1}{L}u_q - \dfrac{\psi_f \omega_e}{L} \end{cases} \tag{3.33}$$

定义 d 轴、q 轴电流跟踪误差如下：

$$\begin{cases} e_d = i_{d\text{ref}} - i_d \\ e_q = i_{q\text{ref}} - i_q \end{cases} \tag{3.34}$$

引入固定时间自适应律后，式(3.36)可表达如下：

$$\begin{cases} u_d = L\left(-\dfrac{R}{L}e_d + \omega_e e_q + k_1\left|e_d\right|^{\frac{1}{2}}\operatorname{sign}\left(e_d\right) + k_2\displaystyle\int_0^t \operatorname{sign}\left(e_d\right)\mathrm{d}\tau + E_d + \hat{D}_d\right) \\ u_q = L\left(-\dfrac{R}{L}e_q - \omega_e e_d + k_1\left|e_q\right|^{\frac{1}{2}}\operatorname{sign}\left(e_q\right) + k_2\displaystyle\int_0^t \operatorname{sign}\left(e_q\right)\mathrm{d}\tau + E_q + \hat{D}_q\right) \end{cases} \tag{3.42}$$

图 3.18 给出了 q 轴电流基于固定时间自适应律的超螺旋滑模控制器结构。

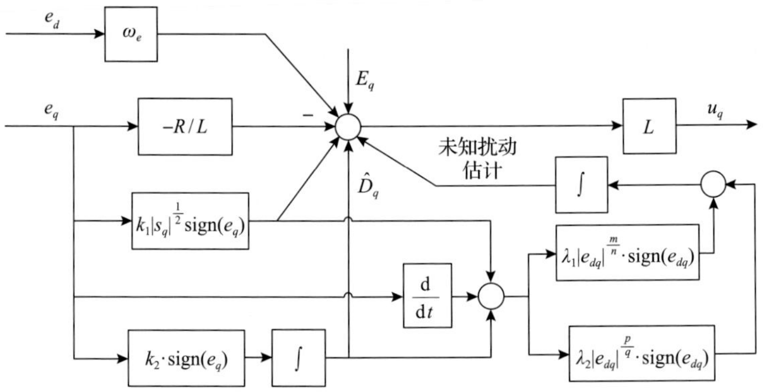

图 3.18　基于固定时间自适应律的超螺旋滑模控制器结构

3.3.3　仿真实例

搭建永磁同步电机矢量控制系统仿真模型，验证基于固定时间自适应的超螺旋滑模控制算法的有效性。

为了对控制方法的鲁棒性进行评估，对比分析传统的超螺旋滑模控制器和基于固定时间自适应律的超螺旋滑模控制器的控制结果。上述控制器参数设置为 $k_1 = 1800$，$k_2 = 4000$，$\lambda_1 = 200$，$\lambda_2 = 650$，$m = 13$，$n = 11$，$p = 5$，$q = 11$。

1. 固定时间自适应律估计性能

给定 100r/min 的速度参考指令，电机进入稳速运行状态后，在 $t = 1\mathrm{s}$ 时，将负载转矩由 $1\mathrm{N\cdot m}$ 增加至 $3\mathrm{N\cdot m}$。图 3.19 给出了在恒定转速负载突变条件下固定时间自适应律的观测结果。可以看出，固定时间自适应律能够快速估计出未知突变扰动。

2. 不同控制方法电流控制性能对比

图 3.20 给出了分别采用传统超螺旋滑模控制器和基于固定时间自适应律的超螺旋滑模控制器的 q 轴电流响应及其快速傅里叶变换(fast Fourier transform, FFT)分析结果。

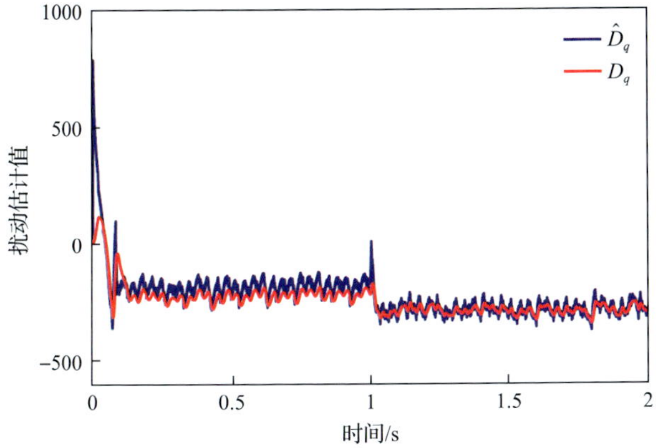

图 3.19　固定时间自适应律的观测结果

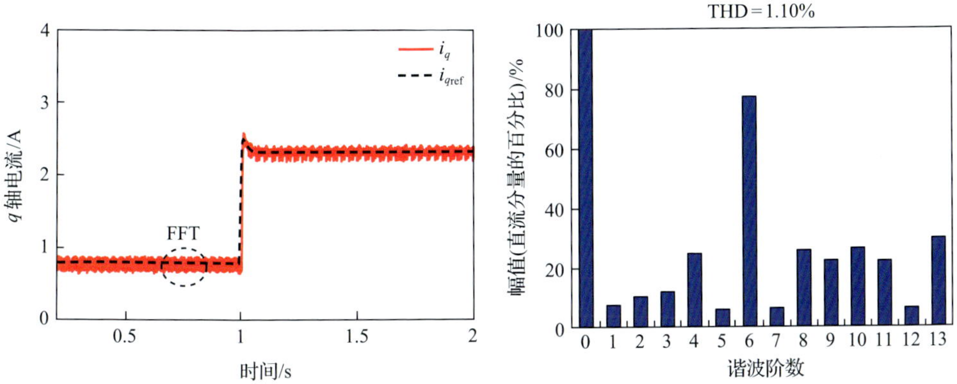

(a) 传统超螺旋滑模控制器

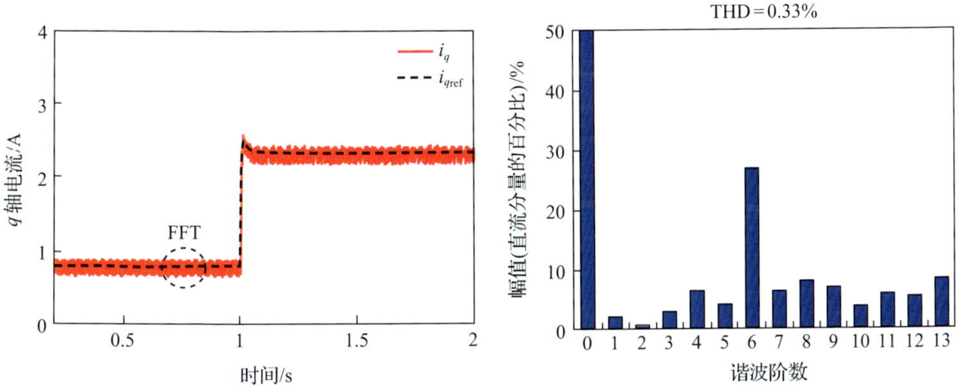

(b) 基于固定时间自适应律的超螺旋滑模控制器

图 3.20　q 轴电流响应及 FFT 分析结果

由图 3.20 可以看出，相比于传统超螺旋滑模控制器，采用基于固定时间自适应律的超螺旋滑模控制器时，q 轴电流的稳态电流跟踪误差更小。在1N·m 负载转矩条件下，采用基于固定时间自适应律的超螺旋滑模控制器的 q 轴电流总谐波失真(total harmonic distortion, THD)为 0.33%，而采用传统超螺旋滑模控制器的 q 轴电流总谐波失真为 1.10%。

q 轴电流给定幅值为 1A 的阶跃参考指令，图 3.21 给出了传统的超螺旋滑模控制器和基于固定时间自适应律的超螺旋滑模控制器的电流阶跃响应结果。可以看出，基于固定时间自适应律的超螺旋滑模控制器的 q 轴电流响应速度更快。

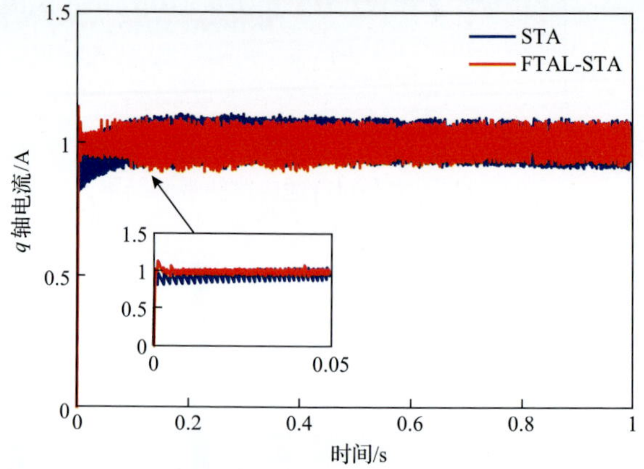

图 3.21　电流阶跃响应结果对比

STA 为传统超螺旋滑模控制器，FTAL-STA 为基于固定时间自适应律的超螺旋滑模控制器

图 3.22 给出了传统超螺旋滑模控制器和基于固定时间自适应律的超螺旋滑模控制器的电流正弦响应结果，q 轴电流参考指令为 $i_{qref} = \sin(4\pi t)$ (单位 A)。可以看出，采用基于固定时间自适应律的超螺旋滑模控制器跟踪正弦电流参考指令，具有更小的动态跟踪误差和相位滞后。

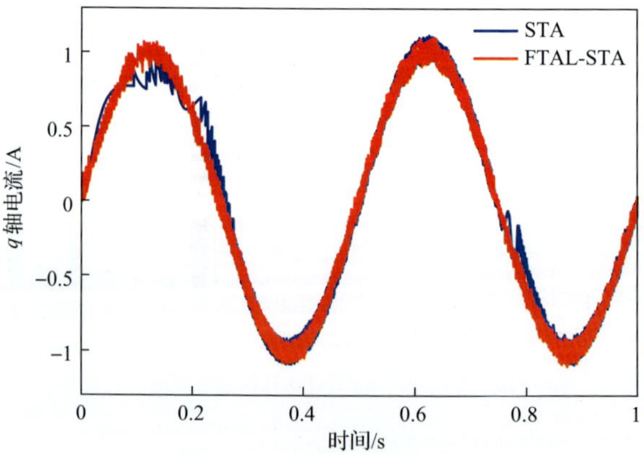

图 3.22　电流正弦响应曲线

3.4　基于 RBF 神经网络的固定时间非奇异终端滑模控制

基于 RBF 神经网络的固定时间非奇异终端滑模控制，是一种结合固定时间稳定理论和自适应 RBF 神经网络补偿的改进终端滑模控制方法。采用固定时间稳定理论设计的固定时间非奇异终端滑模控制能够令系统状态误差在固定时间内收敛到平衡点的小邻域内，且与系统初始条件无关；自适应 RBF 神经网络能够对系统总扰动进行估计并补偿至滑模控制器，从而有效抑制固定时间非奇异终端滑模控制中存在的高频滑模抖振。在存在参数错配和外部扰动的情况下，基于 RBF 神经网络的固定时间非奇异终端滑模控制能够保证永磁同步电机伺服控制系统具有良好的鲁棒性和动态响应性能。

3.4.1　固定时间稳定性定义和相关引理

2008 年 Andrieu 等首先提出了固定时间稳定的概念[16],其后 Polyakov 于 2012 年提出了固定时间李雅普诺夫稳定理论[17]，为后续的固定时间控制器设计奠定了有力的理论基础。固定时间稳定是一种约束条件更强的有限时间稳定，与有限时间控制器的设计方法类似。固定时间控制器的设计方法主要包括加幂积分方法、齐次方法和终端滑模控制方法等[18]。

考虑如下系统：

$$\dot{x}=g(t,x),\quad x(0)=x_0 \tag{3.43}$$

式中，$x\in\mathbb{R}^n$；$g:\mathbb{R}_+\times\mathbb{R}^n\to\mathbb{R}^n$ 为一个非线性函数。系统(3.43)的解是 Filippov(菲利波夫)意义下的解[19]。假设原点是系统(3.43)的一个平衡点。

定义 3.1[20,21]　如果系统(3.43)是全局渐近稳定的且任意解 $x(t,x_0)$ 在有限时间内达到平衡点，即 $x(t,x_0)=0$，$\forall t\geqslant T(x_0)$（$T:\mathbb{R}^n\to\mathbb{R}_+\cup\{0\}$ 是调节时间函数)，那么系统(3.43)是全局有限时间稳定的。

定义 3.2[17]　如果系统(3.43)是全局有限时间稳定的且其调节时间函数有界，即 $\exists T_{\max}>0:T(x_0)\leqslant T_{\max},\forall x_0\in\mathbb{R}^n$，那么系统(3.43)是固定时间稳定的。

引理 3.1[17]　考虑具有如下微分方程的系统：

$$\dot{y}=-\alpha y^{\frac{m}{n}}-\beta y^{\frac{p}{q}} \tag{3.44}$$

式中，$\alpha>0$；$\beta>0$；m、n、p、q 均为正奇整数，满足 $m>n$，$p<q$。那么系统(3.44)是固定时间稳定的，且其调节时间表达式如下：

$$T \leqslant \frac{1}{\alpha}\frac{n}{m-n}+\frac{1}{\beta}\frac{q}{q-p} \tag{3.45}$$

引理 3.2[22] 考虑具有如下微分方程的系统：

$$\dot{y}=-\alpha y^{\frac{1}{2}+\frac{m}{2n}+\left(\frac{m}{2n}-\frac{1}{2}\right)\operatorname{sign}(|y|-1)}-\beta y^{\frac{p}{q}} \tag{3.46}$$

式中，$\alpha>0$；$\beta>0$；m、n、p、q 均是正奇整数，满足 $m>n$，$p<q$。那么系统(3.46)是固定时间稳定的，且其调节时间表达式如下：

$$T \leqslant \frac{1}{\alpha}\frac{n}{m-n}+\frac{q}{q-p}\frac{1}{\alpha}\ln\left(1+\frac{\beta}{\alpha}\right) \tag{3.47}$$

引理 3.3 考虑具有如下微分方程的系统：

$$\dot{y}=-\lambda y^{\frac{p}{2q}+\frac{m}{2n}+\left(\frac{m}{2n}-\frac{p}{2q}\right)\operatorname{sign}(|y|-1)} \tag{3.48}$$

式中，$\lambda>0$；m、n、p、q 均是正奇整数，满足 $m>n$，$p<q<2p$。那么系统(3.48)是固定时间稳定的，且其调节时间表达式如下：

$$T \leqslant \frac{1}{\lambda}\frac{n}{m-n}+\frac{1}{\lambda}\frac{q}{q-p} \tag{3.49}$$

引理 3.3 的证明过程如下。

证明 系统(3.48)可改写表达如下：

$$\begin{cases}\dot{y}=-\lambda y^{\frac{m}{n}}, & |y|>1 \\ \dot{y}=-\lambda y^{\frac{p}{q}}, & |y|\leqslant 1\end{cases} \tag{3.50}$$

进一步，式(3.50)可表示如下：

$$\begin{cases}-\dfrac{1}{\lambda}y^{-\frac{m}{n}}\mathrm{d}y=\mathrm{d}t, & |y|>1 \\ -\dfrac{1}{\lambda}y^{-\frac{p}{q}}\mathrm{d}y=\mathrm{d}t, & |y|\leqslant 1\end{cases} \tag{3.51}$$

系统(3.48)的收敛时间 $T(y_0)$ 可以由式(3.51)得到，收敛时间的上限 $T_{\max}(y_0)$ 表达式如下：

$$
\begin{aligned}
T_{\max}(y_0) &= \lim_{y_0\to\infty} T(y_0) \\
&= \lim_{y_0\to\infty}\left(\int_1^{y_0}\frac{1}{\lambda y^{m/n}}\mathrm{d}y + \int_0^1 \frac{1}{\lambda y^{p/q}}\mathrm{d}y\right) \\
&= \lim_{y_0\to\infty}\frac{1}{\lambda}\left[\frac{n}{n-m}\left({y_0}^{1-m/n}-1\right)+\frac{q}{q-p}\right] \\
&= \frac{1}{\lambda}\frac{n}{m-n}+\frac{1}{\lambda}\frac{q}{q-p}
\end{aligned} \tag{3.52}
$$

因此，系统(3.48)的收敛时间$T(y_0)$不大于$T_{\max}(y_0)$。证毕。

3.4.2　固定时间非奇异终端滑模控制器设计

永磁同步电机运动方程可表示如下：

$$
\begin{cases}
\dot{\theta}_m = \omega_m \\
J\dot{\omega}_m = K_t i_q - B\omega_m - T_D
\end{cases} \tag{3.53}
$$

式中，θ_m为电机角度位置；ω_m为电机角速度；i_q为电机q轴电流；K_t为电机转矩常数；J为转动惯量；B为黏性摩擦系数；T_D为扰动转矩。

考虑到在电机运行过程中系统存在参数失配和外部扰动，式(3.53)可表示如下：

$$
\begin{cases}
\dot{\theta}_m = \omega_m \\
(J_0+\Delta J)\dot{\omega}_m = (K_{t0}+\Delta K_t)i_q - (B_0+\Delta B)\omega_m - T_D
\end{cases} \tag{3.54}
$$

式中，J_0、K_{t0}和B_0分别为转动惯量、转矩常数和黏性摩擦系数的标称值；$\Delta J = J - J_0$、$\Delta K_t = K_t - K_{t0}$和$\Delta B = B - B_0$分别为转动惯量、转矩常数和黏性摩擦系数的失配值。

进一步，式(3.54)可表示如下：

$$
\begin{cases}
\dot{\theta}_m = \omega_m \\
\dot{\omega}_m = \dfrac{K_{t0}}{J_0}i_q - \dfrac{B_0}{J_0}\omega_m + f
\end{cases} \tag{3.55}
$$

$$
f = -\frac{1}{J_0}\left\{\frac{\Delta J}{J_0+\Delta J}\left[(K_{t0}+\Delta K_t)i_q - (B_0+\Delta B)\omega_m - T_D\right] - \Delta K_t i_q + \Delta B\omega_m + T_D\right\} \tag{3.56}
$$

式中，f 为包含参数失配和外部扰动的未知扰动，假设 $|f| \leqslant D$，D 为扰动值上界。

对于永磁同步电机系统(3.55)，基于引理 3.3 设计固定时间稳定的控制系统，可以建立如下固定时间终端滑模面：

$$s = \dot{e} + \lambda_1 e^{\gamma_1} \tag{3.57}$$

$$\gamma_1 = \frac{p_1}{2q_1} + \frac{m_1}{2n_1} + \left(\frac{m_1}{2n_1} - \frac{p_1}{2q_1}\right)\text{sign}\left(|e| - 1\right) \tag{3.58}$$

式中，$e = \theta_{\text{ref}} - \theta_m$ 和 $\dot{e} = \omega_{\text{ref}} - \omega_m$ 分别为位置误差和速度误差，θ_{ref} 和 ω_{ref} 分别为位置参考值和速度参考值；$\lambda_1 > 0$；m_1、n_1、p_1、q_1 均为正奇整数，且满足 $m_1 > n_1$，$p_1 < q_1 < 2p_1$。

固定时间滑模趋近律可设计如下：

$$\dot{s} = -\lambda_2 s^{\gamma_2} - \eta \text{sign}(s) \tag{3.59}$$

$$\gamma_2 = \frac{p_2}{2q_2} + \frac{m_2}{2n_2} + \left(\frac{m_2}{2n_2} - \frac{p_2}{2q_2}\right)\text{sign}\left(|s| - 1\right) \tag{3.60}$$

式中，$\lambda_2 > 0$；m_2、n_2、p_2、q_2 均为正奇整数，且满足 $m_2 > n_2$，$p_2 < q_2$；η 为滑模切换增益，且满足 $\eta > D$。

对固定时间终端滑模面即式(3.57)两边求导，可得如下表达式：

$$\dot{s} = \ddot{e} + \lambda_1 \gamma_1 e^{\gamma_1 - 1}\dot{e} = \ddot{\theta}_{\text{ref}} - \frac{K_{t0}}{J_0} i_q + \frac{B_0}{J_0}\omega_m - f + \lambda_1 \gamma_1 e^{\gamma_1 - 1}\dot{e} \tag{3.61}$$

将固定时间滑模趋近律(3.59)代入式(3.61)，可得固定时间终端滑模控制律表达式如下：

$$i_{q\text{ref}} = \frac{J_0}{K_{t0}}\left(\ddot{\theta}_{\text{ref}} + \frac{B_0}{J_0}\omega_m + \lambda_1 \gamma_1 e^{\gamma_1 - 1}\dot{e} + \lambda_2 s^{\gamma_2} + \eta \text{sign}(s)\right) \tag{3.62}$$

式中，$i_{q\text{ref}}$ 为 q 轴电流参考值。

在固定时间终端滑模控制律(3.62)中，当 $|e| < 1$ 时，$\gamma_1 - 1 = p_1 / q_1 - 1 < 0$；当 $e \to 0$ 时，$\lambda_1 \gamma_1 e^{\gamma_1 - 1}\dot{e} \to \infty$。因此，固定时间终端滑模控制律存在奇异问题。

为了解决上述奇异问题，将固定时间非奇异终端滑模面重新设计如下：

$$s = \dot{e} + \lambda_1 v(e) \tag{3.63}$$

$$v(e)=\begin{cases}e^{\gamma_1}, & s=0\vee\left(s\neq 0\wedge|e|\geqslant\delta\right)\\ k_1e+k_2e^{m_1/n_1}, & s\neq 0\wedge|e|<\delta\end{cases}\tag{3.64}$$

式中，$0<\delta<1$；$k_1=\dfrac{m_1/n_1-p_1/q_1}{m_1/n_1-1}\delta^{p_1/q_1-1}$，$k_2=\dfrac{p_1/q_1-1}{m_1/n_1-1}\delta^{p_1/q_1-m_1/n_1}$，$k_1$和$k_2$为保证$v(e)$连续且一阶导数连续的常值系数。

对固定时间非奇异终端滑模面(3.63)两边求导，可得如下表达式：

$$\dot{s}=\ddot{e}+\lambda_1\dot{v}(e)=\ddot{\theta}_{\text{ref}}-\frac{K_{t0}}{J_0}i_q+\frac{B_0}{J_0}\omega_m-f+\lambda_1\dot{v}(e)\tag{3.65}$$

$$\dot{v}(e)=\begin{cases}\gamma_1e^{\gamma_1-1}\dot{e}, & s=0\vee\left(s\neq 0\wedge|e|>\delta\right)\\ k_1\dot{e}+k_2\dfrac{m_1}{n_1}e^{m_1/n_1-1}\dot{e}, & s\neq 0\wedge|e|\leqslant\delta\end{cases}\tag{3.66}$$

将固定时间滑模趋近律(3.59)代入式(3.65)，可得固定时间非奇异终端滑模控制律表达式如下：

$$i_{q\text{ref}}=\frac{J_0}{K_{t0}}\left(\ddot{\theta}_{\text{ref}}+\frac{B_0}{J_0}\omega_m+\lambda_1\dot{v}(e)+\lambda_2s^{\gamma_2}+\eta\,\text{sign}(s)\right)\tag{3.67}$$

下面对上述固定时间非奇异终端滑模控制的固定时间收敛特性进行分析。

首先，定义李雅普诺夫函数如下：

$$V_1=s^2\tag{3.68}$$

对V_1求导，可得如下表达式：

$$\begin{aligned}\dot{V}_1&=2s\dot{s}\\&=2s\left(\ddot{\theta}_{\text{ref}}-\frac{K_{t0}}{J_0}i_q+\frac{B_0}{J_0}\omega_m-f+\lambda_1\dot{v}(e)\right)\\&=2s\left(-\lambda_2s^{\gamma_2}-\eta\,\text{sign}(s)-f\right)\\&=2\left(-\lambda_2s^{\gamma_2+1}-\eta|s|-sf\right)\\&\leqslant-2\lambda_2s^{\gamma_2+1}\leqslant-2\lambda_2V_1^{\frac{\gamma_2+1}{2}}\end{aligned}\tag{3.69}$$

当式(3.69)中的等号条件成立时，V_1的收敛速度最慢。

当$|s|>1$时，有

$$\dot{V}_1=-2\lambda_2 V_1^{\frac{m_2/n_2+1}{2}},\quad |V_1|>1 \tag{3.70}$$

当$|s|\leqslant 1$时，有

$$\dot{V}_1=-2\lambda_2 V_1^{\frac{p_2/q_2+1}{2}},\quad |V_1|\leqslant 1 \tag{3.71}$$

根据引理 3.1，可以得到V_1收敛至零的时间满足如下表达式：

$$T_{V_1}\leqslant\frac{1}{\lambda_2}\frac{n_2}{m_2-n_2}+\frac{1}{\lambda_2}\frac{q_2}{q_2-p_2} \tag{3.72}$$

由式(3.68)的李雅普诺夫函数可得，若$V_1=0$，则$s=0$。因此，系统能够在固定时间T_{V_1}内到达滑模面$s=0$，示意图如图 3.23 所示。

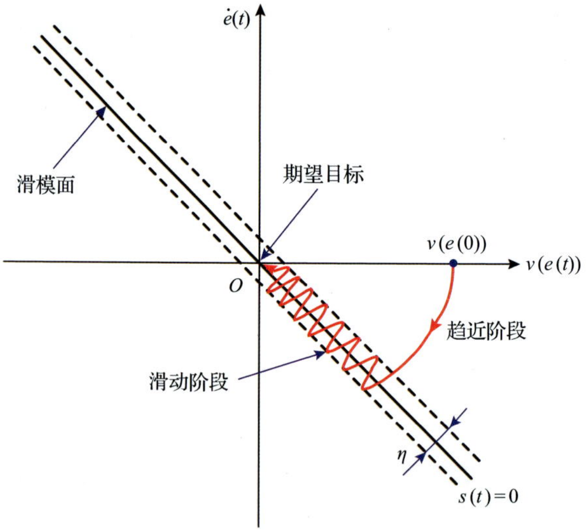

图 3.23　固定时间非奇异终端滑模控制的相位轨迹

在系统到达滑模面后$s=0$，根据式(3.63)所示的固定时间非奇异终端滑模面可得如下表达式：

$$\dot{e}=-\lambda_1 e^{\frac{p_1}{2q_1}+\frac{m_1}{2n_1}+\left(\frac{m_1}{2n_1}-\frac{p_1}{2q_1}\right)\mathrm{sign}(|e|-1)} \tag{3.73}$$

同理，根据引理 3.1，误差e收敛至零的时间满足如下表达式：

$$T_e \leqslant \frac{1}{\lambda_1}\frac{n_1}{m_1-n_1}+\frac{1}{\lambda_1}\frac{q_1}{q_1-p_1} \tag{3.74}$$

综上，永磁同步电机控制系统能够在固定时间 $T=T_{V_1}+T_e$ 内收敛到稳态。

3.4.3　基于 RBF 神经网络的固定时间非奇异终端滑模控制器设计

根据永磁同步电机动力学方程，系统扰动 f 是一个未知非线性时变函数。若单独采用滑模控制方法对系统进行闭环控制，滑模控制的切换增益 η 取值将难以确定，并且较大的滑模切换增益会引起高频滑模抖振。为此，引入 RBF 神经网络来逼近系统扰动 f 并补偿至固定时间非奇异终端滑模控制律，由此来避免高频滑模抖振。在先进控制方法中，神经网络因其对非线性系统具有较强的全局逼近能力而被广泛使用。RBF 神经网络可以通过增加隐含层神经元的数量以任意精度近似任何非线性函数[23]。因此，利用 RBF 神经网络的上述优点，可设计一种自适应 RBF 神经网络在线逼近系统未知的非线性总扰动并补偿给控制器。

RBF 神经网络算法表达式如下：

$$h_j(\boldsymbol{x})=\exp\left(-\frac{\left\|\boldsymbol{x}-\boldsymbol{c}_j\right\|^2}{2b_j^2}\right),\quad j=1,2,\cdots,m \tag{3.75}$$

$$f=\boldsymbol{W}^{*\mathrm{T}}\boldsymbol{h}(\boldsymbol{x})+\mu \tag{3.76}$$

式中，$\boldsymbol{x}$ 为网络输入；j 为网络隐含层第 j 个神经元；$\boldsymbol{h}(\boldsymbol{x})=\left[h_j(\boldsymbol{x})\right]^{\mathrm{T}}$ 为高斯函数的输出；$\boldsymbol{W}^*$ 为网络的理想权值；μ 为网络的逼近误差。

根据系统扰动 f 的函数，神经网络的输入取 $\boldsymbol{x}=\left[e \quad \dot{e}\right]^{\mathrm{T}}$，则 RBF 神经网络的输出表达式如下：

$$\hat{f}=\hat{\boldsymbol{W}}^{\mathrm{T}}\boldsymbol{h}(\boldsymbol{x}) \tag{3.77}$$

将 RBF 神经网络的输出 $\hat{f}$ 补偿给固定时间非奇异终端滑模控制律，表达式如下：

$$i_{q\mathrm{ref}}=\frac{J_0}{K_{t0}}\left(\ddot{\theta}_{\mathrm{ref}}+\frac{B_0}{J_0}\omega_m-\hat{f}+\lambda_1\dot{v}(e)+\lambda_2 s^{\gamma_2}+\eta\operatorname{sign}(s)\right) \tag{3.78}$$

式中，$\eta>\mu_N$。

依据李雅普诺夫稳定理论设计 RBF 神经网络权值的自适应律，以保证系统的稳定性。定义李雅普诺夫函数如下：

$$V=\frac{1}{2}s^2+\frac{1}{2}\rho\tilde{\boldsymbol{W}}^{\mathrm{T}}\tilde{\boldsymbol{W}} \tag{3.79}$$

式中，$\tilde{\boldsymbol{W}}=\boldsymbol{W}^*-\hat{\boldsymbol{W}}$ 为权值误差。

对式(3.79)的李雅普诺夫函数求导，可得

$$\begin{aligned}\dot{V}&=s\dot{s}+\rho\tilde{\boldsymbol{W}}^{\mathrm{T}}\dot{\tilde{\boldsymbol{W}}}\\&=s\left(\ddot{\theta}_{\mathrm{ref}}-\frac{K_{t0}}{J_0}i_q+\frac{B_0}{J_0}\omega_m-f+\lambda_1\dot{v}(e)\right)-\rho\tilde{\boldsymbol{W}}^{\mathrm{T}}\dot{\hat{\boldsymbol{W}}}\\&=s\left(\hat{f}-f-\lambda_2 s^{\gamma_2}-\eta\mathrm{sign}(s)\right)-\rho\tilde{\boldsymbol{W}}^{\mathrm{T}}\dot{\hat{\boldsymbol{W}}}\\&=s\left(-\tilde{\boldsymbol{W}}^{\mathrm{T}}\boldsymbol{h}(\boldsymbol{x})-\mu-\lambda_2 s^{\gamma_2}-\eta\mathrm{sign}(s)\right)-\rho\tilde{\boldsymbol{W}}^{\mathrm{T}}\dot{\hat{\boldsymbol{W}}}\\&=-\tilde{\boldsymbol{W}}^{\mathrm{T}}\left(s\boldsymbol{h}(\boldsymbol{x})+\rho\dot{\hat{\boldsymbol{W}}}\right)-s\left(\lambda_2 s^{\gamma_2}+\eta\mathrm{sign}(s)+\mu\right)\end{aligned} \tag{3.80}$$

设计自适应律表达式如下：

$$\dot{\hat{\boldsymbol{W}}}=-\frac{1}{\rho}s\boldsymbol{h}(\boldsymbol{x}) \tag{3.81}$$

可得 $\dot{V}$ 的表达式如下：

$$\begin{aligned}\dot{V}&=-s\left(\lambda_2 s^{\gamma_2}+\eta\mathrm{sign}(s)+\mu\right)\\&=-\lambda_2 s^{\gamma_2+1}-\eta|s|-\mu s\\&\leqslant-\lambda_2 s^{\gamma_2+1}\end{aligned} \tag{3.82}$$

由于 $V\geqslant 0$，$\dot{V}\leqslant 0$，从而 s 和 $\tilde{\boldsymbol{W}}$ 有界。当 $\dot{V}\equiv 0$ 时，$s=0$，根据 LaSalle(拉萨尔)不变性原理，闭环系统为渐近稳定，当 $t\to\infty$ 时，$s\to 0$，从而 $e\to 0$，$\dot{e}\to 0$。

图 3.24 给出了基于 RBF 神经网络的固定时间非奇异终端滑模控制的永磁同步电机控制结构框图。其中，电流环采用 PI 控制方法，位置和速度控制采用基于 RBF 神经网络的固定时间非奇异终端滑模控制方法。

3.4.4 仿真实例

为了验证基于 RBF 神经网络的固定时间非奇异终端滑模控制方法的有效性，基于图 3.24 所示的控制结构搭建永磁同步电机控制系统仿真模型。电流环采用 PI 控制方法，控制器参数为 $k_{pi}=3.4$，$k_{ii}=270$；位置和速度控制采用基于 RBF 神

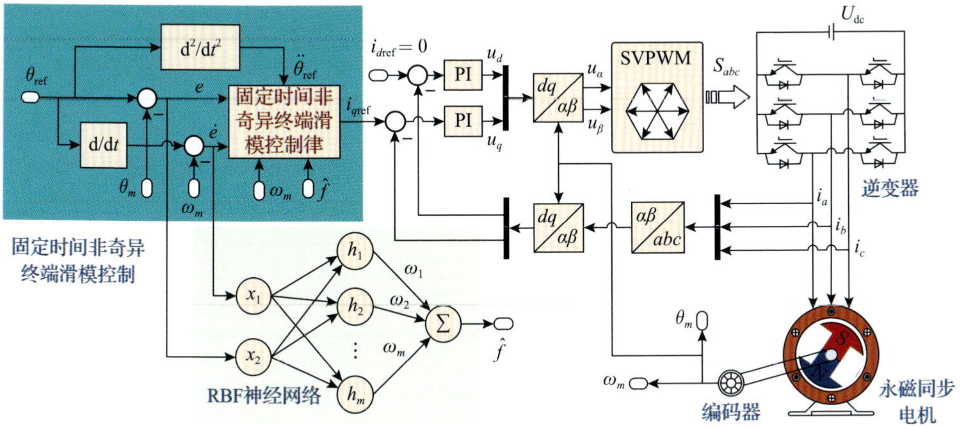

图 3.24　基于 RBF 神经网络的固定时间非奇异终端滑模控制的永磁同步电机框图

经网络的固定时间非奇异终端滑模控制方法，采样频率为 1kHz，固定时间非奇异终端滑模控制器参数为 $\lambda_1=1.7$，$\lambda_2=4$，$m_1=9$，$n_1=5$，$p_1=7$，$q_1=9$，$m_2=5$，$n_2=3$，$p_2=5$，$q_2=9$，$\delta=0.1$，$\eta=0.035$，RBF 神经网络结构选择为 2-5-1，高斯函数的参数为 $\boldsymbol{c}_j=[-2\quad -1\quad 0\quad 1\quad 2;\ -2\quad -1\quad 0\quad 1\quad 2]$，$b_j=1$，权值自适应增益为 $\rho=0.005$。

说明：基于引理 3.1 定义的固定时间稳定系统设计的固定时间非奇异终端滑模控制为 FNTSMC1，基于引理 3.2 定义的固定时间稳定系统设计的固定时间非奇异终端滑模控制为 FNTSMC2，基于引理 3.3 定义的固定时间稳定系统设计的固定时间非奇异终端滑模控制为 NFNTSMC，基于自适应 RBF 神经网络设计的 FNTSMC2 为 FNTSMC2-ANN，基于自适应 RBF 神经网络设计的 NFNTSMC 为 NFNTSMC-ANN。

1. 固定时间收敛特性及非奇异控制律验证

负载扰动 $T_D=0\text{N}\cdot\text{m}$，给定不同的位置阶跃参考指令，得到的位置误差响应曲线如图 3.25 所示。由图可以看出，在不设置控制量限幅环节的条件下，跟踪不同的位置参考指令时，位置误差的收敛时间基本相同。仿真结果验证了固定时间非奇异终端滑模控制的固定时间收敛特性，即系统能够实现在独立于初始状态的固定时间内收敛。

负载扰动 $T_D=0\text{N}\cdot\text{m}$，分别采用奇异和非奇异控制律，得到的奇异项输出结果如图 3.26 所示。由图可以看出，采用奇异控制律，奇异项输出在稳态时存在较大的波动；对奇异项进行处理并采用非奇异控制律后，奇异项输出在稳态时的响应得到明显改善，波动大大降低。

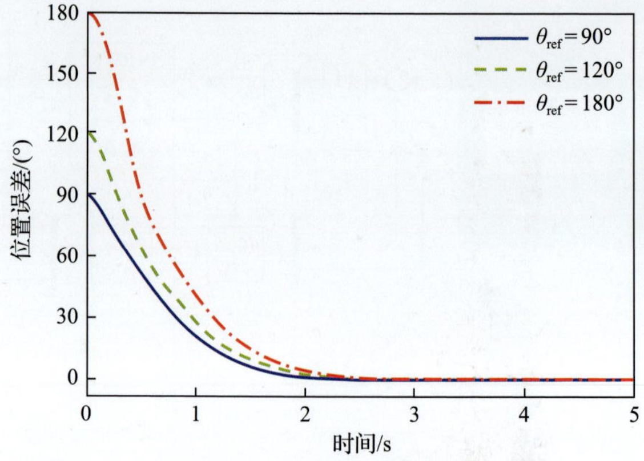

图 3.25　位置误差响应曲线

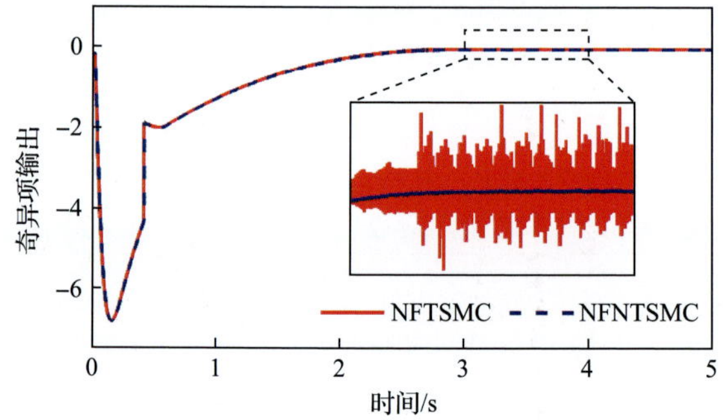

图 3.26　奇异和非奇异控制律下的奇异项输出

2. 收敛速度验证

负载扰动 $T_D = 0\mathrm{N \cdot m}$，在位置阶跃参考指令 $\theta_{\mathrm{ref}} = 90°$ 和位置正弦参考指令 $\theta_{\mathrm{ref}} = 60\sin t$ (单位(°))下，分别采用 PI、FNTSMC1、FNTSMC2 和 NFNTSMC 四种控制方法的位置响应曲线如图 3.27 所示，四种控制方法的收敛时间对比见表 3.1。

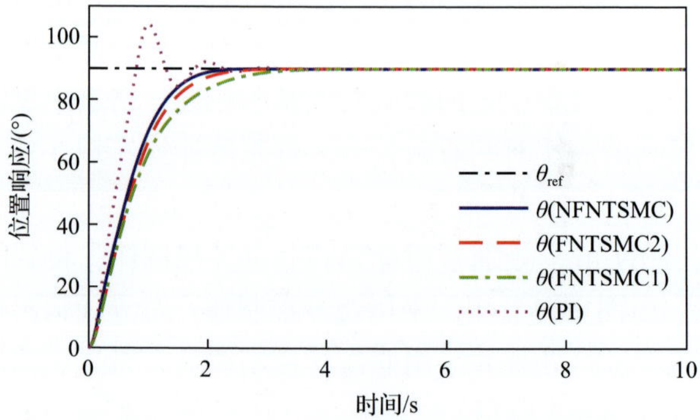

(a) $\theta_{\mathrm{ref}} = 90°$

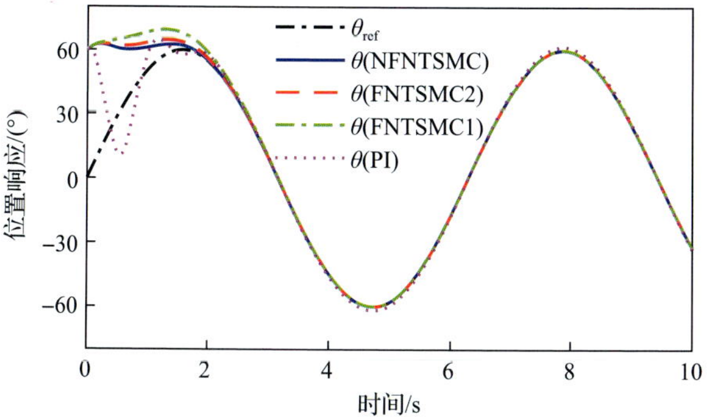

(b) $\theta_{ref}=60°\sin t$

图 3.27　位置响应结果

表 3.1　四种控制方法的收敛时间对比　　（单位：s）

位置参考值	收敛时间			
	NFNTSMC	FNTSMC2	FNTSMC1	PI
$\theta_{ref}=90°$	2.64	3.38	4.32	4.54
$\theta_{ref}=60°\sin t$	2.44	3.15	4.12	3.23

由图 3.27 以及表 3.1 中四种控制方法收敛时间的对比可知，NFNTSMC 具有最快的收敛速度，在跟踪上述两种位置参考指令时 NFNTSMC 的收敛时间分别为 2.64s 和 2.44s。此外，由图 3.27(a)可以看出，PI 控制器在跟踪阶跃参考信号时存在较大超调，而其他三种控制方法基本无超调。由图 3.27(b)可以看出，在跟踪时变位置参考指令时，NFNTSMC 相比其他三种控制方法具有更好的动态跟踪性能。固定时间非奇异终端滑模控制 NFNTSMC 的控制性能优于其他三种控制方法。

3. 对外部力矩扰动的鲁棒性验证

位置参考指令为 $\theta_{ref}=90°$，在负载扰动为阶跃变化 $T_D=0.5\text{N·m}\to 1.5\text{N·m}\to 3\text{N·m}$ 和连续时变 $T_D=2+\sin t+\cos(3t)$（单位 N·m）条件下，分别采用 PI、FNTSMC1、FNTSMC2-ANN 和 NFNTSMC-ANN 的仿真结果如图 3.28 所示，图中从上到下依次是位置误差响应曲线、q 轴电流响应曲线和 RBF 网络逼近系统扰动的响应曲线。

由图 3.28 可以看出，NFNTSMC-ANN 在不同扰动下的位置误差波动分别为 0.32°、0.49°和 0.57°；与其他三种控制方法相比，NFNTSMC-ANN 在扰动条件下具有最小的位置误差波动，即 NFNTSMC-ANN 对外部力矩干扰具有更强的鲁棒性。此外，比较四种控制方法的 q 轴电流曲线可以看出，FNTSMC1 方法为了保证系统的鲁棒性，采用了较大的开关增益，其电流响应中存在较大幅值的高频抖振。但是，在实际的永磁同步电机系统中，一般不能接受大幅度的电流高频颤振。

FNTSMC2-ANN 和 NFNTSMC-ANN 方法通过引入自适应神经网络对系统扰动进行在线估计和补偿，避免了上述问题，具有较好的控制性能。

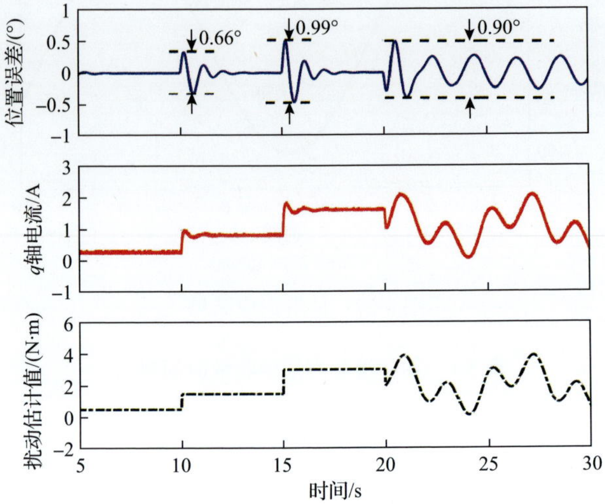

(a) PI

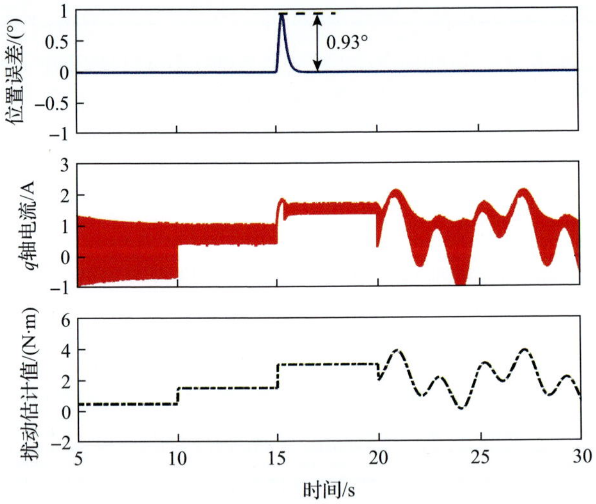

(b) FNTSMC1

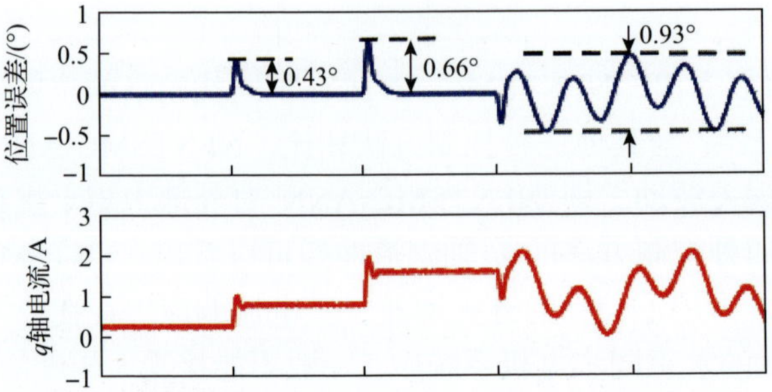

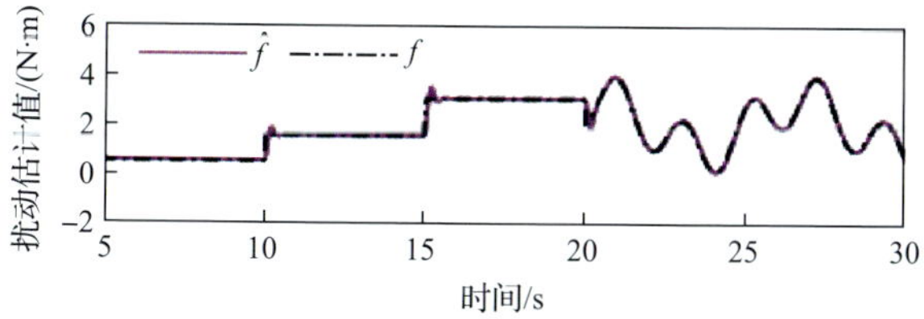

(c) FNTSMC2-ANN

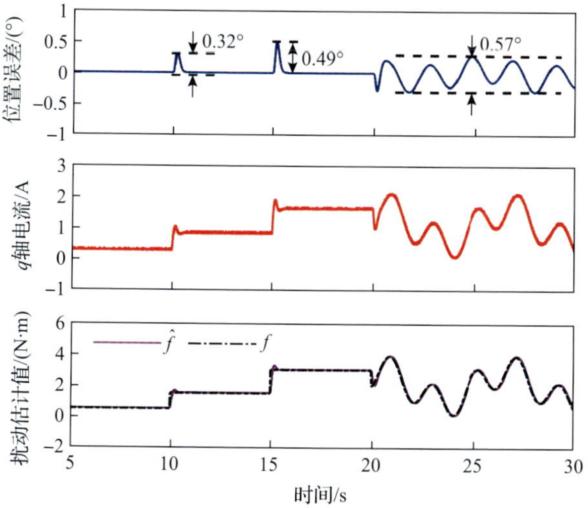

(d) NFNTSNC-ANN

图 3.28　阶跃负载扰动和连续时变负载扰动下四种控制方法的仿真结果

4. 对参数摄动的鲁棒性验证

位置参考指令为 $\theta_{\text{ref}} = 90°$，负载扰动为 $T_D = 0.5\text{N}\cdot\text{m}$，在转动惯量 J 、转矩常数 K_t 和黏性摩擦系数 B 分别从 50%标称值变化到 200%标称值的条件下，分别采用 PI 和 NFNTSMC-ANN 的位置误差响应曲线如图 3.29～图 3.31 所示。

由图 3.29～图 3.31 可以看出，PI 控制器对参数变化十分敏感，特别是当转动

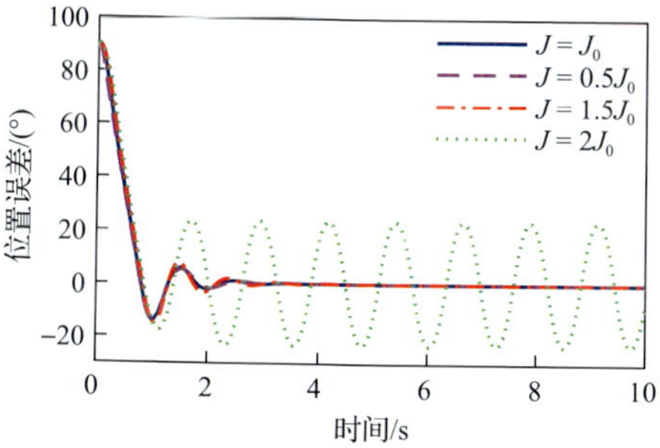

(a) PI

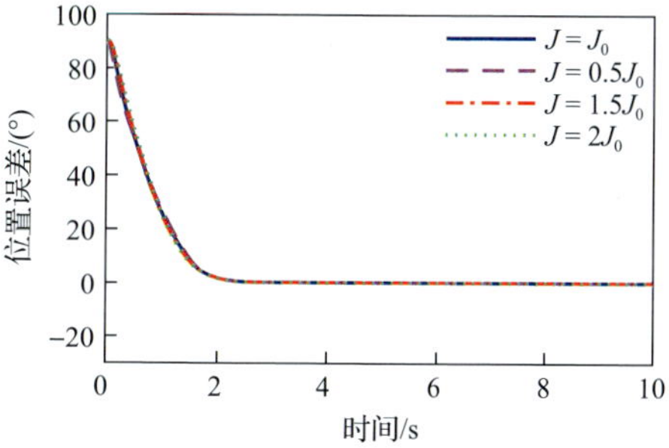

(b) NFNTSMC-ANN

图 3.29　转动惯量参数摄动条件下位置误差响应结果

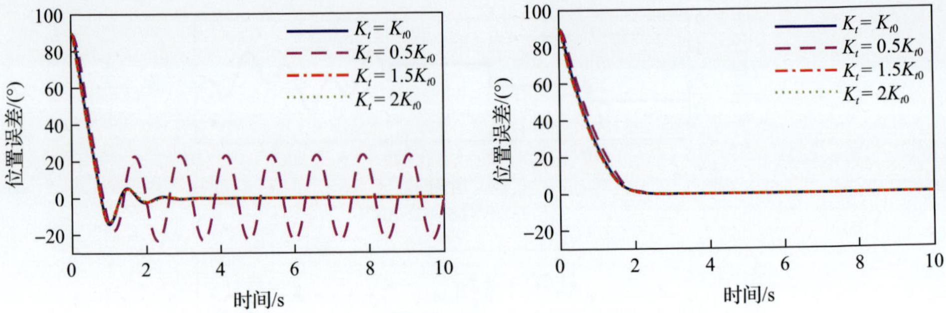

(a) PI　　(b) NFNTSMC-ANN

图 3.30　转矩常数摄动条件下位置误差响应结果

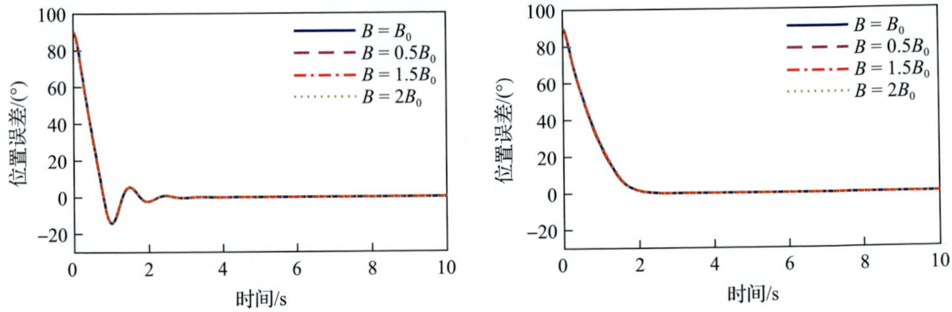

(a) PI　　(b) NFNTSMC-ANN

图 3.31　黏性摩擦系数摄动条件下位置误差响应结果

惯量 J 或转矩系数 K_t 变化时，系统的稳定性受到了较大的影响。但是采用 NFNTSMC-ANN 的位置误差响应曲线并无较大波动，且系统稳定性没有受到影响，这表明 NFNTSMC-ANN 方法对参数变化具有较强的鲁棒性。因此，相对于传统的 PI 控制方法，NFNTSMC-ANN 方法对参数失配具有更强的鲁棒性。

3.5　本章小结

滑模控制方法自提出以来，因其强鲁棒性的特点，便受到了专家学者的广泛关注。但是，由于滑模抖振的缺点，其应用受到一些限制。为了提高滑模控制系统的性能，基于传统滑模控制方法，研究人员先后提出了很多优化方法。本章对自适应滑模控制、超螺旋滑模控制、固定时间自适应超螺旋滑模控制以及基于 RBF 神经网络的固定时间非奇异终端滑模控制四种方法进行了介绍。其中，自适应滑模控制和超螺旋滑模控制方法对削弱滑模控制系统抖振具有明显效果；固定时间自适应超螺旋滑模控制和基于 RBF 神经网络的固定时间非奇异终端滑模控制方法在解决滑模抖振问题的基础上，进一步实现了系统动态响应性能的有效提高。

参考文献

[1] 刘金琨. 滑模变结构控制 MATLAB 仿真: 基本理论与设计方法[M]. 3 版. 北京: 清华大学出版社, 2015.

[2] 张晓光, 赵克, 孙力, 等. 永磁同步电机滑模变结构调速系统新型趋近律控制[J]. 中国电机工程学报, 2011, 31(24): 77-82.

[3] 廖瑛, 杨雅君, 王勇. 滑模控制的新型双幂次组合函数趋近律[J]. 国防科技大学学报, 2017, 39(3): 105-110.

[4] 张庆超, 马瑞卿, 皇甫宜耿, 等. 电机转速环节 Super-Twisting 算法二阶滑模控制律设计与研究[J]. 西北工业大学学报, 2016, 34(4): 668-675.

[5] 唐翱. 基于 Super-Twisting 滑模的永磁同步电机直接转矩控制的研究[D]. 郑州: 郑州大学, 2016.

[6] 杨洁. 高阶滑模控制理论及其在欠驱动系统中的应用研究[D]. 北京: 北京理工大学, 2015.

[7] 韩耀振. 不确定非线性系统高阶滑模控制及在电力系统中的应用[D]. 北京: 华北电力大学, 2017.

[8] 张庆超. 无刷直流电机转速伺服系统高阶滑模控制研究[D]. 西安: 西北工业大学, 2017.

[9] 李鹏. 传统和高阶滑模控制研究及其应用[D]. 长沙: 国防科技大学, 2011.

[10] Davila J, Fridman L, Levant A. Second-order sliding-mode observer for mechanical systems[J]. IEEE Transactions on Automatic Control, 2005, 50(11): 1785-1789.

[11] Levant A. Robust exact differentiation via sliding mode technique[J]. Automatica, 1998, 34(3): 379-384.

[12] 李鹏, 郑志强. 基于类二次型 Lyapunov 函数的 Super-Twisting 算法收敛性分析[J]. 控制与决策, 2011, 26(6): 949-952.

[13] Lu J H, Savaghebi M, Ghias A M Y M, et al. A reduced-order generalized proportional integral observer-based resonant super-twisting sliding mode control for grid-connected power converters[J]. IEEE Transactions on Industrial Electronics, 2021, 68(7): 5897-5908.

[14] Yang T, Deng Y T, Li H W, et al. Fast integral terminal sliding mode control with a novel disturbance observer based on iterative learning for speed control of PMSM[J]. ISA Transactions, 2023, 134: 460-471.

[15] Yang T, Deng Y T, Li H W, et al. Super-twisting resonant controller-based inverter nonlinearity compensation for permanent magnet synchronous motor drive system[J]. Control Engineering Practice, 2023, 140: 105665.

[16] Andrieu V, Praly L, Astolfi A. Homogeneous approximation, recursive observer design, and output feedback[J]. SIAM Journal on Control and Optimization, 2008, 47(4): 1814-1850.

[17] Polyakov A. Nonlinear feedback design for fixed-time stabilization of linear control systems[J].

IEEE Transactions on Automatic Control, 2012, 57(8): 2106-2110.

[18] 隋维舜. 航天器编队飞行分布式固定时间协同控制[D]. 哈尔滨: 哈尔滨工业大学, 2020.

[19] Hu S C. Differential equations with discontinuous right-hand sides[J]. Journal of Mathematical Analysis and Applications, 1991, 154(2): 377-390.

[20] Bhat S P, Bernstein D S. Finite-time stability of continuous autonomous systems[J]. SIAM Journal on Control and Optimization, 2000, 38(3): 751-766.

[21] Orlov Y. Finite time stability and robust control synthesis of uncertain switched systems[J]. SIAM Journal on Control and Optimization, 2004, 43(4): 1253-1271.

[22] Ni J K, Liu L, Liu C X, et al. Fast fixed-time nonsingular terminal sliding mode control and its application to chaos suppression in power system[J]. IEEE Transactions on Circuits and Systems II: Express Briefs, 2016, 64(2): 151-155.

[23] Liu J K. Radial Basis Function (RBF) Neural Network Control for Mechanical Systems: Design, Analysis and MATLAB Simulation[M]. Berlin: Springer, 2013.

第 4 章　基于扰动观测器理论的永磁同步电机控制

对于永磁同步电机控制系统，由于其控制带宽受到机械谐振频率等因素的限制，在系统受到多重强扰动的情况下仅仅通过鲁棒性强的单一控制器可能无法满足高精度控制的需求。扰动观测器理论的提出，成为解决上述问题的一类有效方法。扰动观测器可实现对系统扰动的在线估计，因此可利用扰动观测器的估计值对系统控制量做实时扰动补偿，进而有效提高扰动条件下系统的控制精度。系统的扰动补偿精度与观测器的性能直接相关，自扰动观测器理论被提出后，基于不同的扰动类型，以提升扰动观测器的观测性能和扰动补偿精度为目标，研究人员先后设计出多种类型的扰动观测器。本章对基于滑模控制的扰动观测器、基于迭代学习控制的扰动观测器、基于固定时间切换的广义扩张状态观测器以及基于准谐振的级联扩张状态观测器等几种扰动观测器进行介绍。

4.1　基于滑模控制的扰动观测器

4.1.1　滑模扰动观测器设计

滑模控制方法具有鲁棒性强、结构简单便于实现等优点，因此针对永磁同步电机系统受到摩擦、负载扰动等外部力矩干扰问题，研究人员提出了基于滑模控制的扰动观测器。滑模扰动观测器依据永磁同步电机的运动状态方程进行构建，通过滑模控制律的校正作用，将观测器的观测误差在有限时间内收敛至零，实现对速度和扰动力矩等系统状态的实时估计。

永磁同步电机的运动状态方程表达式如下：

$$\begin{cases} \dot{\omega}_m = \dfrac{1.5P\psi_f}{J} i_q - \dfrac{T_D}{J} - \dfrac{B\omega_m}{J} \\ \dot{T}_D = 0 \end{cases} \tag{4.1}$$

式中，$\dot{T}_D = 0$，即假定扰动力矩在单个速度控制周期内保持不变。

以速度 ω_m 和扰动力矩 T_D 作为观测状态变量，可建立如下滑模扰动观测器[1]：

$$\begin{cases} \dot{\hat{\omega}}_m = \dfrac{1.5P\psi_f}{J} i_q - \dfrac{\hat{T}_D}{J} - \dfrac{B\hat{\omega}_m}{J} + f_{\text{smco}} \\ \dot{\hat{T}}_D = l f_{\text{smco}} \end{cases} \tag{4.2}$$

式中，$\hat{\omega}_m$ 为速度估计值；$\hat{T}_D$ 为扰动力矩估计值；f_{smco} 为滑模扰动观测器的滑模控制律；l 为扰动力矩观测反馈增益。

结合式(4.1)和式(4.2)，可得滑模扰动观测器的误差方程表达式如下：

$$\begin{cases} e_\omega = \omega_m - \hat{\omega}_m \\ e_T = T_D - \hat{T}_D \\ \dot{e}_\omega = -\dfrac{e_T}{J} - \dfrac{Be_\omega}{J} - f_{\text{smco}} \\ \dot{e}_T = -lf_{\text{smco}} \end{cases} \tag{4.3}$$

以基于一阶滑模控制方法的扰动观测器为例进行介绍。首先选取一个传统趋近律进行观测器滑模控制律设计，趋近律表达式如下：

$$\dot{s} = -k_1 \text{sign}(s) - k_2 s \tag{4.4}$$

式中，k_1 为滑模切换增益且 $k_1 > 0$；k_2 为线性增益且 $k_2 > 0$。

将 e_T / J 视作扰动项，滑模面 $s = \omega_m - \hat{\omega}_m$，扰动观测器的滑模控制律可表达如下：

$$f_{\text{smco}} = k_1 \text{sign}(s) + k_2 s - \frac{Be_\omega}{J} \tag{4.5}$$

滑模扰动观测器的结构框图如图 4.1 所示。

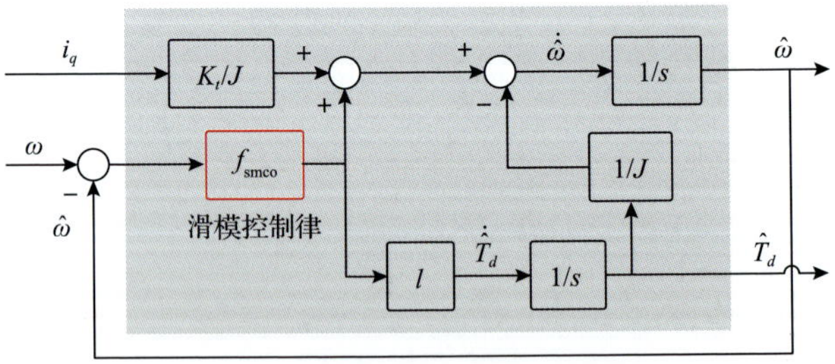

图 4.1　滑模扰动观测器结构框图

在滑模控制律的校正作用下，观测器系统状态可在有限时间内经由趋近运动区域进入滑模运动区域，并停留在滑模面上，可得

$$\begin{cases} s = \dot{s} = 0 \\ e_\omega = \dot{e}_\omega = 0 \end{cases} \tag{4.6}$$

结合式(4.3)和式(4.6)，可得扰动转矩估计误差的表达式如下[2]：

$$\dot{e}_T = l\frac{e_T}{J} \tag{4.7}$$

由式(4.7)可得

$$e_T = c_T \mathrm{e}^{\frac{l}{J}t} \tag{4.8}$$

式中，c_T 为一个常数。可以看出，扰动转矩的估计误差 e_T 将按照指数规律衰减收敛，且其收敛速度由反馈增益 l 的数值大小决定。为了保证扰动转矩的估计误差 e_T 能够趋近于 0，反馈增益 l 应满足 $l<0$。

4.1.2　观测器性能分析

1. 稳定性分析

定义李雅普诺夫函数为

$$V = \frac{1}{2}s^2 \tag{4.9}$$

结合式(4.3)、式(4.5)、式(4.9)可得如下表达式：

$$\begin{aligned}
\dot{V} &= s\dot{s} \\
&= s\left(-\frac{e_T}{J} - \frac{B_m e_\omega}{J} - f_{\text{smco}}\right) \\
&= s\left(-k_1 \mathrm{sign}(s) - k_2 s - \frac{e_T}{J}\right) \\
&\leqslant s\left(-k_1 \mathrm{sign}(s) - \frac{e_T}{J}\right)
\end{aligned} \tag{4.10}$$

令 $k_1 > \frac{|e_T|}{J}$，则可保证 $\dot{V}<0$。由李雅普诺夫稳定性条件可知，滑模扰动观测器满足可达性条件。在此条件下，该滑模扰动观测器是稳定的，观测器的观测误差可在有限时间内趋近于零。

2. 滑模控制律对观测器快速性和估计精度的影响分析

在永磁同步电机的速度闭环控制仿真系统中，设置速度零速闭环，随后加入 T_D=150N·m 的阶跃扰动信号，设计滑模扰动观测器对其进行在线观测，并分别分析参数 k_1、k_2 和 l 对滑模扰动观测器性能的影响。

固定滑模扰动观测器参数 k_2 和 l 的取值，即 k_2 =50，l=5000；参数 k_1 分别取 0.01、0.05 和 0.1 时，滑模扰动观测器对系统的速度和扰动力矩观测结果如图 4.2

所示。上述条件下，观测器的滑模面响应结果如图 4.3 所示。

由图 4.2 的速度观测误差曲线和扰动力矩观测曲线可以看出，参数 k_1 取最小值 0.01 时，滑模扰动观测器对速度的动态观测响应最慢，在初始段出现较大的速

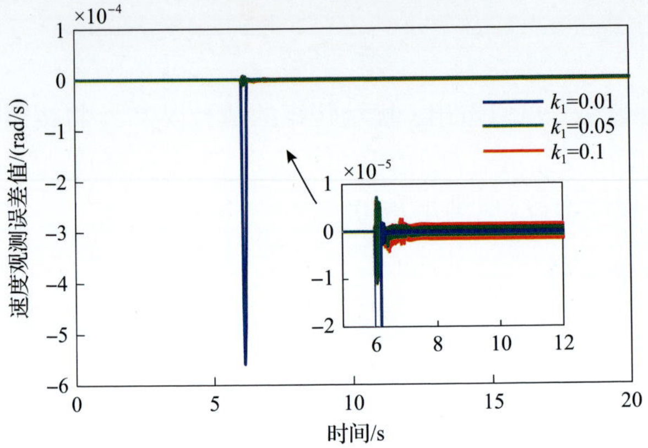

(a) 速度观测误差曲线

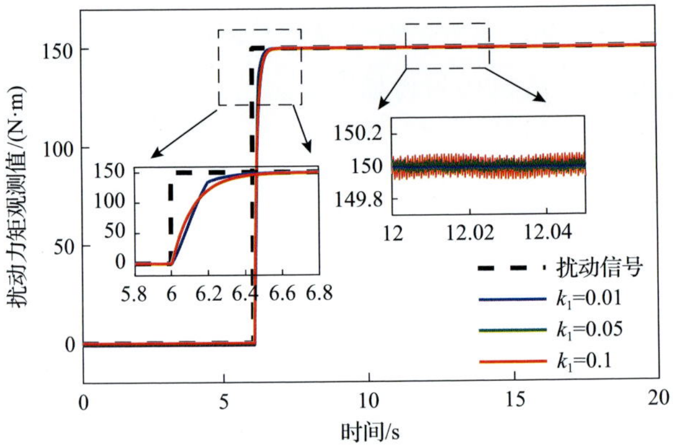

(b) 扰动力矩观测曲线

图 4.2　参数 k_1 变化时滑模扰动观测器估计结果

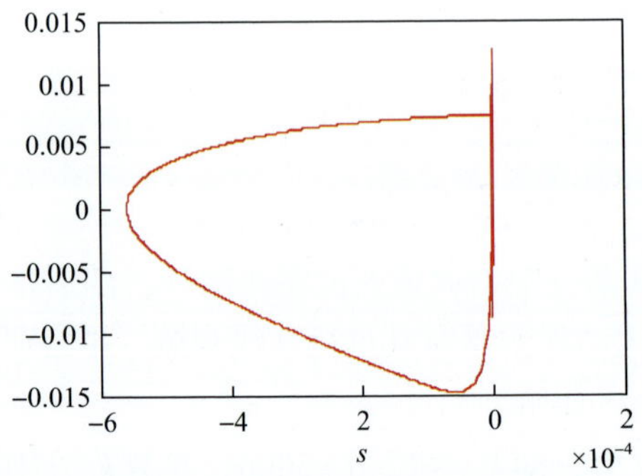

(a) k_1=0.01

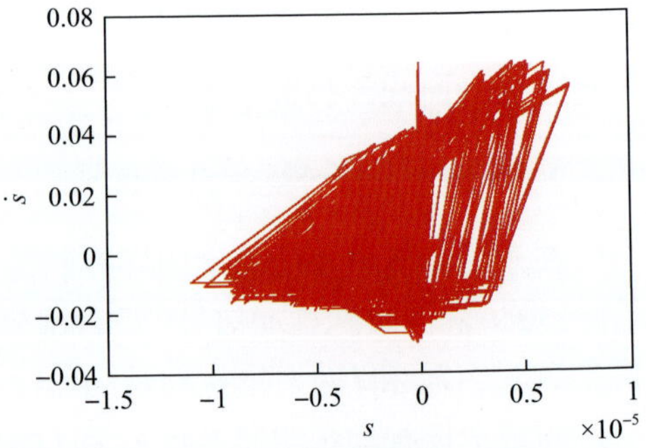

(b) k_1=0.05

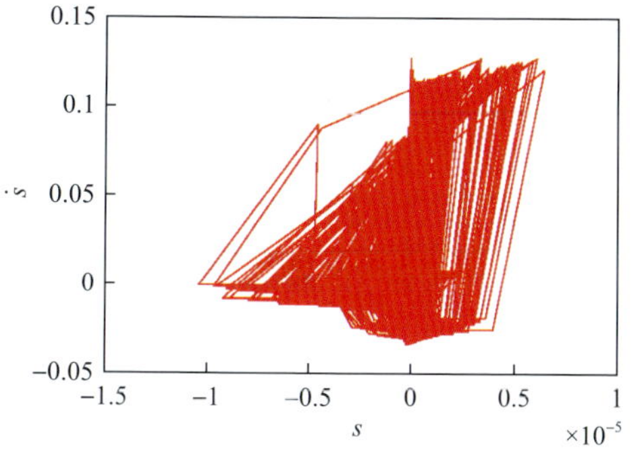

(c) k_1=0.1

图 4.3　参数 k_1 变化时滑模面响应结果

度观测误差；参数 k_1 取最大值 0.1 时，滑模扰动观测器对速度和扰动力矩的观测响应速度最快。结合图 4.2 的速度和扰动力矩稳态观测值以及图 4.3 滑模扰动观测器的滑模面响应曲线可以看出，参数 k_1 取值越大，滑模扰动观测器的抖振越大。

固定观测器参数 k_1 和 l 的取值，即 k_1=0.05，l=50000；参数 k_2 分别取 5、200 和 1000 时，滑模扰动观测器对系统的速度和扰动力矩观测结果如图 4.4 所示。上述条件下，观测器的滑模面响应结果如图 4.5 所示。

由图 4.4 的速度观测误差曲线和扰动力矩观测曲线可以看出，参数 k_2 取值变化时，滑模扰动观测器对速度和扰动力矩的观测动态响应速度影响不大。结合图 4.4 的速度和扰动力矩稳态观测值以及图 4.5 的滑模面响应曲线可以看出，参数 k_2 取值最大时，滑模扰动观测器的抖振最小。

固定观测器参数 k_1 和 k_2 的取值，即 k_1=0.05，k_2=1000；参数 l 分别取 5000、20000 和 50000 时，滑模扰动观测器的速度和扰动力矩观测结果如图 4.6 所示。上述条件下，观测器的滑模面响应结果如图 4.7 所示。

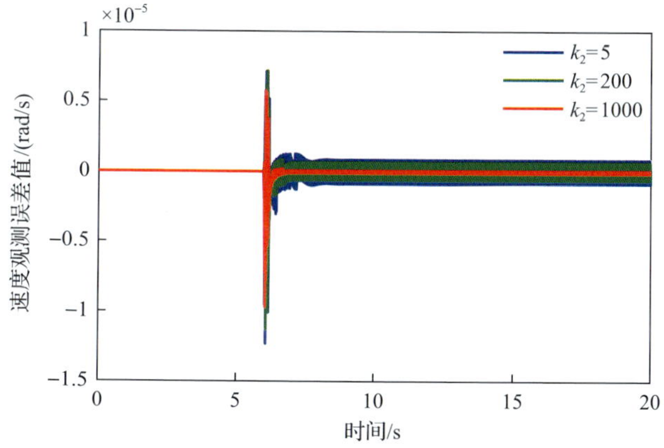

(a) 速度观测误差曲线

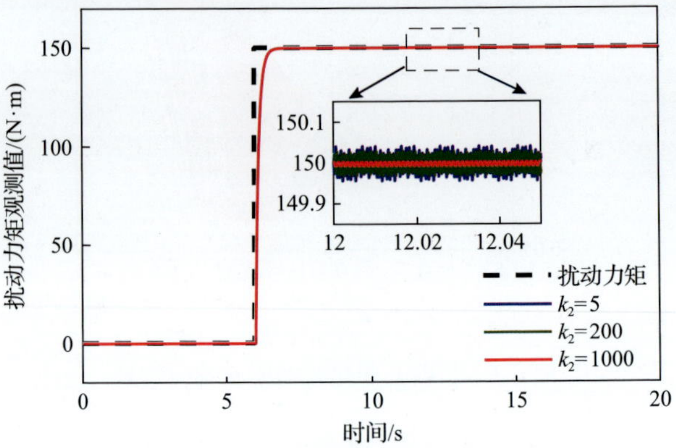

(b) 扰动力矩观测曲线

图 4.4　参数 k_2 变化时滑模扰动观测器估计结果

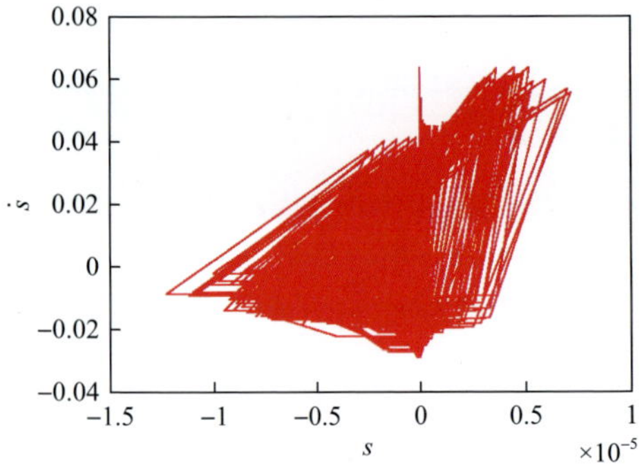

(a) k_2=5

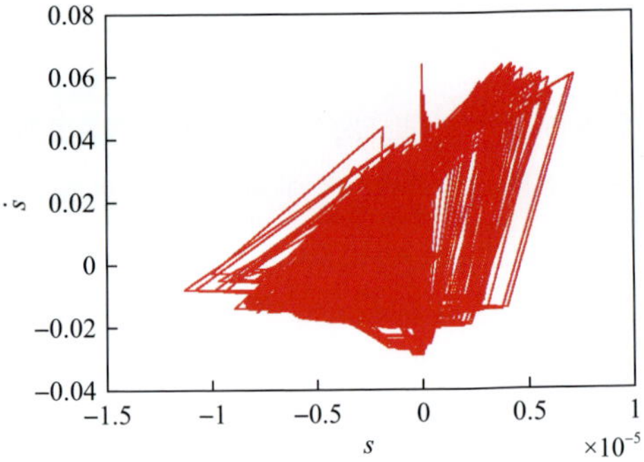

(b) k_2=200

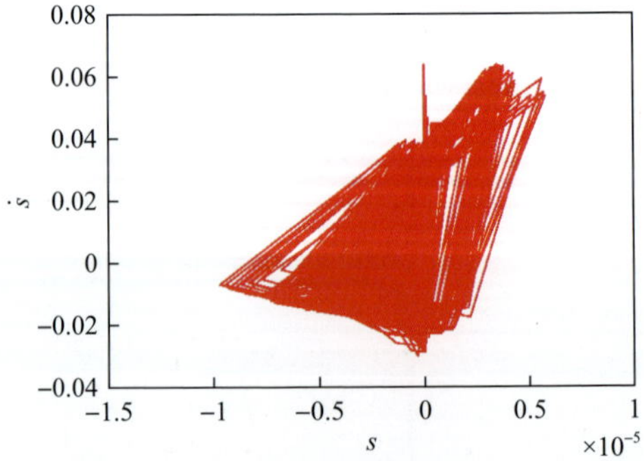

(c) k_2=1000

图 4.5　参数 k_2 变化时滑模面响应结果

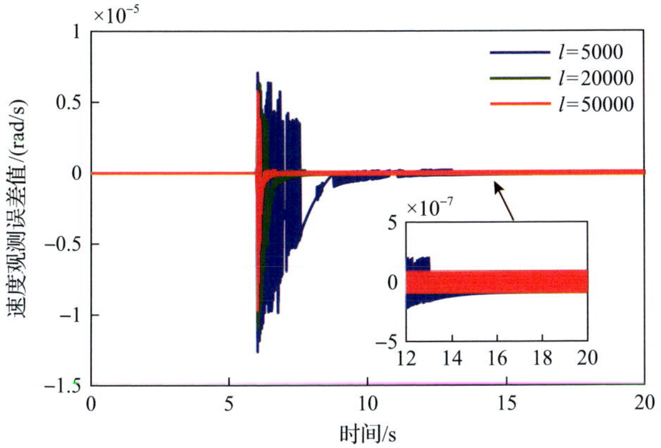

(a) 速度观测误差曲线

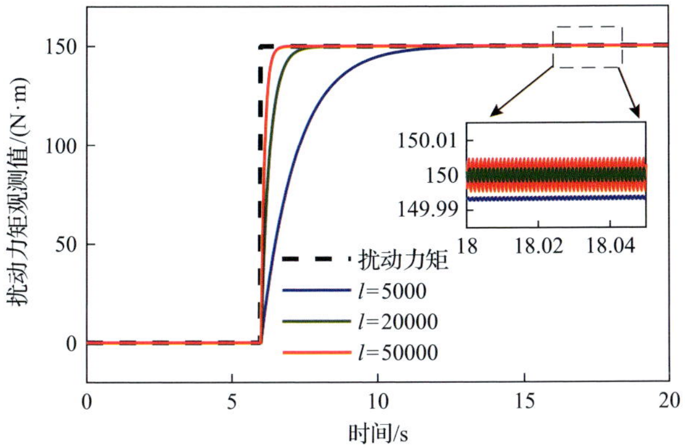

(b) 扰动力矩观测曲线

图 4.6　参数 l 变化时滑模扰动观测器估计结果

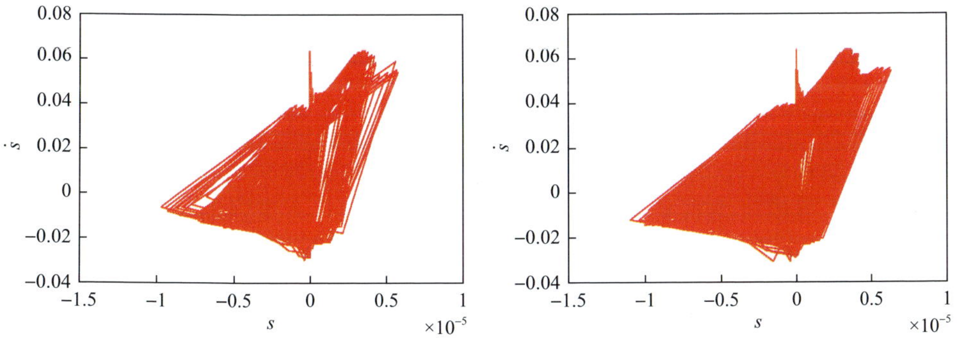

(a) $l=5000$　　(b) $l=20000$

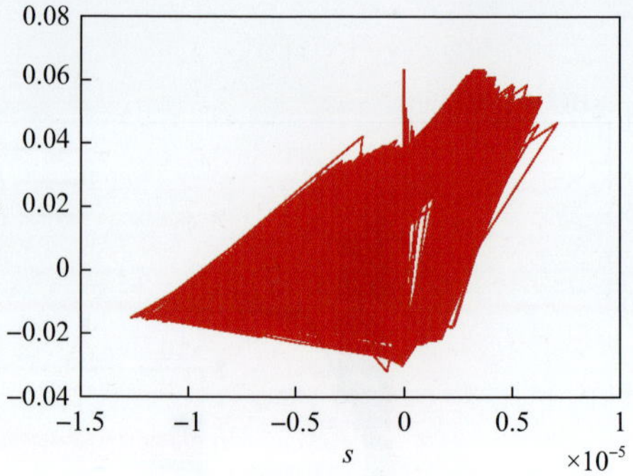

(c) l=50000

图 4.7　参数 l 变化时滑模面响应结果

由图 4.6 的速度观测误差曲线和扰动力矩观测曲线可以看出，参数 l 对滑模扰动观测器扰动力矩观测的动态响应速度影响较大，参数 l 取最大值时，扰动力矩观测的响应速度最快。结合图 4.5 和图 4.7 的滑模面响应曲线可以看出，参数 l 对滑模扰动观测器抖振也有一定的影响，参数 l 取值最大时，滑模扰动观测器的抖振最大。

在实际设计滑模扰动观测器时，应合理调整参数 k_1、k_2、l，以达到理想的扰动观测性能。

4.1.3　仿真实例

为了验证基于滑模控制的扰动观测器对系统抗扰动能力提升的有效性，在速度闭环的条件下分别给系统施加阶跃扰动和周期性扰动两类力矩扰动信号，对比滑模扰动观测器补偿前后系统的响应结果。

1. 阶跃扰动观测补偿仿真分析

给定 3(°)/s 的速度阶跃参考信号，速度到达稳态后，在 t=6s 时给系统突加阶跃扰动力矩信号 T_D=200N·m，扰动观测补偿前后系统的速度响应曲线、滑模扰动观测器的扰动力矩和速度观测曲线如图 4.8 所示。

由图 4.8(a)可以看到，当系统受到阶跃扰动力矩时，加入基于滑模扰动观测器的扰动补偿后，速度响应波动更小，且以更短的时间恢复到速度稳态值，这表明基于滑模扰动观测器的扰动观测补偿使系统具有更强的抗扰动能力。由图 4.8(b)和(c)可以看到，滑模扰动观测器对阶跃扰动信号和系统速度均进行了良好的观测。滑模扰动观测器对速度和扰动力矩的准确在线观测是实现系统扰动有效补偿的基础和前提。

2. 周期性扰动观测补偿仿真分析

给定 3(°)/s 的速度阶跃参考信号，速度到达稳态后，在 t=5s 时给系统突加正弦周期扰动力矩信号 $T_D = 200 + 20\sin(0.5t)$ (单位 N·m)，扰动补偿前后的速度响应曲线、滑模扰动观测器的扰动力矩和速度观测曲线如图 4.9 所示。

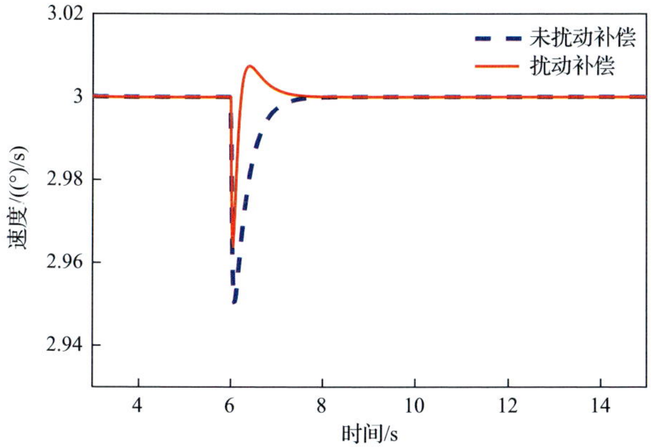

(a) 速度响应曲线

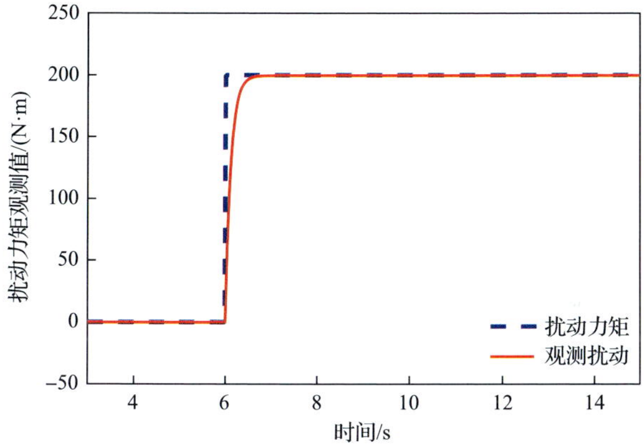

(b) 扰动力矩观测曲线

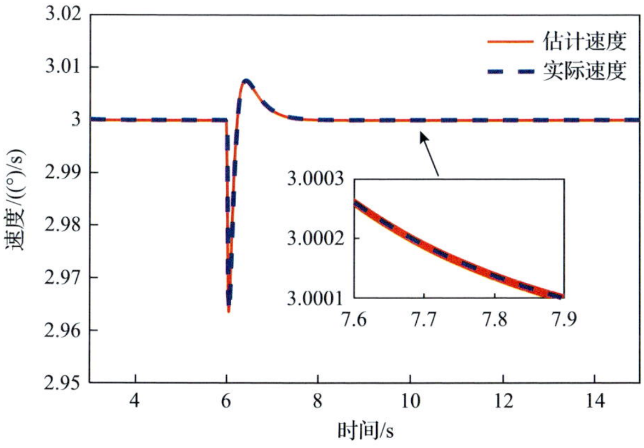

(c) 速度观测曲线

图 4.8 阶跃扰动条件下系统响应曲线

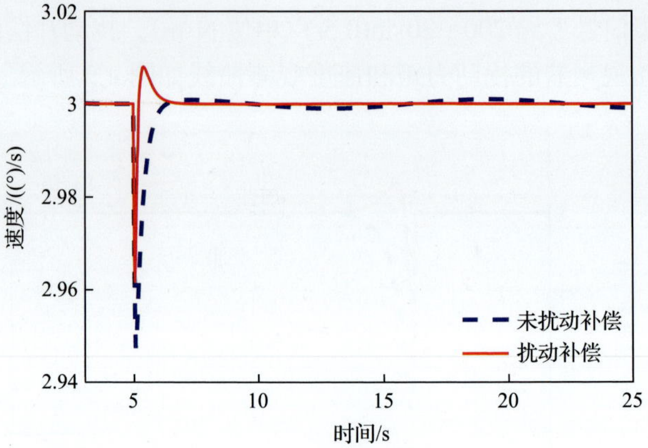

(a) 速度响应曲线

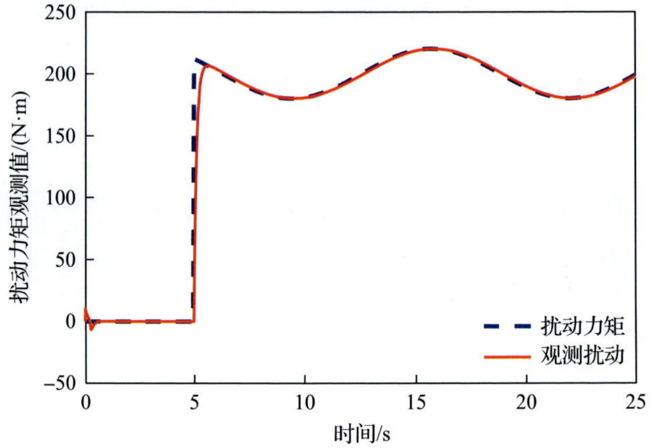

(b) 扰动力矩观测曲线

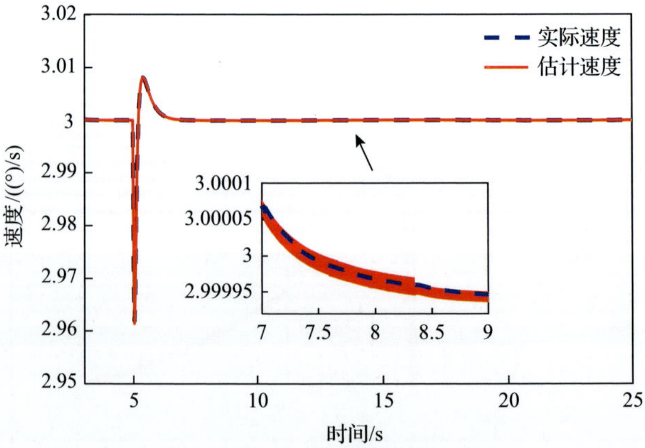

(c) 速度观测曲线

图 4.9　周期扰动条件下系统响应曲线

由图 4.9(a)可以看到，当系统受到周期扰动力矩时，加入基于滑模扰动观测器的扰动补偿后，速度响应稳态时的周期性波动更小。由图 4.9(b)和(c)可以看到，滑模扰动观测器对周期性扰动信号和系统速度仍可进行准确观测。因此，在基于滑模扰动观测器的扰动补偿下，当受到周期性力矩扰动时，系统表现出了更强的鲁棒性。

上述仿真结果表明，滑模扰动观测器对两类典型的扰动信号均可进行良好的观测，同时也验证了基于滑模扰动观测器的扰动观测补偿的有效性。

4.2 基于迭代学习控制的扰动观测器

4.2.1 迭代学习扰动观测器设计

迭代学习控制(iterative learning control，ILC)是一种针对系统周期性任务的控制理论和方法，它通过多次迭代学习调整控制输入来提高系统的控制性能，且不需要提供系统的精确控制模型。迭代学习控制最初应用于机器人和动态系统的运动控制领域，如精密定位、轨迹跟踪等，其应用一般基于如下假设：①任务是周期性的，即要求系统在每个周期内重复执行相同的任务；②系统具有固定但未知的周期性扰动。迭代学习控制方法能够处理周期性扰动的原因在于其利用了任务的周期性特征。通过反复执行相同的任务并进行迭代学习，可以逐渐学习到扰动信号的周期性模式，并对其进行补偿。具体而言，迭代学习控制方法是根据跟踪误差调整控制输入，使得系统能够根据先前周期的经验不断优化控制量。这样，即使存在周期性扰动，经过多次迭代控制，系统也能够逐渐抵消其影响，实现更好的跟踪控制性能。

目前，研究人员将迭代学习控制方法与多种其他控制技术相结合(如自适应控制、模糊控制和滑模控制等)进行应用，实现了系统的鲁棒性和控制性能的有效提高[3,4]。基于上述迭代学习控制方法的优点，针对存在周期性扰动的系统，本节介绍一种将迭代学习控制和高增益扰动观测器相结合的迭代学习扰动观测器，以实现对周期性扰动的良好估计和补偿。

存在外部干扰的一阶系统表达式如下：

$$\dot{x} = ax + bu + d \tag{4.11}$$

式中，x 为系统状态；a 和 b 为常系数；u 为控制输入；d 为系统未知扰动。

高增益扰动观测器表达式如下：

$$\begin{cases} \dot{\hat{x}} = a\hat{x} + bu + \hat{d} \\ \hat{d} = K(x - \hat{x}) \end{cases} \tag{4.12}$$

式中，$\hat{x}$、$\hat{d}$ 分别为系统状态和未知扰动的估计值；K 为常值增益系数。

基于式(4.12)的高增益扰动观测器，有如下定理。

定理 4.1　如果高增益扰动观测器的参数 K 足够大，那么扰动估计值将收敛至扰动真实值。

证明　由式(4.12)可得如下表达式：

$$\dot{\hat{d}} = K(\dot{x} - \dot{\hat{x}}) = K(\dot{x} - a\hat{x} - bu - \hat{d}) \tag{4.13}$$

由于 $\hat{x} = x - \hat{d}/K$，结合式(4.13)，可得

$$\dot{\hat{d}} - a\hat{d} = K(\dot{x} - ax - bu - \hat{d}) \tag{4.14}$$

式(4.14)两边同时除以 $K(\dot{\hat{d}} - a\hat{d})$，可得

$$\frac{1}{K} = \frac{\dot{x} - ax}{\dot{\hat{d}} - a\hat{d}} - \frac{bu + \hat{d}}{\dot{\hat{d}} - a\hat{d}} \tag{4.15}$$

当参数 K 趋于无穷大时，可得

$$\dot{x} - ax = bu + \hat{d} \tag{4.16}$$

对比系统方程(4.11)可知，此时扰动估计值收敛至扰动真实值。证毕。

高增益扰动观测器的结构框图如图 4.10 所示。为了减小测量噪声的影响，通常在状态观测误差处添加一个低通滤波器，其中 μ 为低通滤波器的时间常数。此外，在永磁同步电机控制系统的速度控制环路中，通常可认为 $a = 0$。因此，从系统实际扰动 $D(s)$ 到扰动估计值 $\hat{D}(s)$ 的传递函数可表达如下：

$$G(s) = \frac{\hat{D}(s)}{D(s)} = \frac{K}{s(\mu s + 1) + K} \tag{4.17}$$

上述传递函数表明，增益 K 取值越大，观测器的估计误差和相位滞后越小，但观测器对高频噪声的抑制能力越弱。因此，高增益扰动观测器对低频非周期性未知扰动的估计效果较好。

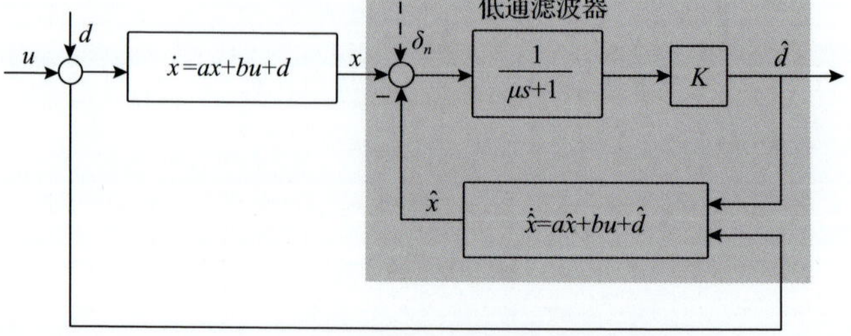

图 4.10　高增益扰动观测器的结构框图

为了提高观测器对高频周期性未知扰动的估计能力，将迭代学习控制引入高增益扰动观测器。迭代学习控制利用前一个迭代周期中的控制经验并根据一定的迭代学习规律，在下一个迭代周期中生成控制信号。经过多个周期控制经验的迭代学习后，控制误差将收敛至零。

带有遗忘因子的当前周期误差反馈 P 型迭代学习律表达如下：

$$u_j(t)=(1-\xi)u_{j-1}(t)+\gamma e_j(t) \tag{4.18}$$

式中，j 为迭代序列；$u_{j-1}(t)$ 和 $u_j(t)$ 分别为第 $j-1$ 个和第 j 个迭代序列的控制信号；$e_j(t)$ 为被控对象的输出误差；γ 为学习增益；ξ 为遗忘因子，主要用来处理非周期扰动的累积效应，根据迭代误差收敛的充要条件，ξ 值应满足 $0<\xi<1$。

基于迭代学习控制的扰动观测器(ILC-DOB)结构框图如图 4.11 所示，观测器表达式如下：

$$\begin{cases}\dot{\hat{x}}_j=a\hat{x}_j+bu_j+\hat{d}_j\\ e_j=\gamma\left(x_j-\hat{x}_j\right)+(1-\xi)e_{j-1}\\ \hat{d}_j=Ke_j\end{cases} \tag{4.19}$$

式中，x_j、$\hat{x}_j$、u_j 和 $\hat{d}_j$ 分别为第 j 次迭代的系统状态、系统状态估计值、控制输入和扰动估计值；e_j 和 e_{j-1} 分别为第 j 次和第 $j-1$ 次迭代的系统状态的估计误差。

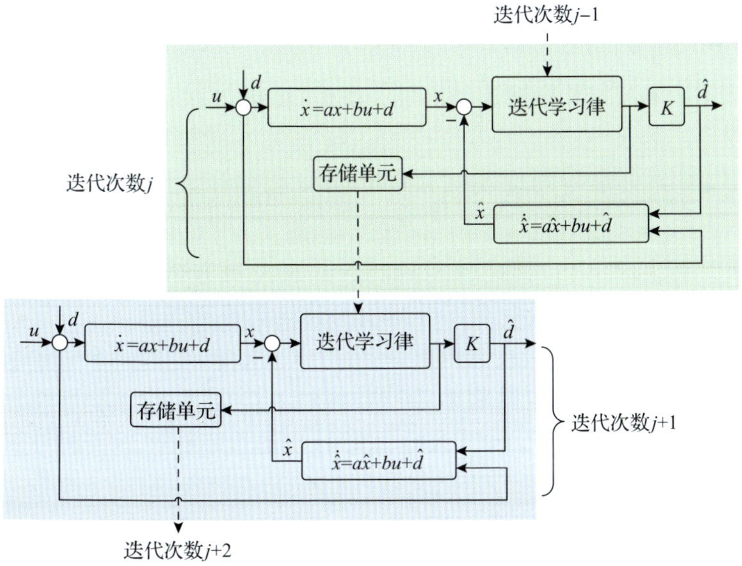

图 4.11　ILC-DOB 结构框图

4.2.2　观测器性能分析

ILC-DOB 的传递函数结构框图如图 4.12 所示。为了实现对系统中周期性扰动转矩的估计，e_{j-1} 和 e_j 之间的时间延迟，即迭代周期 τ 一般满足[5]：

$$\tau = \frac{2\pi}{\omega_e} \tag{4.20}$$

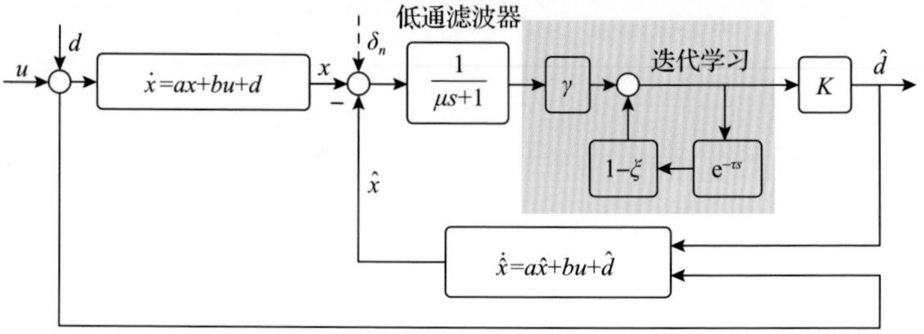

图 4.12　ILC-DOB 的传递函数结构框图

根据图 4.12，用于存储控制经验的记忆单元在 s 域中可表示为 $\mathrm{e}^{-\tau s}$。由此，ILC-DOB 中从实际扰动 $D(s)$ 到扰动估计 $\hat{D}(s)$ 的传递函数表达如下：

$$G(s) = \frac{\hat{D}(s)}{D(s)} = \frac{\gamma K}{s\left[1-(1-\xi)\mathrm{e}^{-\tau s}\right](\mu s+1)+\gamma K} \tag{4.21}$$

对比式(4.21)和式(4.17)可以看出，ILC-DOB 在传递函数的分母中引入了包含 $\mathrm{e}^{-\tau s}$ 在内的新的环节以实现对周期性扰动的提取。

对于频率为 $6\omega_e$ 的周期性扰动信号，即 $s=\mathrm{j}6\omega_e$，有 $\mathrm{e}^{-\tau s}=\mathrm{e}^{-\mathrm{j}6\omega_e\tau}=\mathrm{e}^{-\mathrm{j}12\pi}=1$。根据式(4.21)，当 $\xi=0$ 时，$G(s)$ 等于 1，这表明 6 阶周期性扰动能够被估计。同理，12 阶甚至更高阶的周期性扰动也可以被估计。当扰动集中在低频时，$1-(1-\xi)\mathrm{e}^{-\tau s}<1$，这表明相较于高增益扰动观测器，ILC-DOB 的低频观测性能也得到了提升。对比式(4.17)和式(4.21)可知，γ 和 K 具有相同的功能，因此可将学习增益设置为 $\gamma=1$，进而简化分析并减少参数整定的工作量。

参数 K、ξ、μ 取不同数值的条件下，ILC-DOB 的频率特性曲线如图 4.13 所示[6]。图 4.13(a)给出了参数 K 取不同数值时 ILC-DOB 的频率特性曲线。可以看出，参数 K 的变化影响了 ILC-DOB 频率特性的总体趋势，这表明参数 K 决定 ILC-DOB 在低、中、高频条件下的估计性能。图 4.13(b)给出了参数 ξ 取不同数值时 ILC-DOB 的频率特性曲线。可以看出，参数 ξ 影响观测器在特定频率下的峰值。图 4.13(c)给出了参数 μ 取不同数值时 ILC-DOB 的频率特性曲线。可以看出，参数 μ 同时影响观测器对高频扰动的估计性能和噪声抑制性能。综上，参数 K、

ξ、μ 的取值对 ILC-DOB 的观测性能具有重要意义。

在 ILC-DOB 的设计过程中，对于参数 K 的选择，需要在观测误差和噪声抑制能力之间做一个平衡。对于遗忘因子 ξ，其取值越小观测器对周期性扰动的观测效果越好，但 ξ 值过小可能会导致低频非周期扰动的累积效应更为显著，甚至导

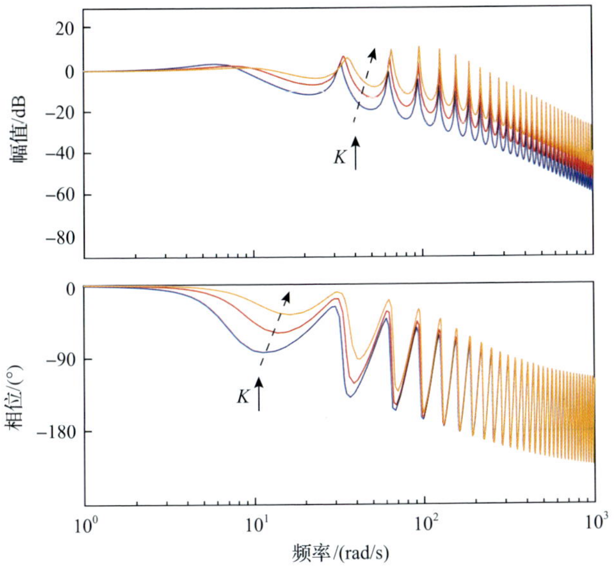

(a) $\hat{D}(s)/D(s)(\xi=0.2, \mu=0.005, K=[10,20,40])$

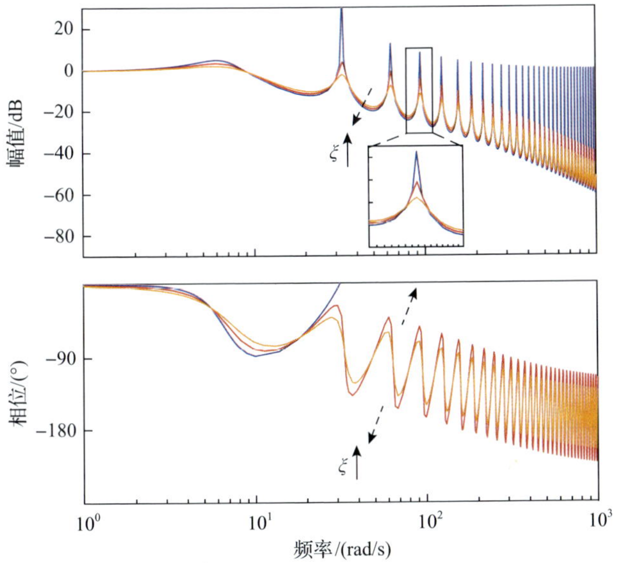

(b) $\hat{D}(s)/D(s)(K=20, \mu=0.005, \xi=[0,0.2,0.4])$

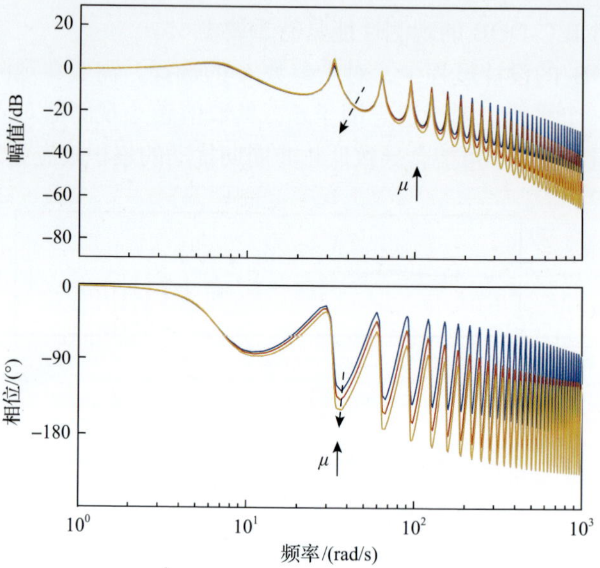

(c) $\hat{D}(s)/D(s)(K=20, \xi=0.2, \mu=[0.001,0.005,0.01])$

图 4.13　不同参数取值下 ILC-DOB 的频率特性曲线

致迭代学习算法不收敛。综合考虑迭代误差收敛的条件，通常 ξ 取值 0.2 左右。在永磁同步电机的速度控制回路中，参数 μ 通常取值为速度回路闭环带宽的 5～10 倍。

4.2.3　仿真实例

搭建永磁同步电机控制系统仿真模型，验证基于迭代学习控制的扰动观测器的有效性。电流控制器采用传统的 PI 控制器。为了对基于迭代学习控制的扰动观测器的扰动估计和补偿性能进行评估，选择传统线性扩张状态观测器(linear ESO)和高增益扰动观测器(high-gain DOB)与基于迭代学习控制的扰动观测器(ILC-DOB)进行对比分析。上述观测器的参数设置为 $K=50$，$\xi=0.2$，传统线性扩张观测器的带宽设置为 100。

加入扰动补偿的反馈控制律表达式如下：

$$i_{q\text{ref}}=\left[\dot{\omega}_m^*+K_p\left(\omega_m^*-\hat{\omega}_j\right)-\hat{d}_j\right]\Big/b_0 \tag{4.22}$$

式中，ω_m^* 和 $i_{q\text{ref}}$ 分别为速度参考指令和 q 轴电流参考指令；$b_0=K_t/J_0$，K_t 为转矩系数，J_0 为转动惯量的标称值；$K_p=500$ 为比例增益；$\hat{\omega}_j$、$\hat{d}_j$ 为观测器的估计值。

1. 不同扰动观测器对脉动转矩估计结果对比

给定 100r/min 的速度参考指令，并在负载转矩端施加脉动转矩干扰。干扰转矩为 $T_D=\sin\left(\omega_e t\right)+0.1\sin\left(2\omega_e t\right)+0.1\sin\left(6\omega_e t\right)$ (单位 N·m)，模拟脉动转矩。

图 4.14 给出了在恒定转速条件下传统线性扩张状态观测器、高增益扰动观测器以及基于迭代学习控制的扰动观测器对系统扰动信号的观测结果。

由图 4.14 可以看出，高增益扰动观测器和线性扩张状态观测器均能够快速地估计出低频的未知扰动，但是对于高频扰动，观测结果总是存在一定的观测误差和相位滞后。而基于迭代学习控制的扰动观测器在经过几个周期的迭代学习后，能够以更高的精度跟踪高频的未知扰动，稳态观测误差和相位滞后均更小。

2. 基于不同观测器的扰动补偿效果

图 4.15 给出了基于上述三种不同类型扰动观测器进行在线扰动补偿后，系统的速度稳态响应结果及其 FFT 分析结果。可以看出，使用基于迭代学习控制的扰动观测器的扰动补偿后，系统的速度稳态响应波纹最小，总谐波失真最低。

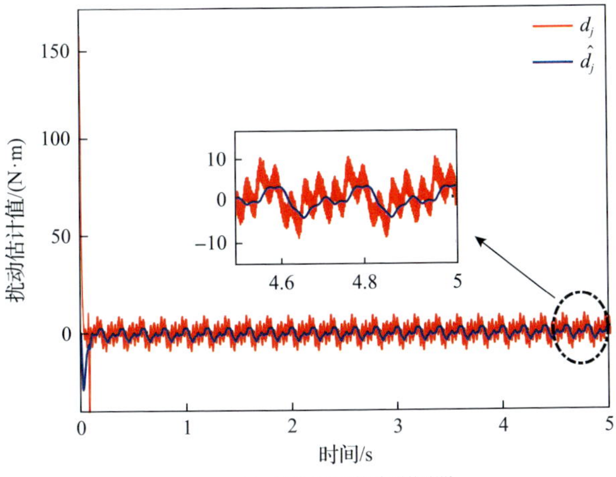

(a) 线性扩张状态观测器

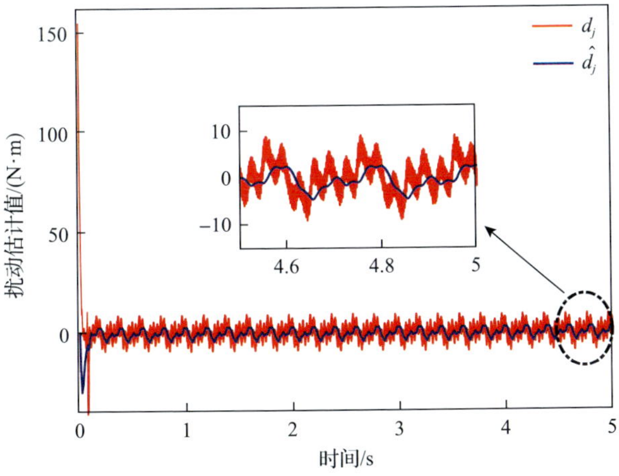

(b) 高增益扰动观测器

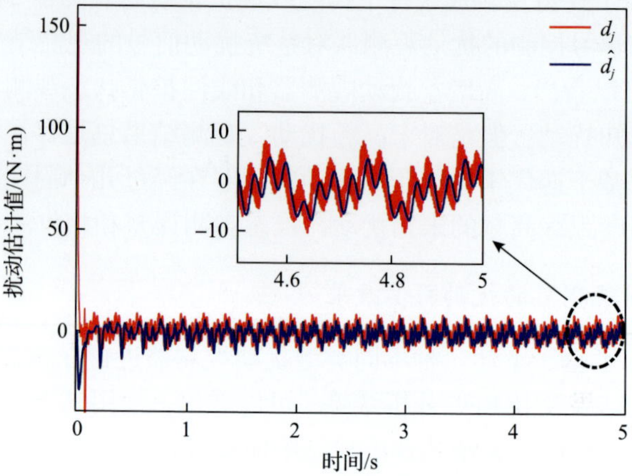

(c) 基于迭代学习控制的扰动观测器

图 4.14　三种扰动观测器的观测结果

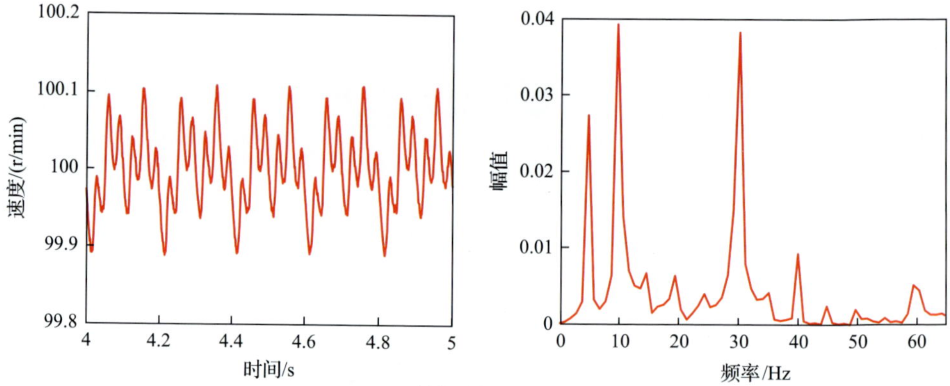

(a) 高增益扰动观测器

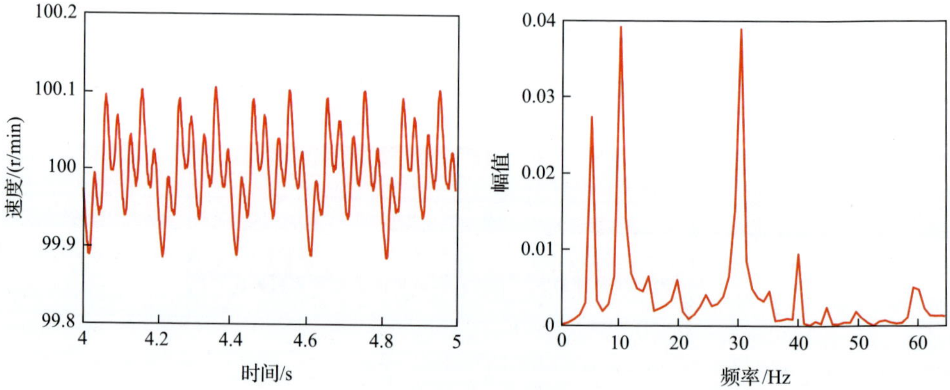

(b) 线性扩张状态观测器

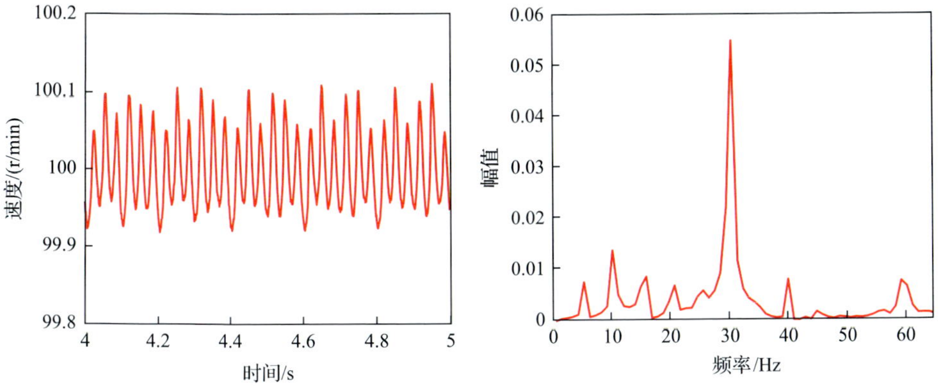

(c) 基于迭代学习控制的扰动观测器

图 4.15 速度稳态响应及 FFT 分析结果

4.3 基于固定时间切换的广义扩张状态观测器

4.3.1 基于固定时间切换的广义扩张状态观测器设计

基于固定时间切换的广义扩张状态观测器是一种采用固定时间控制理论和线性/非线性切换控制策略的改进扩张状态观测器。基于固定时间切换的广义扩张状态观测器，采用固定时间控制理论使观测器的观测误差能够在与观测器初始条件无关的固定时间内收敛到稳态，加快观测器的收敛速度，改善观测器的动态性能；采用线性/非线性切换的控制策略抑制非线性的固定时间观测器引起的高频抖振，减小观测器的稳态波动，改善观测器的稳态性能。

为了更清楚地介绍固定时间切换的扩张状态观测器设计过程，首先对记法做如下说明。

记法 4.1 $\mathbb{R}_+=\{x\in\mathbb{R}\mid x\geqslant 0\}$，$\mathbb{R}_+^*=\{x\in\mathbb{R}\mid x>0\}$。

记法 4.2 $\operatorname{sgn}^\alpha(x)\overset{\text{def}}{=\!=}\operatorname{sign}(x)|x|^\alpha$。

记法 4.3 $\operatorname{fe}(\vartheta,\gamma,x)=\begin{cases}\operatorname{sgn}^\vartheta(x), & 0\leqslant|x|\leqslant 1\\ \operatorname{sgn}^\gamma(x), & |x|>1\end{cases}$，其中 $x\in\mathbb{R}$，$\vartheta,\gamma\in\mathbb{R}_+$。

记法 4.4 $\operatorname{Fe}(\delta,\vartheta,\gamma,x)=\begin{cases}\dfrac{x}{\delta^{1-\vartheta}}, & 0\leqslant|x|<\delta\\ \operatorname{sgn}^\vartheta(x), & \delta\leqslant|x|\leqslant 1\\ \operatorname{sgn}^\gamma(x), & |x|>1\end{cases}$，其中 $x\in\mathbb{R}$，$\vartheta,\gamma\in\mathbb{R}_+$，$\delta\in(0,1)$。

记法 4.5　$\boldsymbol{D}_\lambda^r \stackrel{\text{def}}{=} \text{diag}\left(\lambda^{r_1}, \lambda^{r_2}, \cdots, \lambda^{r_n}\right)$，$\boldsymbol{r} = \begin{bmatrix} r_1 & r_2 & \cdots & r_n \end{bmatrix}^{\mathrm{T}}$，$r_i \in \mathbb{R}_+ (i = 1, 2, \cdots, n)$，$\lambda \in \mathbb{R}_+$。

记法 4.6　$\Delta_{\omega_0} \stackrel{\text{def}}{=} \text{diag}\left(1, \dfrac{1}{\omega_0}, \cdots, \dfrac{1}{\omega_0^{n-1}}\right)$，$\omega_0 \geqslant 1$。

记法 4.7　$\lambda_{\min}(\boldsymbol{S})$ 表示 $\boldsymbol{S}$ 的最小特征值，$\boldsymbol{S}_{i,j}$ 表示矩阵 $\boldsymbol{S}$ 的第 i 行第 j 列的值。

定义 4.1[7]　一个函数 $V: \mathbb{R}^n \to \mathbb{R}$，如果对于所有的 $\boldsymbol{x} \in \mathbb{R}^n$ 和 $\lambda > 0$ 有 $V\left(\boldsymbol{D}_\lambda^r \boldsymbol{x}\right) = \lambda^d V(\boldsymbol{x})$，那么它满足关于权重向量 $\boldsymbol{r}$ 齐次度为 d 的齐次性。一个向量场 $\boldsymbol{f}: \mathbb{R}^n \to \mathbb{R}^n$ 如果满足对于所有的 $0 \leqslant i \leqslant n$，都有第 i 个组成部分 f_i 满足关于 r_i 齐次度为 $r_i + d$ 的齐次性，那么该向量场满足关于权重向量 $\boldsymbol{r}$ 齐次度为 d 的齐次性。如果向量场 $\boldsymbol{f}$ 满足齐次度为 d 的齐次性，那么动态系统 $\dot{\boldsymbol{x}} = \boldsymbol{f}(\boldsymbol{x})$ 满足齐次度为 d 的齐次性。

令 $\boldsymbol{f}: \mathbb{R}_+ \times \mathbb{R}^n \to \mathbb{R}^n$ 是一个连续的向量场，满足 $\boldsymbol{f}(0,0) = 0$。考虑如下系统：

$$\begin{cases} \dot{\boldsymbol{x}}(t) = \boldsymbol{f}(t, \boldsymbol{x}(t)) \\ \boldsymbol{x}(0) = \boldsymbol{x}_0 \end{cases} \tag{4.23}$$

定义 4.2[8]　如果系统(4.23)是全局渐近稳定并且任意解 $\boldsymbol{x}(t)$ 从 $\boldsymbol{x}_0$ 开始在某一有限时刻达到平衡点 $\boldsymbol{x} = 0$，即对于所有的 $t \geqslant T\left(\boldsymbol{x}_0\right)$（$T: \mathbb{R}^n \to \mathbb{R}_+$ 称为调节时间函数），有 $\boldsymbol{x}(t) = 0$，那么系统(4.23)全局有限时间稳定。此外，如果调节时间函数 $T\left(\boldsymbol{x}_0\right)$ 存在上界 $T_{\max} > 0$，即对于所有的 $\boldsymbol{x}_0 \in \mathbb{R}^n$，有 $T\left(\boldsymbol{x}_0\right) \leqslant T_{\max}$，那么系统(4.23)全局固定时间稳定。

定义 4.3[9]　对于一个连续函数 $\phi(\boldsymbol{x}): \mathbb{R}^n \to \mathbb{R}$，如果它的 p（$p = 0$ 或 ∞）极限近似函数 $\phi_p(\boldsymbol{x}): \mathbb{R}^n \to \mathbb{R}$ 是连续的且不等于零，并且对于每一个紧集 $C \in \mathbb{R}^n \setminus \{0\}$ 和 $\varepsilon_p > 0$，都存在 λ_p 满足 $\max\limits_{\boldsymbol{x} \in C}\left|\phi\left(D_\lambda^{r_0} \boldsymbol{x}\right) / \lambda^{d_0} - \phi_0(\boldsymbol{x})\right| \leqslant \varepsilon_0$ 且 $\lambda \in \left(0, \lambda_0\right]$ 和 $\max\limits_{\boldsymbol{x} \in C}\left|\phi\left(D_\lambda^{r_\infty} \boldsymbol{x}\right) / \lambda^{d_\infty} - \phi_\infty(\boldsymbol{x})\right| \leqslant \varepsilon_\infty$ 且 $\lambda \in \left[\lambda_\infty, \infty\right)$，那么函数 $\phi(\boldsymbol{x})$ 关于 $\left(\boldsymbol{r}_p, d_p, \phi_p\right)$ 是 p 极限齐次的，其中 $\boldsymbol{r}_p \in \left(\mathbb{R}_+^*\right)^n$ 为权重向量，$d_p \in \mathbb{R}_+$ 为齐次度。

定义 4.4[9]　一个向量场 $\boldsymbol{f}: \mathbb{R}^n \to \mathbb{R}^n$，$\boldsymbol{f}_p$ 是它的 p（$p = 0$ 或 ∞）极限近似向量场，如果对于所有的 $0 \leqslant i \leqslant n$ 和 $d_p + r_{p,i} \geqslant 0$，都有第 i 个组成部分 $\boldsymbol{f}_i$ 关于 $\left(\boldsymbol{r}_p, d_p + r_{p,i}, f_{p,i}\right)$ 是 p 极限齐次的，那么向量场 $\boldsymbol{f}$ 关于 $\left(\boldsymbol{r}_p, d_p, \boldsymbol{f}_p\right)$ 是 p 极限齐次的，其中 $\boldsymbol{r}_p \in \left(\mathbb{R}_+^*\right)^n$ 为权重向量，$d_p \in \mathbb{R}$ 为齐次度。

定义 4.5[9] 如果一个向量场既是 0 极限齐次的又是∞极限齐次的，那么称这个向量场为双极限齐次的。

永磁同步电机系统在工作过程中，会受到外部负载转矩和模型参数不确定性扰动的影响。由于工作环境和负载的变化，其转动惯量、黏性摩擦系数和永磁体磁链可能会发生改变，进而引起模型参数的不确定性。考虑模型参数变化和外部扰动力矩的影响，永磁同步电机的动力学方程可表达如下：

$$(J_0+\Delta J)\dot{\omega}_m=(K_{t0}+\Delta K_t)i_q-(B_0+\Delta B)\omega_m-T_D \tag{4.24}$$

式中，J_0、K_{t0}、B_0 为模型参数的标称值；$\Delta J=J-J_0$、$\Delta K_t=K_t-K_{t0}$、$\Delta B=B-B_0$ 为模型参数的摄动值。

进一步，采用状态空间模型描述永磁同步电机动力学方程，表达如下：

$$\begin{cases}\dot{x}_1=d+b_0u\\ y=x_1\end{cases} \tag{4.25}$$

式中，$x_1=\omega_m$ 为系统的状态变量；$u=i_{q\text{ref}}$ 为系统速度环输出的控制量；$y=\omega_m$ 为系统输出；$b_0=K_{t0}/J_0$；$d=\left(\Delta K_t i_q-B\omega_m-T_L-\Delta J\dot{\omega}_m\right)/J_0$ 为系统的总扰动。

针对系统(4.25)设计固定时间切换的广义扩张状态观测器。首先，将系统(4.25)扩展为 n 个状态的形式，表达如下：

$$\begin{cases}\dot{\boldsymbol{x}}=\boldsymbol{A}\boldsymbol{x}+\boldsymbol{B}_0u+\boldsymbol{D}d^{(n-1)}\\ y=\boldsymbol{C}\boldsymbol{x}\end{cases} \tag{4.26}$$

式中，$\boldsymbol{x}=\begin{bmatrix}x_1\\x_2\\x_3\\\vdots\\x_n\end{bmatrix}=\begin{bmatrix}\omega_m\\d\\\dot{d}\\\vdots\\d^{(n-2)}\end{bmatrix}$；$\boldsymbol{A}=\begin{bmatrix}0&1&0&\cdots&0&0\\0&0&1&\cdots&0&0\\\vdots&\vdots&\vdots&&\vdots&0\\0&0&0&\cdots&0&1\\0&0&0&\cdots&0&0\end{bmatrix}$；$\boldsymbol{B}_0=\begin{bmatrix}b_0\\0\\0\\\vdots\\0\end{bmatrix}$；$\boldsymbol{D}=\begin{bmatrix}0\\0\\\vdots\\0\\1\end{bmatrix}$；

$\boldsymbol{C}=\begin{bmatrix}1\\0\\0\\\vdots\\0\end{bmatrix}^{\mathrm{T}}$。

假设扰动 d 的 $n-1$ 阶导数存在且有界，满足 $|d^{(n-1)}|\leqslant d_{\max}^{(n-1)}$ 且 $d_{\max}^{(n-1)}$ 为其上界。固定时间广义扩张状态观测器可设计如下：

$$
\begin{cases}
\dot{\hat{x}}_1 = \hat{x}_2 + b_0 u + k_1\omega_0 \mathrm{fe}(\vartheta_1, \gamma_1, \hat{e}_1) \\
\dot{\hat{x}}_2 = \hat{x}_3 + k_2\omega_0^2 \mathrm{fe}(\vartheta_2, \gamma_2, \hat{e}_1) \\
\dot{\hat{x}}_3 = \hat{x}_4 + k_3\omega_0^3 \mathrm{fe}(\vartheta_3, \gamma_3, \hat{e}_1) \\
\quad\vdots \\
\dot{\hat{x}}_n = k_n\omega_0^n \mathrm{fe}(\vartheta_n, \gamma_n, \hat{e}_1)
\end{cases}
\tag{4.27}
$$

式中，$\hat{\boldsymbol{x}}=\begin{bmatrix}\hat{x}_1 & \hat{x}_2 & \cdots & \hat{x}_n\end{bmatrix}^{\mathrm{T}}$ 为状态向量 $\boldsymbol{x}$ 的估计值；$\hat{e}_1 = x_1 - \hat{x}_1$；$0<\vartheta_i<1$，$\gamma_i>1$，$i=1,2,\cdots,n$；$\omega_0 \geqslant 1$ 为与观测器带宽有关的正常数。

观测器增益向量 $\boldsymbol{K}=\begin{bmatrix}k_1 & k_2 & \cdots & k_n\end{bmatrix}^{\mathrm{T}}$ 的表达式如下：

$$
\boldsymbol{K}=\boldsymbol{S}^{-1}\boldsymbol{C}^{\mathrm{T}} \tag{4.28}
$$

式中，$\boldsymbol{S}$ 为黎卡提方程 $\boldsymbol{S}+\boldsymbol{A}^{\mathrm{T}}\boldsymbol{S}+\boldsymbol{SA}-\boldsymbol{C}^{\mathrm{T}}\boldsymbol{C}=0$ 的解[10]。

可得，估计误差的微分方程表达如下：

$$
\dot{\hat{\boldsymbol{e}}}=\boldsymbol{A}\hat{\boldsymbol{e}}-\boldsymbol{F}\left(\omega_0,\boldsymbol{K},\vartheta,\gamma,\hat{e}_1\right)+\boldsymbol{D}d^{(n-1)} \tag{4.29}
$$

式中，$\hat{\boldsymbol{e}}=\begin{bmatrix}\hat{e}_1 & \hat{e}_2 & \cdots & \hat{e}_n\end{bmatrix}^{\mathrm{T}}$，$\hat{e}_i = x_i-\hat{x}_i (i=1,2,\cdots,n)$ 为估计误差；$\boldsymbol{F}\left(\omega_0,\boldsymbol{K},\vartheta,\gamma,\hat{e}_1\right)$ 为由 $F_i\left(\omega_0,k_i,\vartheta_i,\gamma_i,\hat{e}_1\right)=k_i\omega_0^i\mathrm{fe}\left(\vartheta_i,\gamma_i,\hat{e}_1\right)$ 构成的向量。

4.3.2　观测器固定时间收敛特性分析

定义如下李雅普诺夫函数：

$$
V(\hat{\boldsymbol{e}})=\hat{\boldsymbol{e}}^{\mathrm{T}}\boldsymbol{S}\hat{\boldsymbol{e}},\quad \hat{\boldsymbol{e}}\in\mathbb{R}^n \tag{4.30}
$$

在观测器的设计过程中，为了实现估计误差在固定时间内收敛，引入一个双极限齐次的修正项 $\boldsymbol{F}\left(\omega_0,\boldsymbol{K},\vartheta,\gamma,\hat{e}_1\right)$。因此，当 $d=0$ 时，式(4.29)在 0 或 ∞ 极限的近似系统与下列系统的行为密切相关：

$$
\dot{\hat{\boldsymbol{e}}}=\boldsymbol{A}\hat{\boldsymbol{e}}-\boldsymbol{F}_0\left(\boldsymbol{K},\alpha,\hat{e}_1\right) \tag{4.31}
$$

式中，$\boldsymbol{F}_0\left(\boldsymbol{K},\alpha,\hat{e}_1\right)$ 为由 $\boldsymbol{F}_{0i}\left(k_i,\alpha_i,\hat{e}_1\right)=k_i\,\mathrm{sgn}^{\alpha_i}\left(\hat{e}_1\right)$ 构成的向量，$\boldsymbol{K}$ 根据式(4.28)选择，$\alpha_i = i\alpha-(i-1),\ \alpha\in(1-1/n,+\infty)$。

可以看出，向量场(4.31)满足关于权重向量 $\boldsymbol{r}(\alpha)=\begin{bmatrix}r_1 & r_2 & \cdots & r_n\end{bmatrix}^{\mathrm{T}}$，$r_i=(i-1)\alpha-(i-2)$ 齐次度为 $\alpha-1$ 的齐次性。因此，能够根据如下引理构建系统(4.31)的齐次李雅普诺夫函数。

引理 4.1[8]　存在 $\varepsilon>0$，对于所有的 $\alpha\in(1-\varepsilon,1+\varepsilon)$，系统(4.31)是渐近稳定的。

此外，对于系统(4.31)，存在一个齐次李雅普诺夫函数，满足关于权重向量 $\boldsymbol{r}(\alpha)$ 齐次度为 2 的齐次性，且它的一级集恰好是线性情况下二次李雅普诺夫函数的一级集 $\varXi \stackrel{\text{def}}{=} \left\{\hat{\boldsymbol{e}} \in \mathbb{R}^n \mid \hat{\boldsymbol{e}}^{\mathrm{T}} \boldsymbol{S} \hat{\boldsymbol{e}} = 1\right\}$，表达如下：

$$W_\alpha\left(D_\lambda^{\boldsymbol{r}(\alpha)} \tilde{z}\right) = \lambda^2 W_\alpha(\tilde{z}) = \lambda^2 V(\tilde{z}) \tag{4.32}$$

式中，$\lambda > 0$；$\tilde{z} \in \varXi$。

同时，李雅普诺夫函数沿系统(4.31)解的导数满足如下不等式：

$$\dot{W}_\alpha(\hat{\boldsymbol{e}}) = \left\langle \frac{\mathrm{d}W_\alpha(\hat{\boldsymbol{e}})}{\mathrm{d}\hat{\boldsymbol{e}}}, \boldsymbol{f}_\alpha(\hat{\boldsymbol{e}}) \right\rangle \leqslant -\frac{3}{4}\left(W_\alpha(\hat{\boldsymbol{e}})\right)^{\frac{1+\alpha}{2}} \tag{4.33}$$

式中，$\boldsymbol{f}_\alpha(\hat{\boldsymbol{e}}) = \boldsymbol{A}\hat{\boldsymbol{e}} - \boldsymbol{F}_0\left(\boldsymbol{K}, \alpha, \hat{e}_1\right)$。

利用引理 4.1 中定义的齐次李雅普诺夫函数结构构建系统(4.29)的李雅普诺夫函数，可以分别建立两个齐次李雅普诺夫函数(每个近似一个)：在 0 和∞极限分别定义为 $W_\vartheta\left(\vartheta < 1\right)$ 和 $W_\gamma\left(\gamma > 1\right)$。当 $\omega_0 = 1$ 时，$\boldsymbol{F}\left(\omega_0, \boldsymbol{K}, \vartheta, \gamma, \hat{e}_1\right)$ 在 0 和∞极限的近似函数分别为 $\boldsymbol{F}_0\left(\boldsymbol{K}, \vartheta, \hat{e}_1\right)$ 和 $\boldsymbol{F}_0\left(\boldsymbol{K}, \gamma, \hat{e}_1\right)$，并且要得到固定时间的估计误差收敛。因此，修正项的指数 ϑ_i、γ_i 和它们的权重向量 $\boldsymbol{r}(\vartheta)$、$\boldsymbol{r}(\gamma)$ 应该根据引理 4.1 选择为如下形式：

$$\begin{cases} \vartheta_i = i\vartheta - (i-1), & \vartheta \in (1 - 1/n, 1) \\ \gamma_i = i\gamma - (i-1), & \gamma \in (1, +\infty) \\ r_i(\vartheta) = (i-1)\vartheta - (i-2) \\ r_i(\gamma) = (i-1)\gamma - (i-2) \end{cases}, \quad i = 1, 2, \cdots, n \tag{4.34}$$

定义如下两个集合：

$$\begin{cases} \varXi_0 \stackrel{\text{def}}{=} \left\{D_\lambda^{\boldsymbol{r}(\vartheta)} \tilde{z} \mid \lambda \in \left(0, 1\right], \tilde{z} \in \varXi\right\} \stackrel{\text{def}}{=} \left\{\hat{\boldsymbol{e}} \in \mathbb{R}^n \mid \hat{\boldsymbol{e}}^{\mathrm{T}} \boldsymbol{S} \hat{\boldsymbol{e}} \leqslant 1\right\} \\ \varXi_\infty \stackrel{\text{def}}{=} \left\{D_\lambda^{\boldsymbol{r}(\gamma)} \tilde{z} \mid \lambda \in \left(1, \infty\right), \tilde{z} \in \varXi\right\} \stackrel{\text{def}}{=} \left\{\hat{\boldsymbol{e}} \in \mathbb{R}^n \mid \hat{\boldsymbol{e}}^{\mathrm{T}} \boldsymbol{S} \hat{\boldsymbol{e}} > 1\right\} \end{cases} \tag{4.35}$$

那么，式(4.29)的齐次李雅普诺夫函数可定义如下：

$$W_{\vartheta,\gamma}(\hat{\boldsymbol{e}}) = \begin{cases} W_\vartheta(\hat{\boldsymbol{e}}), & \hat{\boldsymbol{e}} \in \varXi_0 \\ W_\gamma(\hat{\boldsymbol{e}}), & \hat{\boldsymbol{e}} \in \varXi_\infty \end{cases} \tag{4.36}$$

基于引理 4.1 和式(4.36)中定义的齐次李雅普诺夫函数，可以得到如下定理。

定理 4.2　如果扩张状态观测器设计为式(4.27)，观测器修正项增益向量和指数分别选择为式(4.28)和式(4.34)的形式，正常数ω_0满足$\omega_0 > \max\left\{\left(4d_{\max}^{(n-1)}\sqrt{S_{n,n}}\right)^{1/n}, 1\right\}$，那么存在$\varepsilon_1 > 0$，对于所有的$\vartheta \in (1-\varepsilon_1, 1)$，$\gamma \in (1, 1+\varepsilon_1)$，估计误差$\hat{e}_i$能够独立于初始状态在固定时间内收敛到平衡点或平衡点的小邻域内。

证明　定义$\bar{\boldsymbol{e}} = \varDelta_{\omega_0}\hat{\boldsymbol{e}}$，估计误差微分方程可以改写如下：

$$\dot{\bar{\boldsymbol{e}}} = \omega_0\left(\boldsymbol{A}\bar{\boldsymbol{e}} - \boldsymbol{F}\left(1, \boldsymbol{K}, \vartheta, \gamma, \hat{e}_1\right)\right) + \varDelta_{\omega_0}\boldsymbol{D}d^{(n-1)} \tag{4.37}$$

对于式(4.37)，有引理4.2和引理4.3成立。

引理4.2　存在$\varepsilon_1 \in (0, \varepsilon)$使如下不等式成立：

$$\left\langle \frac{\mathrm{d}W_{\vartheta,\gamma}(\bar{\boldsymbol{e}})}{\mathrm{d}\bar{\boldsymbol{e}}}, A\bar{\boldsymbol{e}} - \boldsymbol{F}\left(1, \boldsymbol{K}, \vartheta, \gamma, \hat{e}_1\right)\right\rangle \leqslant -\frac{1}{2}\mathrm{fe}\left(\frac{1+\vartheta}{2}, \frac{1+\gamma}{2}, W_{\vartheta,\gamma}(\bar{\boldsymbol{e}})\right) \tag{4.38}$$

式中，$\bar{\boldsymbol{e}} \in \mathbb{R}^n$；$\vartheta \in (1-\varepsilon_1, 1)$；$\gamma \in (1, 1+\varepsilon_1)$。

证明　式(4.38)等效于下列两个不等式：

$$\begin{cases} \left\langle \dfrac{\mathrm{d}W_{\vartheta}(\bar{\boldsymbol{e}})}{\mathrm{d}\bar{\boldsymbol{e}}}, A\bar{\boldsymbol{e}} - \boldsymbol{F}\left(1, \boldsymbol{K}, \vartheta, \gamma, \hat{e}_1\right)\right\rangle \leqslant -\dfrac{1}{2}W_{\vartheta}(\bar{\boldsymbol{e}})^{\frac{1+\vartheta}{2}}, & \bar{\boldsymbol{e}} \in \varXi_0 \\ \left\langle \dfrac{\mathrm{d}W_{\gamma}(\bar{\boldsymbol{e}})}{\mathrm{d}\bar{\boldsymbol{e}}}, A\bar{\boldsymbol{e}} - \boldsymbol{F}\left(1, \boldsymbol{K}, \vartheta, \gamma, \hat{e}_1\right)\right\rangle \leqslant -\dfrac{1}{2}W_{\gamma}(\bar{\boldsymbol{e}})^{\frac{1+\gamma}{2}}, & \bar{\boldsymbol{e}} \in \varXi_\infty \end{cases} \tag{4.39}$$

$\bar{\boldsymbol{e}} \in \varXi_0$和$\bar{\boldsymbol{e}} \in \varXi_\infty$两种情况的证明方法基本相同，这里只对$\bar{\boldsymbol{e}} \in \varXi_0$的情况进行讨论。根据引理4.1，对于$\forall\bar{\boldsymbol{e}} \in \varXi_0$，可以得到如下表达式：

$$\begin{aligned} &\left\langle \frac{\mathrm{d}W_{\vartheta}(\bar{\boldsymbol{e}})}{\mathrm{d}\bar{\boldsymbol{e}}}, A\hat{\boldsymbol{e}} - \boldsymbol{F}\left(1, \boldsymbol{K}, \vartheta, \gamma, \hat{e}_1\right)\right\rangle \\ &= \left\langle \frac{\mathrm{d}W_{\vartheta}(\bar{\boldsymbol{e}})}{\mathrm{d}\bar{\boldsymbol{e}}}, A\bar{\boldsymbol{e}} - \boldsymbol{F}_0\left(\boldsymbol{K}, \vartheta, \hat{e}_1\right)\right\rangle + \left\langle \frac{\mathrm{d}W_{\vartheta}(\bar{\boldsymbol{e}})}{\mathrm{d}\bar{\boldsymbol{e}}}, \boldsymbol{F}_0\left(\boldsymbol{K}, \vartheta, \hat{e}_1\right) - \boldsymbol{F}\left(1, \boldsymbol{K}, \vartheta, \gamma, \hat{e}_1\right)\right\rangle \\ &\leqslant -\frac{3}{4}W_{\vartheta}(\bar{\boldsymbol{e}})^{\frac{1+\vartheta}{2}} + \left\langle \frac{\mathrm{d}W_{\vartheta}(\bar{\boldsymbol{e}})}{\mathrm{d}\bar{\boldsymbol{e}}}, \boldsymbol{F}_0\left(\boldsymbol{K}, \vartheta, \hat{e}_1\right) - \boldsymbol{F}\left(1, \boldsymbol{K}, \vartheta, \gamma, \hat{e}_1\right)\right\rangle \end{aligned} \tag{4.40}$$

定义$\bar{\boldsymbol{e}} = D_\lambda^{\boldsymbol{r}(\vartheta)}\tilde{\boldsymbol{z}}$，$\tilde{\boldsymbol{z}} \in \varXi$，$\lambda \in (0, 1]$，由引理4.1可得

$$\left\langle \frac{\mathrm{d}W_{\vartheta}(\bar{\boldsymbol{e}})}{\mathrm{d}\bar{\boldsymbol{e}}}, \boldsymbol{F}_0\left(\boldsymbol{K}, \vartheta, \hat{e}_1\right) - \boldsymbol{F}\left(1, \boldsymbol{K}, \vartheta, \gamma, \hat{e}_1\right)\right\rangle = 2\lambda^{1+\vartheta}\tilde{\boldsymbol{z}}^{\mathrm{T}}\boldsymbol{S}\boldsymbol{\psi} \tag{4.41}$$

式中，$\boldsymbol{\psi} = [\psi_1 \quad \psi_2 \quad \cdots \quad \psi_n]^{\mathrm{T}}$，$\psi_i = k_i\left(\dfrac{\mathrm{sgn}^{\vartheta_i}(\lambda\tilde{z}_1) - \mathrm{fe}(\vartheta_i, \gamma_i, \lambda\tilde{z}_1)}{\lambda^{\vartheta_i}}\right)(i = 1, 2, \cdots, n)$。

根据定义 4.3，当$\vartheta,\gamma\to 0$时，在任意的紧集上函数$\mathrm{fe}\left(\vartheta_i,\gamma_i,\lambda\tilde{z}_1\right)$一致收敛于$\mathrm{sgn}^{\vartheta_i}\left(\lambda\tilde{z}_1\right)$。然后，根据文献[8]中引理 4，存在$\varepsilon_1\in(0,\varepsilon)$，对于$\forall\vartheta\in(1-\varepsilon_1,1)$，$\forall\gamma\in(1,1+\varepsilon_1)$，$\tilde{\boldsymbol{z}}\in\boldsymbol{\varXi}$，$\lambda\in(0,1]$，有如下表达式成立：

$$\tilde{\boldsymbol{z}}^{\mathrm{T}}\boldsymbol{S}\boldsymbol{\psi}\leqslant\frac{1}{16} \tag{4.42}$$

可得对于$\forall\overline{\boldsymbol{e}}\in\varXi_0,\forall\vartheta\in\left(1-\varepsilon_1,1\right)$，有如下表达式成立：

$$\begin{aligned}\left\langle\frac{\mathrm{d}W_\vartheta(\overline{\boldsymbol{e}})}{\mathrm{d}\overline{\boldsymbol{e}}},A\overline{\boldsymbol{e}}-\boldsymbol{F}\left(1,\boldsymbol{K},\vartheta,\gamma,\hat{e}_1\right)\right\rangle&\leqslant-\frac{3}{4}\left(W_\vartheta(\overline{\boldsymbol{e}})\right)^{\frac{1+\vartheta}{2}}+\frac{1}{8}\lambda^{1+\vartheta}\\&\leqslant-\frac{3}{4}\left(W_\vartheta(\overline{\boldsymbol{e}})\right)^{\frac{1+\vartheta}{2}}+\frac{1}{8}\left(\lambda^2W_\vartheta(\tilde{z})\right)^{\frac{1+\vartheta}{2}}\\&\leqslant-\frac{1}{2}\left(W_\vartheta(\overline{\boldsymbol{e}})\right)^{\frac{1+\vartheta}{2}}\end{aligned} \tag{4.43}$$

引理 4.3　存在$M>0$，使如下不等式成立：

$$\left\langle\frac{\mathrm{d}W_{\vartheta,\gamma}(\overline{\boldsymbol{e}})}{\mathrm{d}\overline{\boldsymbol{e}}},\varDelta_{\omega_0}\boldsymbol{D}d^{(n-1)}\right\rangle\leqslant M\sqrt{W_{\vartheta,\gamma}(\overline{\boldsymbol{e}})} \tag{4.44}$$

式中，$\overline{\boldsymbol{e}}\in\mathbb{R}^n$；$\vartheta\in\left(1-\varepsilon_1,1\right)$；$\gamma\in\left(1,1+\varepsilon_1\right)$。

证明　式(4.44)等效于下列两个不等式：

$$\begin{cases}\left\langle\dfrac{\mathrm{d}W_\vartheta(\overline{\boldsymbol{e}})}{\mathrm{d}\overline{\boldsymbol{e}}},\varDelta_{\omega_0}\boldsymbol{D}d^{(n-1)}\right\rangle\leqslant M\sqrt{W_\vartheta(\overline{\boldsymbol{e}})}, & \overline{\boldsymbol{e}}\in\varXi_0\\ \left\langle\dfrac{\mathrm{d}W_\gamma(\overline{\boldsymbol{e}})}{\mathrm{d}\overline{\boldsymbol{e}}},\varDelta_{\omega_0}\boldsymbol{D}d^{(n-1)}\right\rangle\leqslant M\sqrt{W_\gamma(\overline{\boldsymbol{e}})}, & \overline{\boldsymbol{e}}\in\varXi_\infty\end{cases} \tag{4.45}$$

$\overline{\boldsymbol{e}}\in\varXi_0$和$\overline{\boldsymbol{e}}\in\varXi_\infty$两种情况的证明方法基本相同，这里仍只对$\overline{\boldsymbol{e}}\in\varXi_0$的情况进行讨论。定义$\overline{\boldsymbol{e}}=D_\lambda^{\boldsymbol{r}(\vartheta)}\tilde{\boldsymbol{z}}$，$\tilde{\boldsymbol{z}}\in\varXi$，$\lambda\in(0,1]$，根据引理 4.1 可得

$$\left\langle\frac{\mathrm{d}W_{\vartheta,\gamma}(\overline{\boldsymbol{e}})}{\mathrm{d}\overline{\boldsymbol{e}}},\varDelta_{\omega_0}\boldsymbol{D}d^{(n-1)}\right\rangle=\frac{2\lambda^{2-r_n(\vartheta)}}{\omega_0^{n-1}}\tilde{\boldsymbol{z}}^{\mathrm{T}}\boldsymbol{S}\begin{bmatrix}0&\cdots&0&d^{(n-1)}\end{bmatrix}^{\mathrm{T}} \tag{4.46}$$

利用 Schwartz(施瓦茨)不等式，可得

$$\left|\tilde{\boldsymbol{z}}^{\mathrm{T}}\boldsymbol{S}\begin{bmatrix}0&\cdots&0&d^{(n-1)}\end{bmatrix}^{\mathrm{T}}\right|\leqslant d_{\max}^{(n-1)}\sqrt{S_{n,n}\tilde{\boldsymbol{z}}^{\mathrm{T}}\boldsymbol{S}\tilde{\boldsymbol{z}}} \tag{4.47}$$

结合式(4.46)和式(4.47)可得

$$\left\langle \frac{\mathrm{d}W_{\vartheta,\gamma}(\overline{\boldsymbol{e}})}{\mathrm{d}\overline{\boldsymbol{e}}}, \Delta_{\omega_0}\boldsymbol{D}d^{(n-1)} \right\rangle \leqslant M\sqrt{W_{\vartheta}(\overline{\boldsymbol{e}})} \tag{4.48}$$

式中，$M=\dfrac{2d_{\max}^{(n-1)}\sqrt{S_{n,n}}}{\omega_0^{n-1}}$。

根据引理 4.2 和引理 4.3，可以得到存在 $\varepsilon_1>0$，对于所有的 $\overline{\boldsymbol{e}}\in\mathbb{R}^n$，$\vartheta\in(1-\varepsilon_1,1)$，$\gamma\in(1,1+\varepsilon_1)$，$\omega_0\geqslant 0$，有如下表达式成立：

$$\dot{W}_{\vartheta,\gamma}(\overline{\boldsymbol{e}})\leqslant -\frac{\omega_0}{2}\mathrm{fe}\left(\frac{1+\vartheta}{2},\frac{1+\gamma}{2},W_{\vartheta,\gamma}(\overline{\boldsymbol{e}})\right)+M\sqrt{W_{\vartheta,\gamma}(\overline{\boldsymbol{e}})} \tag{4.49}$$

当 $d^{(n-1)}=0$ 时，不等式(4.49)可表示如下：

$$\begin{cases}\dot{W}_{\vartheta,\gamma}(\overline{\boldsymbol{e}})\leqslant -\dfrac{\omega_0}{2}\left(W_{\vartheta,\gamma}(\overline{\boldsymbol{e}})\right)^{\frac{1+\vartheta}{2}}, & \overline{\boldsymbol{e}}\in\varXi_0\\ \dot{W}_{\vartheta,\gamma}(\overline{\boldsymbol{e}})\leqslant -\dfrac{\omega_0}{2}\left(W_{\vartheta,\gamma}(\overline{\boldsymbol{e}})\right)^{\frac{1+\gamma}{2}}, & \overline{\boldsymbol{e}}\in\varXi_\infty\end{cases} \tag{4.50}$$

由不等式(4.50)可知，当 $\overline{\boldsymbol{e}}(0)\in\varXi_\infty$ 时，$W_{\vartheta,\gamma}(\overline{\boldsymbol{e}})$ 能够在固定时间 $\tau_1=4/[\omega_0(\gamma-1)]$ 内收敛到 $\overline{\boldsymbol{e}}\in\varXi_0$，并在固定时间 $\tau_2=4/[\omega_0(1-\vartheta)]$ 内收敛到平衡点。因此，$W_{\vartheta,\gamma}(\overline{\boldsymbol{e}})$ 能够独立于初始估计误差在固定时间 $\tau_1+\tau_2$ 内收敛到平衡点。

当 $d^{(n-1)}\neq 0$ 时，根据文献[11]中的引理 5，存在独立于初始条件的正常数 ζ 和 τ_3，对于所有的 $t\geqslant\tau_3$，有如下表达式成立：

$$W_{\vartheta,\gamma}(\overline{\boldsymbol{e}})\leqslant D_1\exp\left(-\zeta\left(t-\tau_3\right)\right)+D_2 \tag{4.51}$$

式中，$D_1=1-D_2$；$D_2=\left(\dfrac{2M}{\omega_0}\right)^{\frac{2}{\vartheta}}$；$\zeta=\left|\max\left\{-\dfrac{M\vartheta}{2}\left(\dfrac{\omega_0}{2M}\right)^{\vartheta},\dfrac{M-\omega_0/2}{1-\left(2M/\omega_0\right)^{2/\vartheta}}\right\}\right|$；$\tau_3=4/\left[(\gamma-1)(\omega_0-2M)\right]$。

由不等式(4.51)，可得

$$\begin{cases}|\hat{e}_i|=\omega_0^{i-1}|\overline{e}_i|\leqslant\omega_0^{i-1}\|\overline{\boldsymbol{e}}\|<U_i\\ U_i=\sqrt{\left[\omega_0^{2(i-1)/r_n(\vartheta)}D_1\exp\left(-\zeta\left(t-T_3\right)\right)+\omega_0^{2(i-1)/r_n(\vartheta)-2n/\vartheta}\left(4d_{\max}^{(n-1)}\sqrt{S_{n,n}}\right)^{2/\vartheta}\right]^{r_n(\vartheta)}\Big/\lambda_{\min}(S)}\\ i=1,2,\cdots,n\end{cases} \tag{4.52}$$

上述推导表明，观测器估计误差能够在独立于初始状态的固定时间内收敛到平衡点的一个小邻域内。理论上，可以通过增大 ω_0 的值使该邻域无限小。证毕。

为了使上述固定时间广义扩张状态观测器在估计误差较小时能够抑制非线性修正项引起的观测器高频抖振，引入线性/非线性自动切换控制策略，设计基于固定时间切换的广义扩张状态观测器。根据观测器的固定时间收敛特性，对于所有的 $\delta \in (0,1)$，存在独立于初始状态的时间 τ_4，使得估计误差 $\hat{e}_1$ 在 $t \geqslant \tau_4$ 时收敛到 $|\hat{e}_1| \leqslant \delta$ 的范围内。

以 $|\hat{e}_1| = \delta$ 作为修正项非线性和线性的切换点，设计固定时间切换的广义扩张状态观测器：

$$\begin{cases} \dot{\hat{x}}_1 = \hat{x}_2 + b_0 u + k_1 \omega_0 \mathrm{Fe}(\delta, \vartheta_1, \gamma_1, \hat{e}_1) \\ \dot{\hat{x}}_2 = \hat{x}_3 + k_2 \omega_0^2 \mathrm{Fe}(\delta, \vartheta_2, \gamma_2, \hat{e}_1) \\ \dot{\hat{x}}_3 = \hat{x}_4 + k_3 \omega_0^3 \mathrm{Fe}(\delta, \vartheta_3, \gamma_3, \hat{e}_1) \\ \quad \vdots \\ \dot{\hat{x}}_n = k_n \omega_0^n \mathrm{Fe}(\delta, \vartheta_n, \gamma_n, \hat{e}_1) \end{cases} \tag{4.53}$$

当 $|\hat{e}_1| > \delta$ 时，固定时间切换的广义扩张状态观测器为式(4.27)所示的固定时间收敛的非线性观测器。固定时间切换的广义扩张状态观测器能够独立于初始状态在固定时间内使估计误差 $\hat{\boldsymbol{e}}$ 收敛。当 $|\hat{e}_1| \leqslant \delta$ 时，固定时间切换的广义扩张状态观测器切换为线性观测器，有效抑制非线性观测器引起的高频抖振。

当固定时间切换的广义扩张状态观测器切换为线性观测器后，对 $|\hat{e}_1| \leqslant \delta$ 时估计误差 $\hat{\boldsymbol{e}}$ 的收敛性进行分析。观测器估计误差方程表达如下：

$$\dot{\hat{\boldsymbol{e}}} = (\boldsymbol{A} - \boldsymbol{LC})\hat{\boldsymbol{e}} + \boldsymbol{D} d^{(n-1)} \tag{4.54}$$

式中，$\boldsymbol{L} = [\beta_1 \quad \beta_2 \quad \cdots \quad \beta_n]^{\mathrm{T}} = \left[k_1 \dfrac{\omega_0}{\delta^{1-\vartheta}} \quad k_2 \left(\dfrac{\omega_0}{\delta^{1-\vartheta}} \right)^2 \quad \cdots \quad k_n \left(\dfrac{\omega_0}{\delta^{1-\vartheta}} \right)^n \right]^{\mathrm{T}}$。

观测器增益 $\boldsymbol{K}$ 选择如下：

$$k_i = \frac{n!}{i!(n-i)!}, \quad i = 1, 2, \cdots, n \tag{4.55}$$

矩阵 $\boldsymbol{A} - \boldsymbol{LC}$ 为赫尔维茨矩阵，其特征值均为负实数 $-\omega_0 / \delta^{1-\vartheta}$。因此，如果 $d^{(n-1)} = 0$，那么 $\hat{\boldsymbol{e}}$ 是渐近收敛的；如果 $d^{(n-1)} \neq 0$ 但有界，那么 $\hat{\boldsymbol{e}}$ 是有界输入有界

输出稳定的。因此，估计误差 $\hat{e}$ 是全局收敛的。

固定时间切换的广义扩张状态观测器在估计误差 $\hat{e}_1$ 收敛到 $|\hat{e}_1| \leqslant \delta$ 后，将修正项的非线性结构改为线性结构，可有效抑制估计误差较小时非线性修正项引起的观测器高频抖振。由于修正项是在估计误差 $\hat{e}_1$ 收敛到 $|\hat{e}_1| \leqslant \delta$ 后才从非线性切换为线性结构，不影响观测器的固定时间收敛特性。

为了平衡固定时间切换的广义扩张状态观测器的抗扰能力和抗噪能力，观测器的阶次设计为 $n=3$。

永磁同步电机控制系统的基于固定时间切换的广义扩张状态观测器设计如下：

$$
\begin{cases}
\dot{\hat{x}}_1 = \hat{x}_2 + b_0 u + k_1 \omega_0 \mathrm{Fe}(\delta, \vartheta_1, \gamma_1, \hat{e}_1) \\
\dot{\hat{x}}_2 = \hat{x}_3 + k_2 \omega_0^2 \mathrm{Fe}(\delta, \vartheta_2, \gamma_2, \hat{e}_1) \\
\dot{\hat{x}}_3 = k_3 \omega_0^3 \mathrm{Fe}(\delta, \vartheta_3, \gamma_3, \hat{e}_1)
\end{cases}
\tag{4.56}
$$

式中，$k_1=3$；$k_2=3$；$k_3=1$。

基于上述固定时间切换的广义扩张状态观测器，设计速度控制律如下：

$$
u = u_0 - \frac{\hat{x}_2}{b_0} \tag{4.57}
$$

式中，$u_0 = k_p(\omega_{\mathrm{ref}} - \omega_m)$ 为速度误差反馈控制律，k_p 为比例因子。

图 4.16 给出了基于固定时间切换的广义扩张状态观测器的永磁同步电机控制框图。永磁同步电机采用矢量控制方案，电流环采用 PI 控制器，基于固定时间切换的广义扩张状态观测器方法应用于速度环。

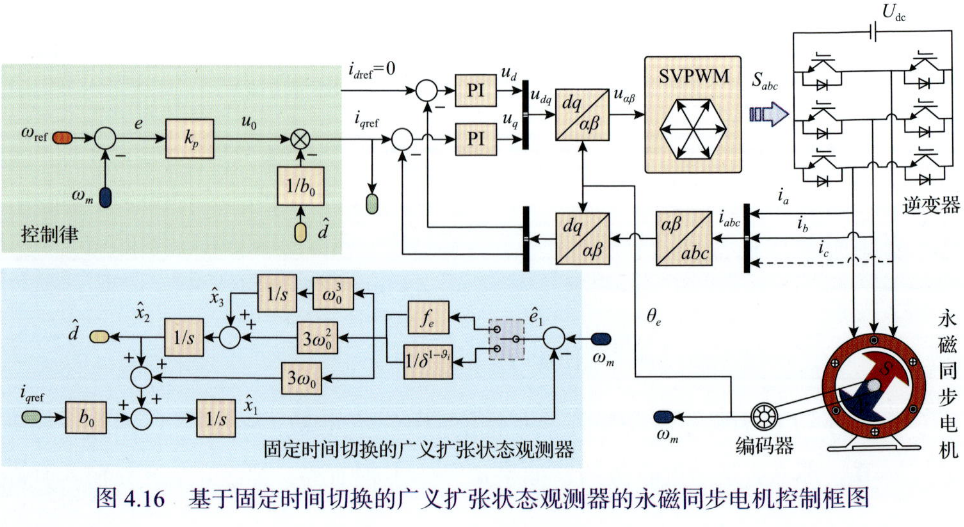

图 4.16　基于固定时间切换的广义扩张状态观测器的永磁同步电机控制框图

4.3.3　实验实例

为了验证基于固定时间切换的广义扩张状态观测器的控制效果，基于如图 4.16 所示的永磁同步电机控制结构，在永磁同步电机实验平台上进行了测试，电机驱动控制硬件结构框图如图 4.17 所示。电流环采样频率为 8kHz，速度环采样频率为 1kHz。电流环 PI 控制器参数为 $k_{pi}=3.4$，$k_{ii}=270$；基于固定时间切换的广义扩张状态观测器的参数为 $\gamma=1.2$，$\vartheta=0.8$，$\omega_0=5$，$\delta=0.1$；速度环误差反馈控制律比例因子为 $k_p=0.52$。

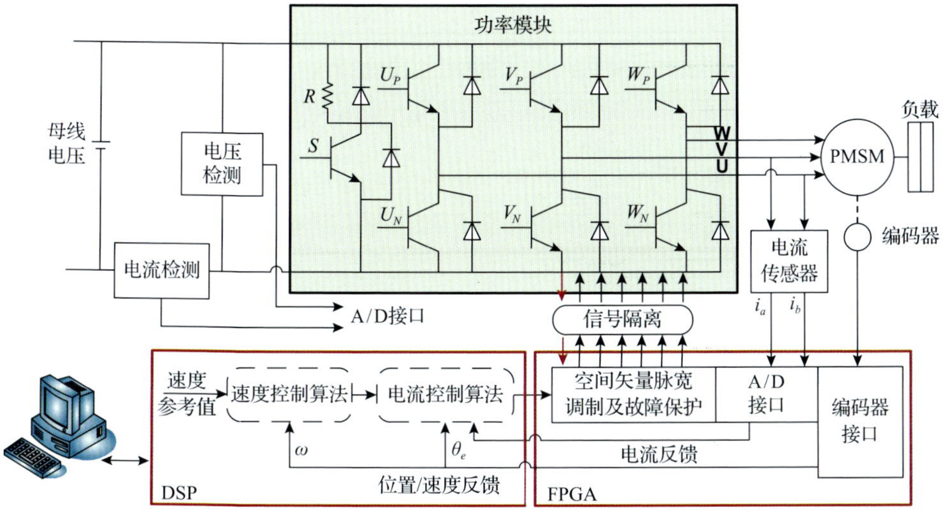

图 4.17　永磁同步电机驱动控制硬件结构框图

1. 不同控制方法速度控制性能对比

给定速度参考指令为 $\omega_{ref}=100$r/min 的阶跃信号，负载扰动转矩为 $T_D=1.5$N·m，分别采用单一 PI 控制、线性广义扩张状态观测器(LGESO)、传统固定时间广义扩张状态观测器(FGESO)以及基于固定时间切换的广义扩张状态观测器(FSGESO)，速度响应结果对比如图 4.18 所示。

由图 4.18 可以看出，采用 PI、LGESO、FGESO 和 FSGESO 方法时，其速度响应超调量分别为 9.3%、6.3%、5.8%和 5.1%，到达 2%误差带的调节时间分别为 1.59s、1s、0.91s 和 0.83s。上述实验结果表明，在跟踪阶跃参考信号时，FSGESO 方法比其他三种控制方法具有更小的超调量和更快的响应速度，所以具有更优的动态响应性能。

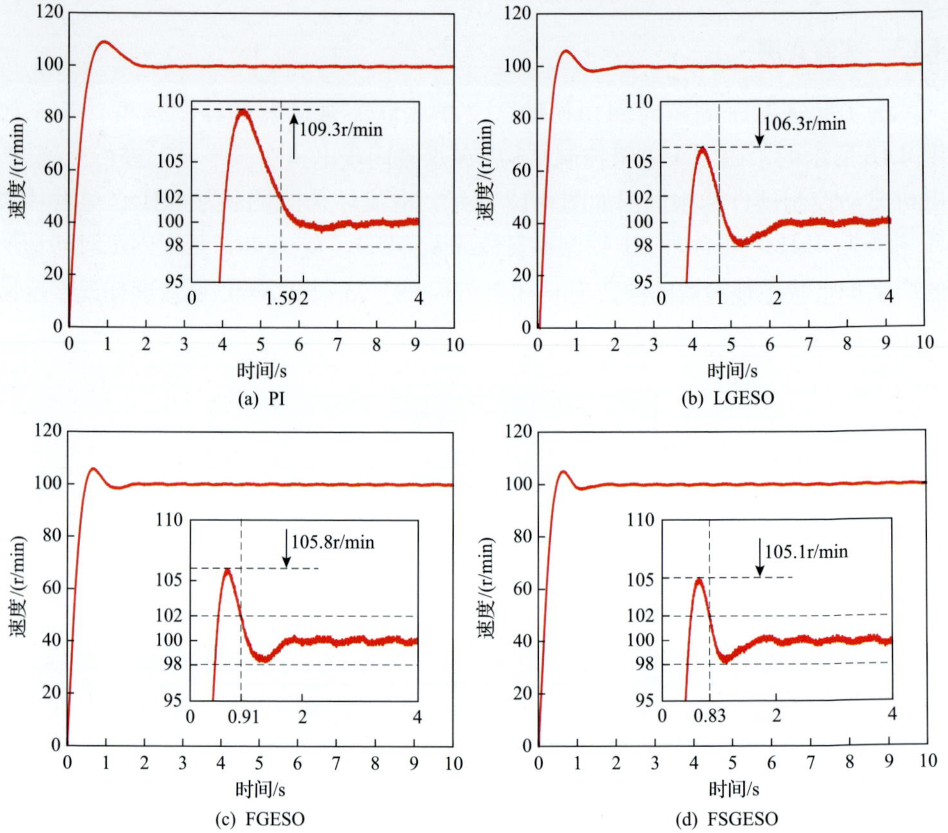

(a) PI (b) LGESO
(c) FGESO (d) FSGESO

图 4.18 速度响应结果对比(阶跃)

给定速度参考指令为 $\omega_{\text{ref}}=60+30\sin(2t)$ (单位 r/min)的正弦信号，负载扰动转矩为 T_D=1.5N·m，分别采用 PI、LGESO、FGESO 和 FSGESO 方法，速度响应结果如图 4.19 所示。由图 4.19 可以看出，FSGESO 和 FGESO 两种方法在跟踪

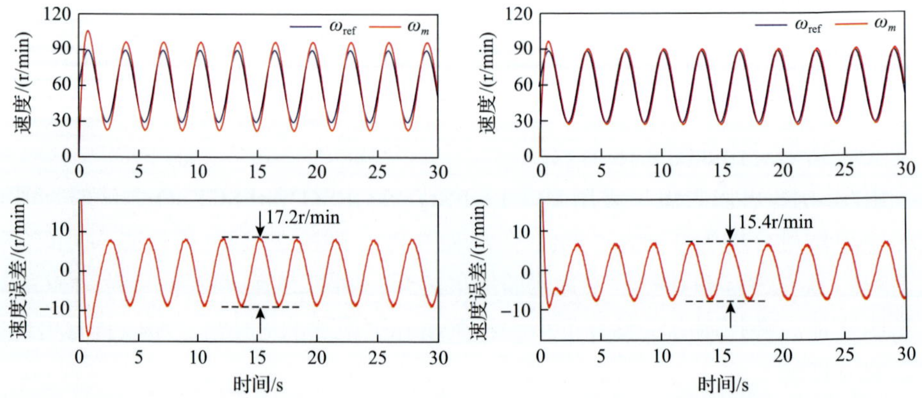

(a) PI (b) LGESO

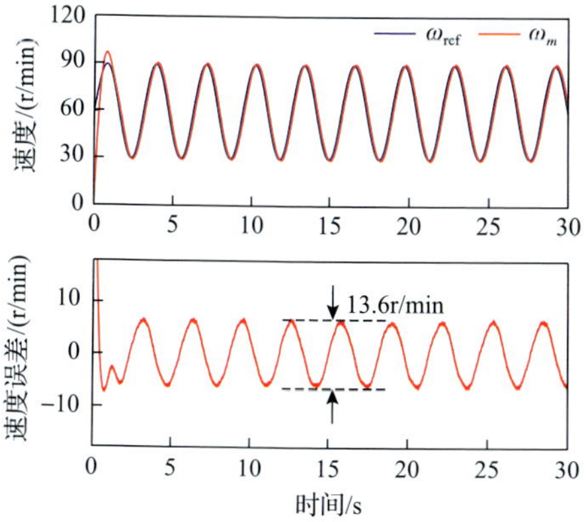

(c) FGESO

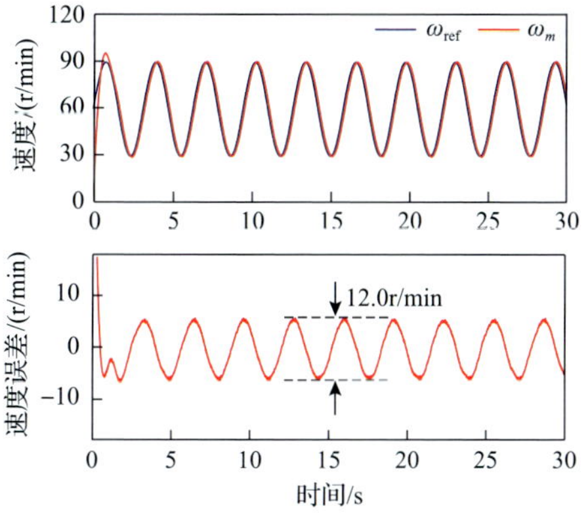

(d) FSGESO

图 4.19 速度响应结果对比(正弦)

正弦速度参考指令时，动态跟踪性能优于 LGESO 和 PI 控制方法。四种控制方法的转速跟踪误差峰峰值分别为 17.2r/min、15.4r/min、13.6r/min 和 12.0r/min，对比可知 FSGESO 方法具有最高的正弦跟踪精度。

2. 不同控制方法扰动抑制能力对比

给定速度参考指令为 $\omega_{ref}=100$r/min 的阶跃信号，负载扰动转矩为 $T_D=0\text{N·m}\to 1.5\text{N·m}\to 0\text{N·m}$，分别采用 PI、LGESO、FGESO 和 FSGESO 方法，速度响应结果对比如图 4.20 所示。

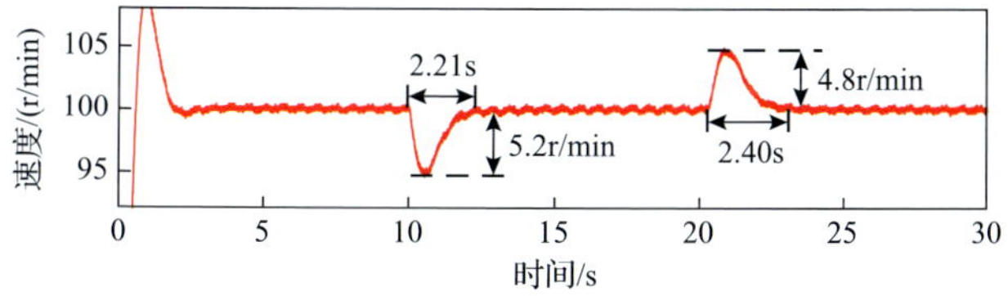

(a) PI

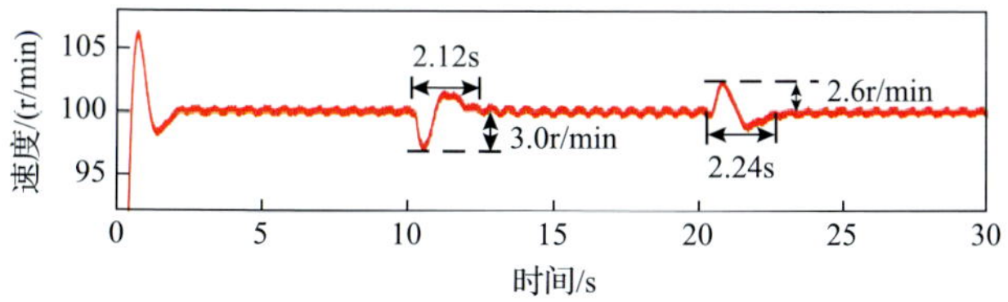

(b) LGESO

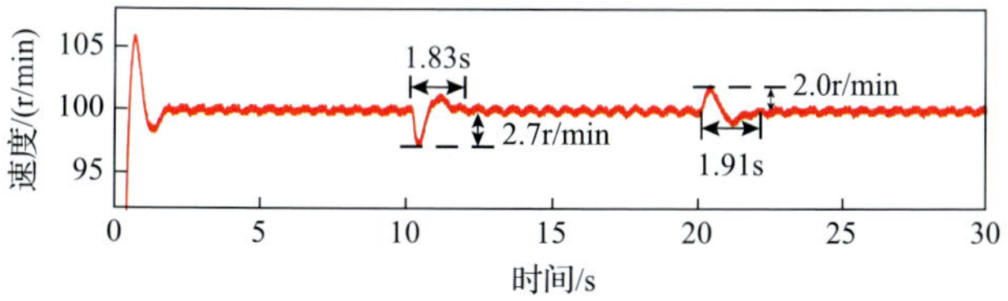

(c) FGESO

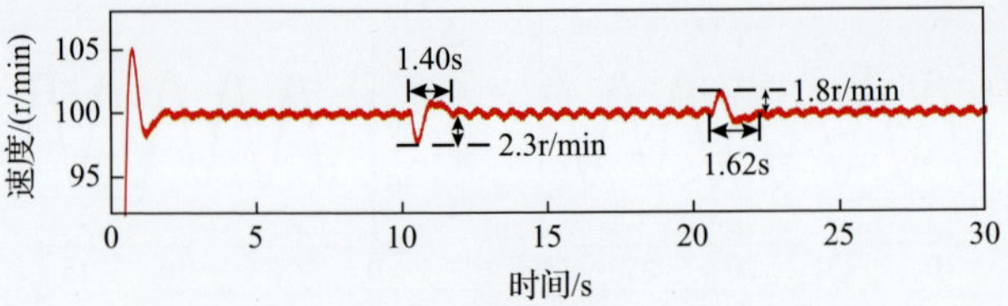

(d) FSGESO

图 4.20　阶跃负载扰动下速度响应曲线

由图 4.20 可知，在 t =10s 时突加负载力矩扰动，采用 PI、LGESO、FGESO 和 FSGESO 方法下的速度波动分别为 5.2r/min、3.0r/min、2.7r/min 和 2.3r/min，速度波动恢复至稳态的调节时间分别为 2.21s、2.12s、1.83s 和 1.40s。在 t =20s 时突减负载力矩扰动，采用 PI、LGESO、FGESO 和 FSGESO 方法下的速度波动分别为 4.8r/min、2.6r/min、2.0r/min 和 1.8r/min，速度波动恢复至稳态的调节时间分别为 2.40s、2.24s、1.91s 和 1.62s。上述实验结果表明，在扰动条件下，相比其他三种控制方法，FSGESO 控制的系统速度响应波动最小、扰动后恢复至稳态的调节时间最短，对阶跃力矩扰动具有更强的鲁棒性。

图 4.21 给出了 FGESO 和 FSGESO 方法对系统扰动信号的估计结果。可以看出，随着负载扰动转矩的阶跃变化，FSGESO 方法的响应速度比 FGESO 方法更快。此外，在整个扰动力矩估计过程中，FSGESO 方法的估计结果稳态波动小于 FGESO 方法。因此，与传统的 FGESO 方法相比，采用线性/非线性切换策略的 FSGESO 方法具有更优的动态扰动观测性能。

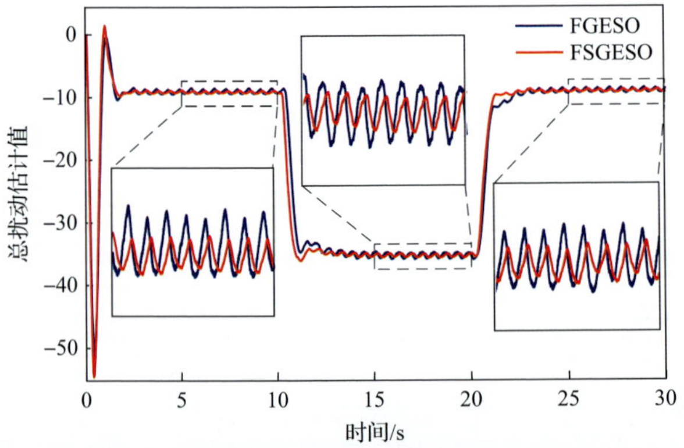

图 4.21　变负载扰动下观测器的扰动估计结果对比

4.4　基于准谐振的级联扩张状态观测器

4.4.1　传统扩张状态观测器分析

永磁同步电机控制系统中的电流环在运行过程中会受到多种周期性和非周期

性扰动的影响，这将导致电流环控制性能变差，系统的电流响应和电压控制量出现畸变[12-14]。因此，有研究人员提出利用观测器对电流环周期性扰动和非周期性扰动进行估计，以实现电流环控制性能的提高。

考虑非周期性和周期性干扰的永磁同步电机电流环表达式如下[15]：

$$\begin{cases}\dfrac{\mathrm{d}i_d}{\mathrm{d}t}=b_0u_d+f_d\\[2mm]\dfrac{\mathrm{d}i_q}{\mathrm{d}t}=b_0u_q+f_q\end{cases}\tag{4.58}$$

式中，f_d、f_q 分别为 d 轴、q 轴电流环的总扰动；$b_0=1/L_{s0}$ 为控制增益。

由式(4.58)可知，含扰动的 d、q 轴的电流控制模型形式是相同的。因此，在后续的设计和分析中，仅以 q 轴为例进行介绍，d 轴可以采用相同的设计和分析方法。

令 $x_1=i_q$，$x_2=f_q$，$u=u_q$，q 轴电流的扩张状态空间模型可表达如下：

$$\begin{cases}\dot{\boldsymbol{x}}(t)=\boldsymbol{Ax}(t)+\boldsymbol{B}u+\boldsymbol{E}\varphi\\ y=\boldsymbol{Cx}\end{cases}\tag{4.59}$$

式中，φ 为扰动 f_q 的一阶导数；$\boldsymbol{x}=\begin{bmatrix}x_1\\x_2\end{bmatrix}$；$\boldsymbol{A}=\begin{bmatrix}0&1\\0&0\end{bmatrix}$；$\boldsymbol{B}=\begin{bmatrix}b_0\\0\end{bmatrix}$；$\boldsymbol{E}=\begin{bmatrix}0\\1\end{bmatrix}$；$\boldsymbol{C}=[1\quad 0]$。

q 轴电流环的传统扩张状态观测器可设计如下：

$$\begin{cases}\dot{\boldsymbol{z}}=\boldsymbol{Az}+\boldsymbol{B}u+\boldsymbol{\beta}(y-\hat{y})\\ \hat{y}=\boldsymbol{Cz}\end{cases}\tag{4.60}$$

式中，$\boldsymbol{z}=\begin{bmatrix}z_1 & z_2\end{bmatrix}^{\mathrm{T}}$ 为状态向量，且是变量 $\boldsymbol{x}$ 的估计值；$\boldsymbol{\beta}=\begin{bmatrix}\beta_1 & \beta_2\end{bmatrix}^{\mathrm{T}}$ 为扩张状态观测器的增益。

根据常规的带宽参数整定策略确定增益参数 β_1 和 β_2 的取值[16]：

$$\beta_i=\frac{2!}{(2-i)!i!}\omega_o^i,\quad i=1,2\tag{4.61}$$

式中，ω_o 为扩张状态观测器的带宽。

观测器的扰动估计值 z_2 到扰动实际值 x_2 的传递函数表达如下：

$$G_{f1}(s)=\frac{Z_2(s)}{X_2(s)}=\frac{\omega_o^2}{(s+\omega_o)^2}\tag{4.62}$$

由此可得传统扩张状态观测器的扰动估计误差传递函数表达如下：

$$G_{e1}(s)=\frac{Z_2(s)-X_2(s)}{X_2(s)}=-\frac{s\left(s+2\omega_o\right)}{\left(s+\omega_o\right)^2} \tag{4.63}$$

假设周期性谐波干扰为 $x_2=H\sin\left(\omega_h t\right)$，它的频域表达式为 $X_2(s)=\frac{H\omega_h}{s^2+\omega_h^2}$，则扰动估计误差在时域上可表达如下：

$$e_1(t)=L^{-1}\left[G_{e1}(s)X_2(s)\right]=-\frac{2H\omega_h\omega_o^3}{\left(\omega_o^2+\omega_h^2\right)^2}\cos\left(\omega_h t\right)-\frac{H\omega_h^2\left(3\omega_o^2+\omega_h^2\right)}{\left(\omega_o^2+\omega_h^2\right)^2}\sin\left(\omega_h t\right) + Hp_e(t)\mathrm{e}^{-\omega_o t} \tag{4.64}$$

式中，$L^{-1}[\cdot]$代表拉普拉斯逆变换；ω_h为谐波频率；$p_e(t)=\frac{\omega_o^2\omega_h\left(2\omega_o+t\right)}{\left(\omega_o^2+\omega_h^2\right)^2}$为一个关于$t$的函数。由式(4.64)可以看出，由于观测器带宽$\omega_o$有限，传统扩张状态观测器对周期性谐波扰动的估计误差无法收敛到零。

传统扩张状态观测器取不同观测带宽ω_o的条件下，传递函数$G_{e1}(s)$和$G_{f1}(s)$的伯德图如图4.22所示。可以看到，增加观测带宽ω_o可以提高观测器对干扰的估计能力，但扰动估计值对噪声会更敏感。因此，观测器带宽ω_o不能取值太大。但是，这一因素也导致传统扩张状态观测器对多种干扰可能会出现估计能力不足的情况。

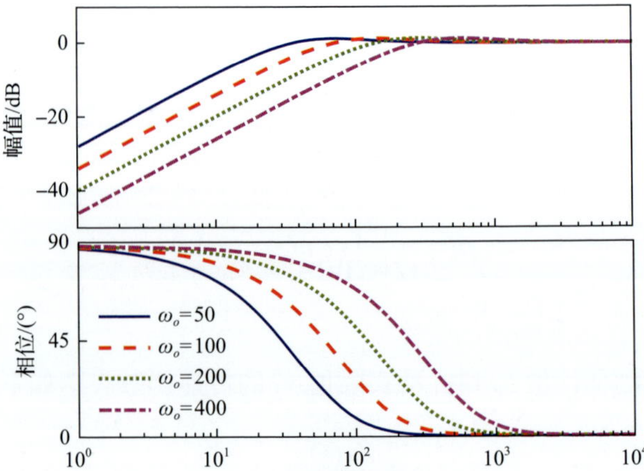

(a) $G_{e1}(s)$

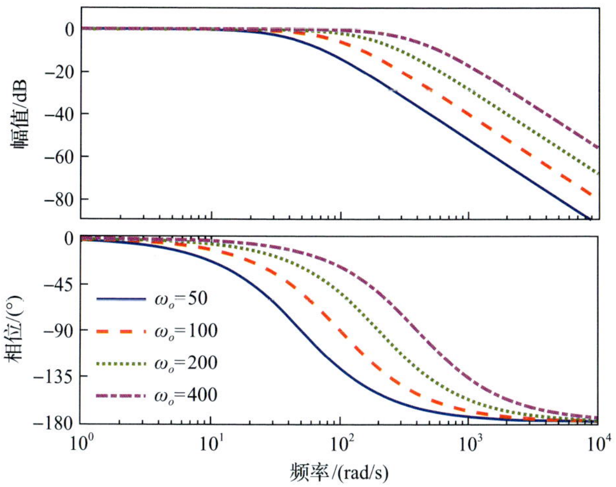

(b) $G_{f1}(s)$

图 4.22　不同观测带宽 ω_o 条件下 $G_{e1}(s)$ 和 $G_{f1}(s)$ 的伯德图

4.4.2　基于准谐振的级联扩张状态观测器设计

针对上述传统扩张状态观测器存在的扰动估计能力不足的问题，为了提高对非周期性扰动的估计能力以更准确地观测周期谐波扰动，本节提出一种具有两个级联层的基于准谐振的级联扩张状态观测器。

第一级联层基于准谐振的级联扩张状态观测器，表达式如下：

$$\begin{cases} e_{11} = z_{11} - x_1 \\ \dot{z}_{11} = b_0 u + z_{12} - \beta_{11} e_{11} \\ \dot{z}_{12} = -\beta_{12} e_{11} \end{cases} \tag{4.65}$$

第二级联层在基于准谐振的级联扩张状态观测器中引入准广义积分器，表达式如下[17]：

$$\begin{cases} e_{21} = z_{21} - x_1 \\ \dot{z}_{21} = b_0 u + z_{12} + z_{22} - \beta_{21} e_{21} \\ \dot{z}_{22} = \beta_{22} \dot{d}_{\mathrm{ac}} - \beta_{22} e_{21} \\ \dot{d}_{\mathrm{ac}} = -2\omega_c d_{\mathrm{ac}} - 2k_r \omega_c e_{21} + m_1 \\ \dot{m}_1 = -\omega_h^2 d_{\mathrm{ac}} \end{cases} \tag{4.66}$$

式中，β_{11}、β_{12}、β_{21} 和 β_{22} 为观测器增益系数；z_{11} 和 z_{21} 分别为两个级联层对 x_1 的观测值；z_{12} 和 z_{22} 分别为两个级联层对扰动 x_2 的部分观测值；d_{ac} 为提取到的电流谐波；m_1 为中间变量；ω_c 为截止频率；k_r 为广义积分器增益；ω_h 为广义积分分频率，一般设置为基频 ω_e 的整数倍。

由式(4.66)可以看到，z_{22}是在z_{12}的基础上对扰动的进一步估计，实现对残余的非周期扰动和谐波扰动的估计。当第二级联层的观测器不发挥作用时，在基于准谐振的级联扩张状态观测器中只有第一级联层的观测器，此时观测器与传统的扩张状态观测器相同。当$k_r=0$时，准广义积分器不能正常工作，此时观测器变成级联扩张状态观测器。在该条件下，z_{22}只能观测部分残余扰动，而无法对电流谐波扰动进行良好的观测和跟踪。当$k_r \neq 0$时，观测器为基于准谐振的级联扩张状态观测器，可以实现对非周期干扰的进一步估计，同时由于准广义积分器被嵌入到第二级联层，观测器能够在不采用高带宽的条件下提高对周期性谐波扰动的观测能力。

定义q轴参考电流为$i_{q\text{ref}}$，电流跟踪误差为$e_q = i_{q\text{ref}} - i_q$，可得如下表达式：

$$\dot{e}_q = \dot{i}_{q\text{ref}} - \dot{i}_q = \dot{i}_{q\text{ref}} - b_0 u_q - f_q \tag{4.67}$$

扰动f_q能够被基于准谐振的级联扩张状态观测器估计，表达式如下：

$$\hat{f}_q = \hat{x}_2 = z_{12} + z_{22} \tag{4.68}$$

由反馈控制理论[18]，可得

$$\dot{e}_q = -k_{pq} e_q \tag{4.69}$$

式中，k_{pq}为q轴电流的闭环控制带宽。

将扰动估计值应用到控制律中，表达式如下：

$$u_{qv} = \left[\dot{i}_{q\text{ref}} + k_{pq}\left(i_{q\text{ref}} - i_q\right) - \left(z_{12} + z_{22}\right) \right] \Big/ b_0 \tag{4.70}$$

基于准谐振的级联扩张状态观测器的电流控制结构框图如图 4.23 所示。

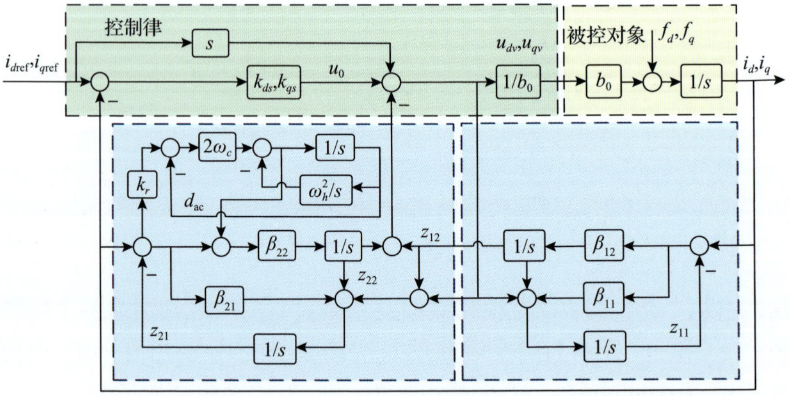

图 4.23　基于准谐振的级联扩张状态观测器的电流控制结构框图

4.4.3　观测器性能分析

首先，对基于准谐振的级联扩张状态观测器的扰动估计性能进行分析。

当 $k_r = 0$ 时，级联扩张状态观测器的传递函数表达如下：

$$G_{f2}(s) = \frac{Z_{12}(s) + Z_{22}(s)}{X_2(s)} = \frac{2\omega_o^2 s^2 + 4\omega_o^3 s + \omega_o^4}{\left(s + \omega_o\right)^4} \tag{4.71}$$

基于式(4.71)，级联扩张状态观测器的扰动估计误差传递函数表达如下：

$$G_{e2}(s) = \frac{Z_{12}(s) + Z_{22}(s) - X_2(s)}{X_2(s)} = -\frac{s^2\left(s + 2\omega_o\right)^2}{\left(s + \omega_o\right)^4} \tag{4.72}$$

当基于准谐振的级联扩张状态观测器正常工作时，其扰动估计误差传递函数，表达如下：

$$G_{e3}(s) = \frac{Z_{12}(s) + Z_{22}(s) - X_2(s)}{X_2(s)} = -\frac{s^2\left(s + 2\omega_o\right)^2}{\varDelta(s)} \tag{4.73}$$

式中，$\varDelta(s)$ 为特征多项式：

$$\varDelta(s) = s^4 + \left(Q(s)\omega_o^2 + 4\omega_o\right)s^3 + \left(2Q(s)\omega_o^3 + 6\omega_o^2\right)s^2 + \left(Q(s)\omega_o^4 + 4\omega_o^3\right)s + \omega_o^4 \tag{4.74}$$

式中，$Q(s) = \dfrac{2k_r\omega_c s}{s^2 + 2\omega_c s + \omega_h^2}$ 为广义积分器的频域表达式[19]。

由式(4.63)传统扩张状态观测器的扰动估计误差传递函数、式(4.72)级联扩张状态观测器的扰动估计误差传递函数和式(4.73)基于准谐振的级联扩张状态观测器的扰动估计误差传递函数可知，若 x_2 是一个常值干扰，则这三种观测器的扰动估计误差均可以收敛至零；若 x_2 是一个斜坡干扰，则传统扩张状态观测器对扰动的估计会存在一个稳态误差，而级联扩张状态观测器和基于准谐振的级联扩张状态观测器均能将扰动估计误差收敛至零；若 $x_2 = H\sin\left(\omega_h t\right)$ 是一个周期性干扰（假设 $H = 1$），则上述三种观测器在不同观测带宽和不同谐波频率下对周期性谐波干扰的扰动估计误差 $\left|G_{e1}\left(\mathrm{j}\omega_h\right)\right|$ 、$\left|G_{e2}\left(\mathrm{j}\omega_h\right)\right|$ 和 $\left|G_{e3}\left(\mathrm{j}\omega_h\right)\right|$ 如图 4.24 所示。

由图 4.24 可以看到，随着观测器带宽 ω_o 的增加和谐波频率 ω_h 的减小，传统扩张状态观测器和级联扩张状态观测器对周期性谐波扰动的估计误差均呈递减趋势，但无法收敛至零。而基于准谐振的级联扩张状态观测器对周期性谐波的估计误差能够快速收敛至零。

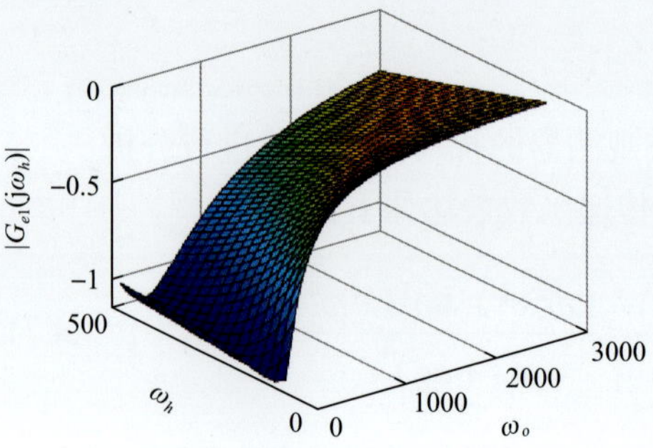

(a) 传统扩张状态观测器

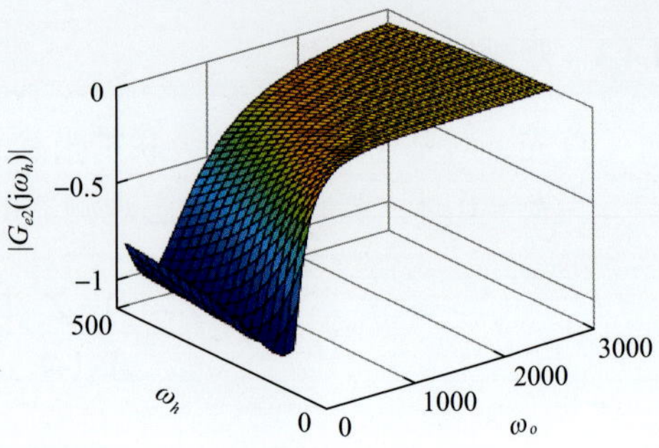

(b) 级联扩张状态观测器

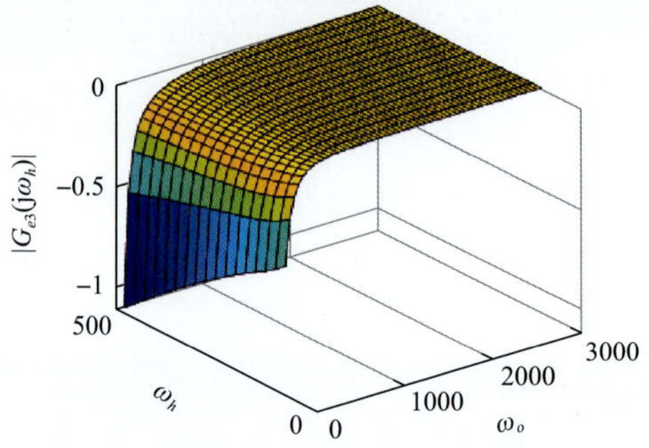

(c) 基于准谐振的级联扩张状态观测器

图 4.24　三种观测器对周期性谐波干扰的估计误差

为了进一步分析观测器参数对扰动估计能力的影响，在参数 ω_o、ω_h、k_r 和 ω_c 取不同数值时，得到传统扩张状态观测器(ESO)、级联扩张状态观测器(CESO)和基于准谐振的级联扩张状态观测器(QGI-CESO)的扰动估计误差传递函数 $G_{e1}(s)$、$G_{e2}(s)$ 和 $G_{e3}(s)$ 伯德图如图 4.25 所示。

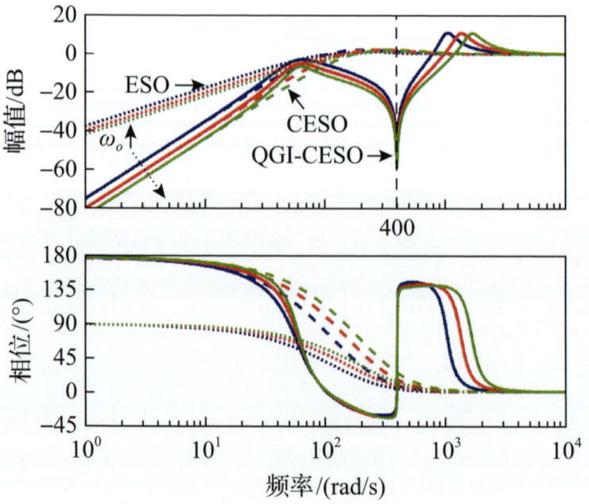

(a) 参数ω_o变化(ω_o=[150, 200, 250]rad/s)

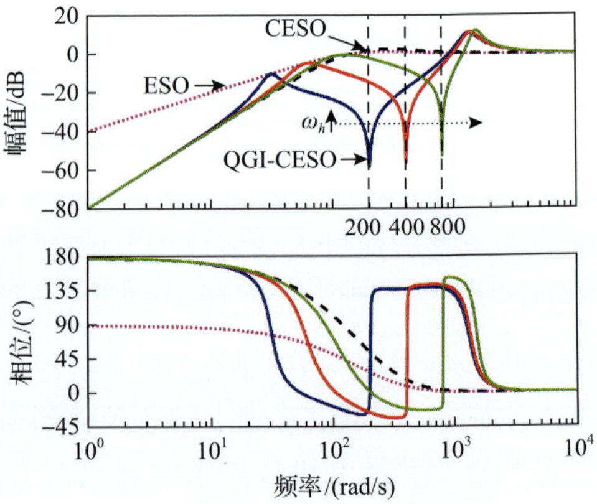

(b) 参数ω_h变化(ω_h=[200, 400, 800]rad/s)

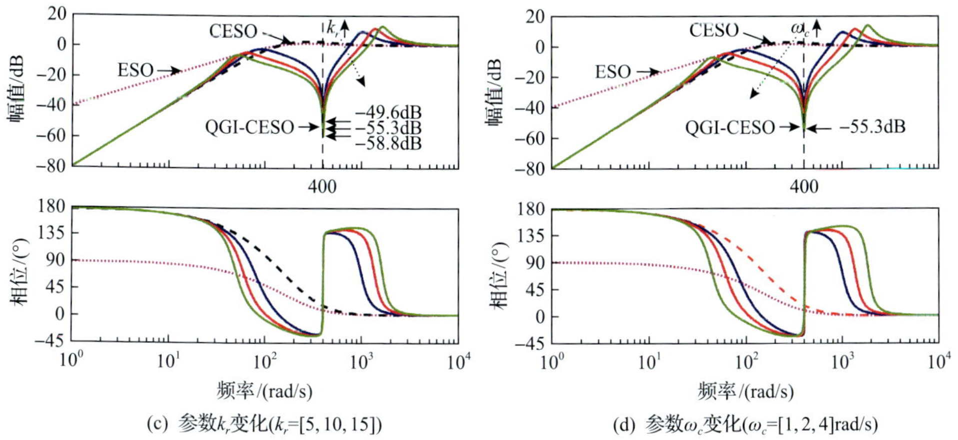

图 4.25　参数变化时 $G_{e1}(s)$ 、$G_{e2}(s)$ 、$G_{e3}(s)$ 伯德图

可以看到，当参数 ω_o 、ω_h 、k_r 和 ω_c 变化时，相比于传统扩张状态观测器，基于级联扩张状态观测器的方法有着更好的低频干扰估计能力，三种观测器的高频特性是基本一致的。此外，基于准谐振的级联扩张状态观测器能够在特定谐波频率处实现幅值衰减以有效地消除谐波干扰。因此，基于准谐振的级联扩张状态观测器对低频非周期性干扰和特定频率的周期性干扰有更好的估计能力，进而可实现更优的扰动抑制能力。

4.4.4　实验实例

为了验证基于准谐振的级联扩张状态观测器的有效性，基于图 4.26 所示的控制结构框图进行实验。由文献[20]～[22]可知，低阶谐波是周期性扰动的主导分量。因此，设计主要针对 6 次和 12 次谐波进行抑制。谐波频率 ω_{h6} 和 ω_{h12} 随电角度变化，分别取值为 $6\omega_e$ 和 $12\omega_e$[23]。此外，考虑到电流谐波在永磁同步电机低速

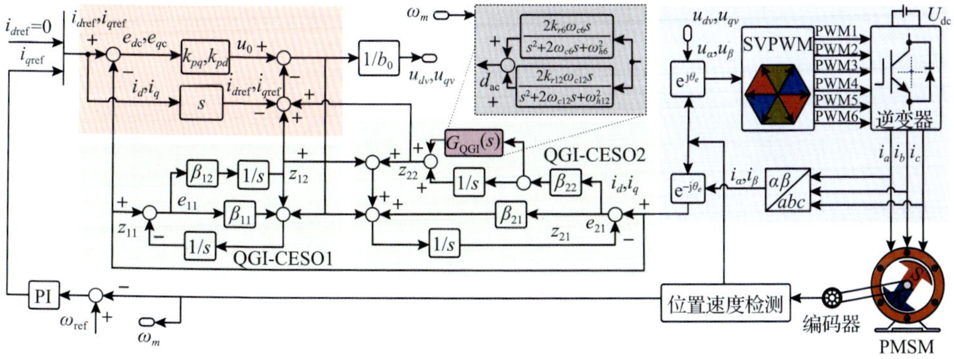

图 4.26　基于准谐振的级联扩张状态观测器的永磁同步电机控制结构框图

运行时的影响更大[24-26]，为了充分验证控制方法的有效性，将速度参考指令设置为 50r/min。

在实验过程中，速度环采用 PI 控制器，电流环分别采用传统的自抗扰控制(ADRC)、基于级联扩张状态观测器的自抗扰控制(CADRC)和基于准谐振级联扩张状态观测器的自抗扰控制(Improved ADRC)方法进行控制性能对比。为了便于对比分析，将上述三种控制方法的参数配置为相等，控制增益 $k_{pq}=k_{pd}=144$，观测器带宽 $\omega_o=120\text{rad/s}$(即 $\beta_{11}=\beta_{21}=240$ 和 $\beta_{12}=\beta_{22}=120^2$)。此外，准谐振部分的控制参数为 $k_{r6}=10$，$k_{r12}=5$，$\omega_{c6}=4$，$\omega_{c12}=2$。

为了更好地对不同控制方法的瞬态和稳态性能进行比较，在 2N·m 负载转矩和额定转矩条件下分别进行了实验，实验结果分别如图 4.27 和图 4.28 所示，图中依次是 d 轴电流、局部放大的 q 轴稳态电流、q 轴电流、局部放大的 A 相电流、A 相电流及 q 轴电流 FFT 分析的结果。

1. 不同负载条件下三种控制方法电流控制性能对比

在 2N·m 负载条件下的实验结果如图 4.27 所示。

由图 4.27(a)可以看出，采用传统的自抗扰控制方法时，d 轴和 q 轴稳态电流存在明显的波动，分别为 0.404A 和 0.333A。q 轴电流的瞬态响应时间为 1.551s。此外，A 相电流中存在明显的畸变，其总谐波失真(THD)为 6.46%，说明其中存在谐波分量。对 q 轴电流的 FFT 分析结果表明，电流中的 6 次和 12 次谐波更为突出。由图 4.27(b)可以看出，与传统的自抗扰控制相比，基于级联扩张状态观测器的自抗扰控制方法可以在一定程度上削弱电流纹波，d 轴和 q 轴的稳态电流波动分别为 0.397A 和 0.311A，q 轴电流的瞬态响应时间更快(为 1.542s)。A 相电流的 THD 也降低为 6.07%，但电流的失真仍然是明显的。对 q 轴电流的 FFT

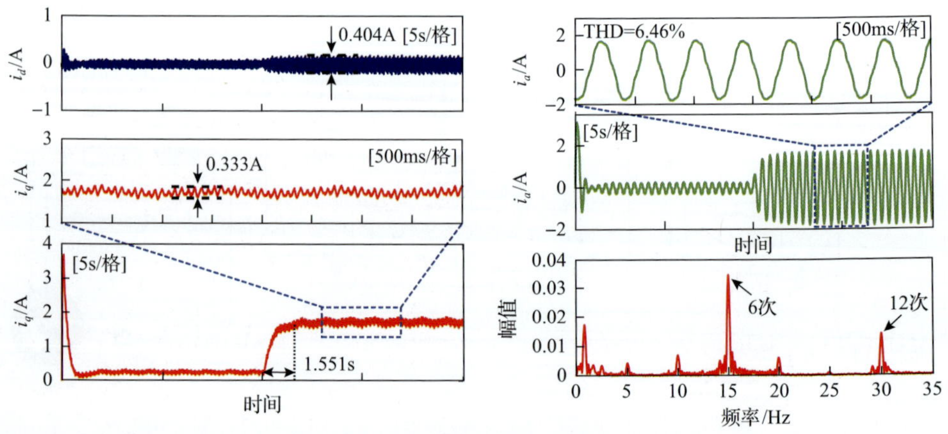

(a) 传统的自抗扰控制

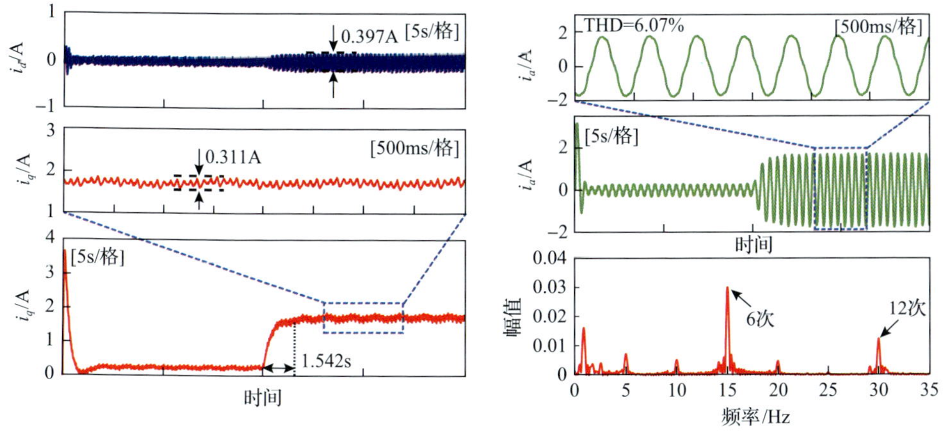

(b) 基于级联扩张状态观测器的自抗扰控制

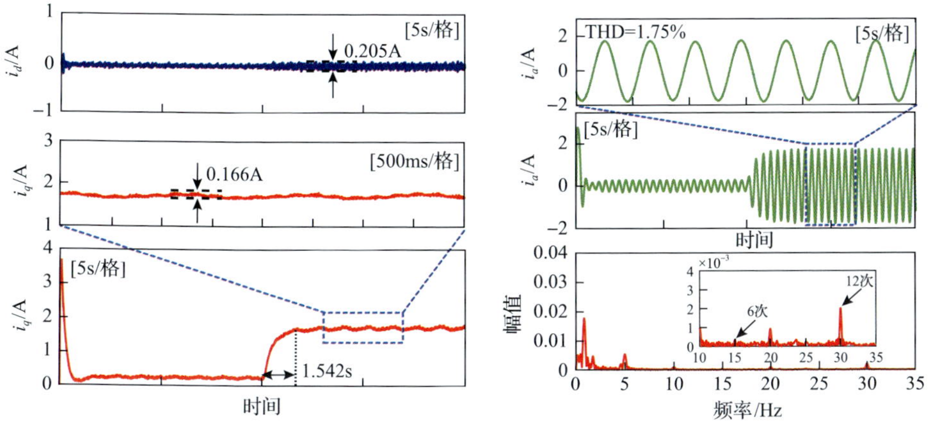

(c) 基于准谐振级联扩张状态观测器的自抗扰控制

图 4.27 不同控制方法的 d、q 轴电流和相电流实验结果(2N·m 负载)

分析结果表明，6 次谐波的幅值从 3.47%减小到 3.02%，12 次谐波的幅值从 1.42%减小到 1.24%。由图 4.27(c)可以看出，基于准谐振级联扩张状态观测器的自抗扰控制方法进一步抑制了周期性扰动，d 轴和 q 轴稳态电流波动分别减小到 0.205A 和 0.166A，q 轴电流的瞬态响应时间与基于级联扩张状态观测器的自抗扰控制相近。此外，A 相电流的 THD 降低到 1.75%，6 次和 12 次谐波的幅值降至最低分别为 0.04%和 0.21%。三种控制方法的电流控制性能对比见表 4.1。上述实验结果表明，在 2N·m 负载条件下，相比于其他两种控制方法，基于准谐振级联扩张状态观测器的自抗扰控制方法有着更平滑的 d、q 轴电流，以及更小的谐波幅值和 THD，获得了最优的电流控制性能。

表 4.1　三种控制方法电流控制性能对比（2N·m 负载条件）

指标	传统的自抗扰控制	基于级联扩张状态观测器的自抗扰控制	基于准谐振级联扩张状态观测器的自抗扰控制
q 轴电流波动/A	0.333	0.311	0.166
q 轴电流响应时间/s	1.551	1.542	1.542
A 相电流的 THD/%	6.46	6.07	1.75

在额定负载条件下的实验结果如图 4.28 所示，实验结果与在 2N·m 负载条件下的实验结果相一致。相比于传统的自抗扰控制方法和基于级联扩张状态观测器的自抗扰控制方法，在基于准谐振级联扩张状态观测器的自抗扰控制方法下，d、q 轴电流响应波动有明显减弱，并且 A 相电流的 THD 降至最低为1.66%。

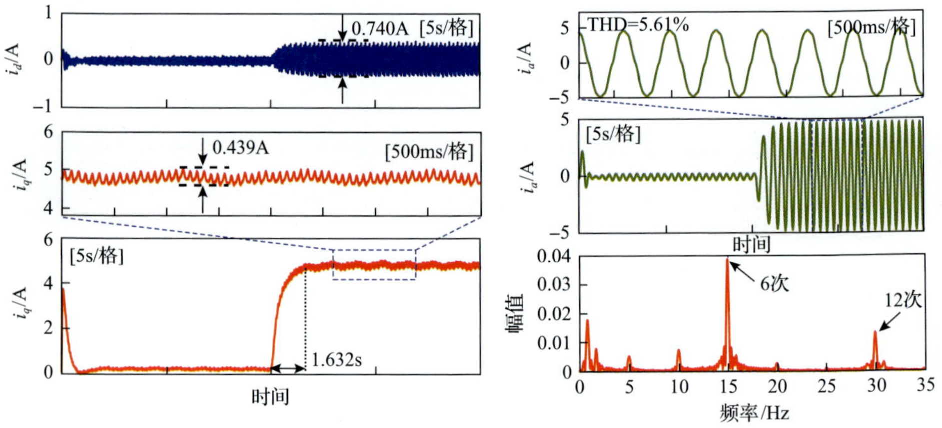

(a) 传统的自抗扰控制

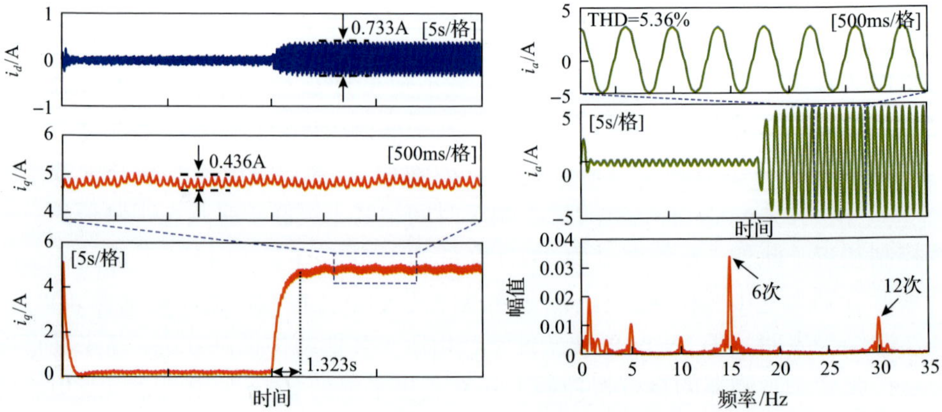

(b) 基于级联扩张状态观测器的自抗扰控制

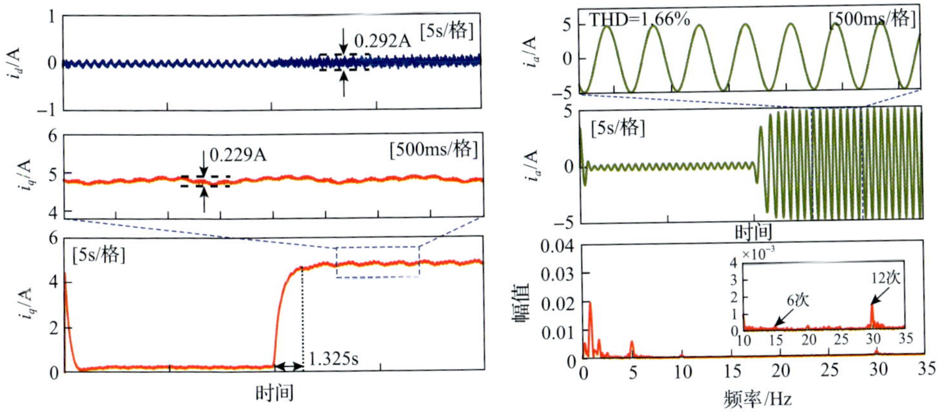

(c) 基于准谐振级联扩张状态观测器的自抗扰控制

图 4.28　不同控制方法的 d、q 轴电流和相电流实验结果(额定负载)

图 4.29 给出了三种控制方法在不同负载条件下 A 相电流 i_a 的 THD 对比。在没有负载的情况下，基于准谐振级联扩张状态观测器的自抗扰控制方法将 A 相电流 THD 由 9.07%减小到 3.62%。相比于传统的自抗扰控制方法和基于级联扩张状态观测器的自抗扰控制方法，基于准谐振级联扩张状态观测器的自抗扰控制方法的控制性能更优，因为其对低频干扰的抑制能力更强。随着负载的增加，基于准谐振级联扩张状态观测器的自抗扰控制方法的 THD 统计数值总是优于其他两种方法。上述结果表明基于准谐振级联扩张状态观测器的自抗扰控制方法在处理周期谐波干扰时具有更强的抑制能力。

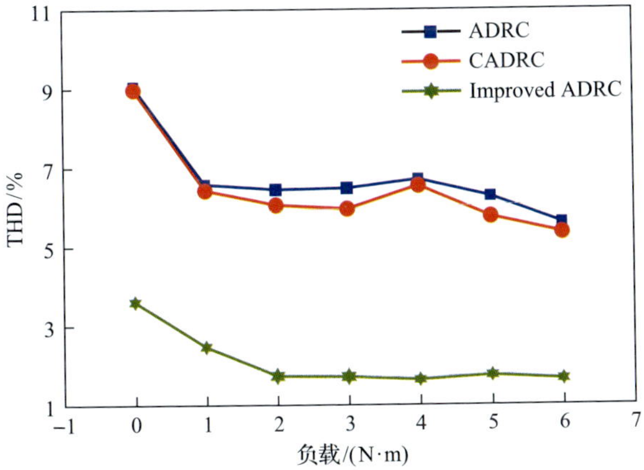

图 4.29　三种控制方法下 A 相电流 i_a 的 THD 对比

2. 基于准谐振级联扩张状态观测器的自抗扰控制方法鲁棒性验证

为了验证基于准谐振级联扩张状态观测器的自抗扰控制方法的扰动抑制能力，图 4.30 给出了在电感失配率分别为 50% L_{s0}、70% L_{s0}、150% L_{s0} 条件下的电流控制结果。由图 4.30 的实验结果可以看出，在三种电感失配率的条件下，d 轴稳态电流的波动分别为 0.356A、0.337A、0.359A，q 轴稳态电流的波动分别为 0.245A、0.241A、0.253A，这与电感匹配条件下的 d、q 轴稳态电流波动并没有显著差异。此外，在电感变化的情况下，A 相电流的 THD 也与无失配时的 1.66%相接近。从 FFT 分析结果可以看出，当电感不匹配时，其 6 次和 12 次谐波仍能得到很好的抑制。上述实验结果表明，基于准谐振级联扩张状态观测器的自抗扰控制方法能有效地应对电感变化带来的参数扰动，对电感失配具有鲁棒性。

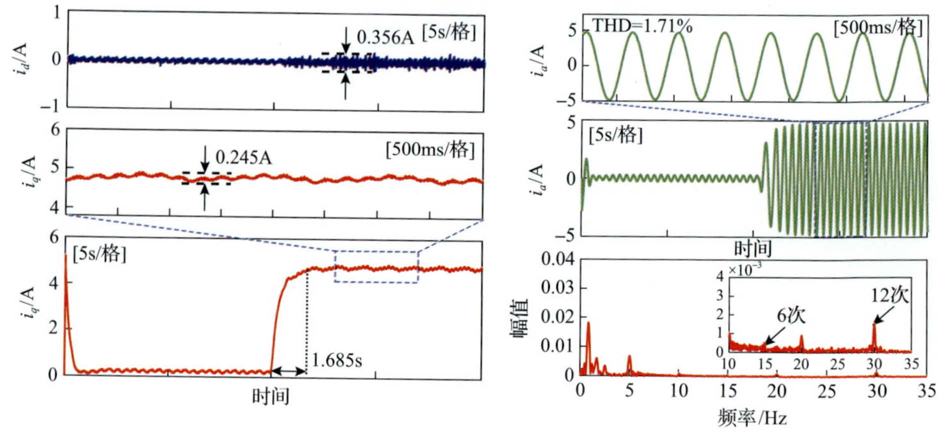

(a) 失配率50% L_{s0}

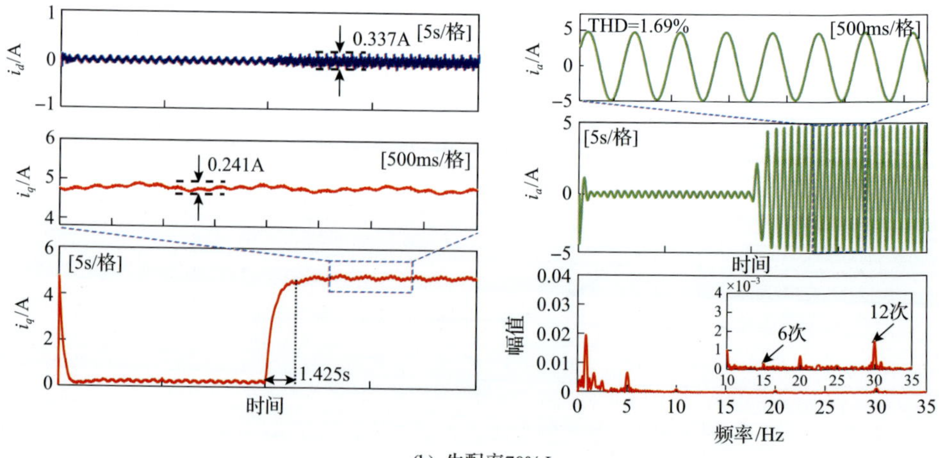

(b) 失配率70% L_{s0}

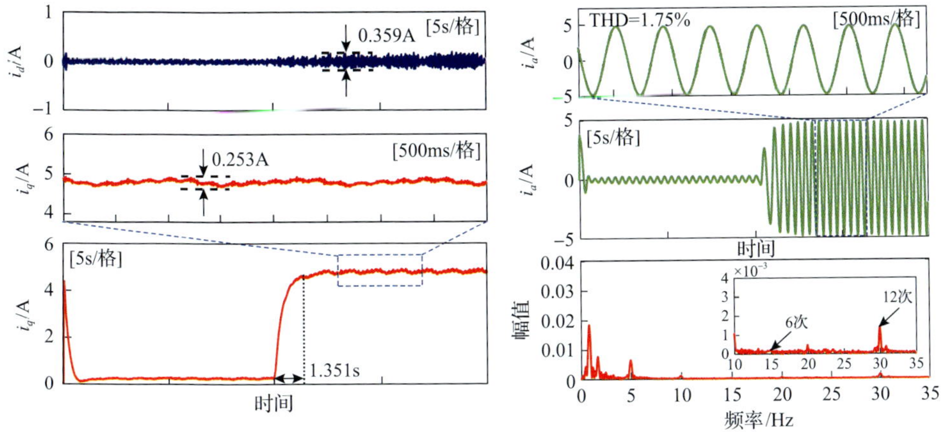

(c) 失配率150%L_{s0}

图 4.30 在额定负载下电感失配时电流的瞬态和稳态实验结果

综上，基于准谐振级联扩张状态观测器的自抗扰控制方法，可有效提高永磁同步电机控制系统对周期谐波电流干扰的抑制能力。该方法可增强系统对低频非周期扰动的抑制能力，同时有效削弱周期谐波，显著降低了稳态电流波动，改善了电流波形的畸变，有助于获得更平稳的速度控制性能。

4.5 本 章 小 结

基于扰动观测器的实时扰动观测补偿是一种在控制器能力受限条件下有效增强控制系统鲁棒性的方法。根据控制系统中扰动信号的特征不同，以提高对扰动的观测精度和补偿能力为目标，研究人员设计了多种类型的扰动观测器。本章依次对基于滑模控制的扰动观测器、基于迭代学习控制的扰动观测器、基于固定时间切换的广义扩张状态观测器和基于准谐振的级联扩张状态观测器进行了介绍。其中，基于滑模控制的扰动观测器利用滑模控制方法构建了对系统模型失配鲁棒性较强的扰动观测器；基于迭代学习控制的扰动观测器利用迭代学习控制方法提高了高增益观测器对周期性扰动信号的观测能力；基于固定时间切换的广义扩张状态观测器基于固定时间理论实现了扰动观测器在与初始条件无关的固定时间内收敛到稳态，改善了观测器的动态性能；基于准谐振的级联扩张状态观测器针对传统扩张状态观测器估计能力不足的问题，利用级联扩张状态观测器和准谐振控制器的结合实现了对周期性和非周期性扰动信号综合估计能力的有效提高。上述扰动观测器具有不同的形式和特性，在实际控制系统中，可根据情况选择合适的观测器进行应用。

参考文献

[1] 郭昕, 黄守道, 彭昱, 等. 基于改进型双幂次趋近律与全局快速终端滑模观测器的 IPMSM 调速系统滑模控制[J]. 电工技术学报, 2023, 38(1): 190-203.

[2] 张晓光, 孙力, 赵克. 基于负载转矩滑模观测的永磁同步电机滑模控制[J]. 中国电机工程学报, 2012, 32(3): 8, 111-116.

[3] 赵希梅, 金鸿雁. 永磁直线同步电机伺服系统的分段变论域模糊迭代学习控制[J]. 电工技术学报, 2017, 32(23): 9-15.

[4] Mohammed S A Q, Choi H H, Jung J W. Improved iterative learning direct torque control for torque ripple minimization of surface-mounted permanent magnet synchronous motor drives[J]. IEEE Transactions on Industrial Informatics, 2021, 17(11): 7291-7303.

[5] Qian W, Panda S K, Xu J X. Torque ripple minimization in PM synchronous motors using iterative learning control[J]. IEEE Transactions on Power Electronics, 2004, 19(2): 272-279.

[6] Yang T, Deng Y T, Li H W, et al. Fast integral terminal sliding mode control with a novel disturbance observer based on iterative learning for speed control of PMSM[J]. ISA Transactions, 2023, 134: 460-471.

[7] Ménard T, Moulay E, Perruquetti W. Fixed-time observer with simple gains for uncertain systems[J]. Automatica, 2017, 81: 438-446.

[8] Polyakov A. Nonlinear feedback design for fixed-time stabilization of linear control systems[J]. IEEE Transactions on Automatic Control, 2012, 57(8): 2106-2110.

[9] Andrieu V, Praly L, Astolfi A. Homogeneous approximation, recursive observer design, and output feedback[J]. SIAM Journal on Control and Optimization, 2008, 47(4): 1814-1850.

[10] Gauthier J P, Hammouri H, Othman S. A simple observer for nonlinear systems applications to bioreactors[J]. IEEE Transactions on Automatic Control, 1992, 37(6): 875-880.

[11] Piao M N, Wang Y, Sun M W, et al. Fixed-time-convergent generalized extended state observer based motor control subject to multiple disturbances[J]. IEEE Transactions on Industrial Informatics, 2021, 17(12): 8066-8079.

[12] Wu Z, Zhang H L, Liu K, et al. Dead-time compensation based on a modified multiple complex coefficient filter for permanent magnet synchronous machine drives[J]. IEEE Transactions on Power Electronics, 2021, 36(11), 12979-12989.

[13] 张焱, 吴志红, 朱元, 等. 基于准谐振与模型预测控制的永磁同步电机电流环控制策略[J]. 微特电机, 2023, 51(4): 57-61.

[14] Zhou Z Q, Xia C L, Yan Y, et al. Disturbances attenuation of permanent magnet synchronous motor drives using cascaded predictive-integral-resonant controllers[J]. IEEE Transactions on Power Electronics, 2017, 33(2): 1514-1527.

[15] Tian M H, Wang B, Yu Y, et al. Discrete-time repetitive control-based ADRC for current loop disturbances suppression of PMSM drives[J]. IEEE Transactions on Industrial Informatics, 2021, 18(5): 3138-3149.

[16] Gao Z Q. Scaling and bandwidth-parameterization based controller tuning[C]. Proceedings of the American Control Conference, Denver, 2003: 4989-4996.

[17] Cao H Y, Deng Y T, Zuo Y F, et al. Improved ADRC with a cascade extended state observer based on quasi-generalized integrator for PMSM current disturbances attenuation[J]. IEEE Transactions on Transportation Electrification, 2023, 10(1): 2145-2157.

[18] Zuo Y F, Zhu X Y, Quan L, et al. Active disturbance rejection controller for speed control of electrical drives using phase-locking loop observer[J]. IEEE Transactions on Industrial Electronics, 2019, 66(3): 1748-1759.

[19] Yepes A G, Freijedo F D, López O, et al. High-Performance digital resonant controllers implemented with two integrators[J]. IEEE Transactions on Power Electronics, 2011, 26(2): 563-576.

[20] Cao H Y, Deng Y T, Li H W, et al. Generalized active disturbance rejection with reduced-order vector resonant control for PMSM current disturbances suppression[J]. IEEE Transactions on Power Electronics, 2023, 38(5): 6407-6421.

[21] Zuo Y F, Zhu J W, Jiang W H, et al. Active disturbance rejection controller for smooth speed control of electric drives using adaptive generalized integrator extended state observer[J]. IEEE Transactions on Power Electronics, 2023, 38(4): 4323-4334.

[22] 许家群, 王天琪, 贾普凡. 永磁同步电机准谐振自抗扰电流谐波抑制[J]. 中国电机工程学报, 2023, 43(6): 2450-2459.

[23] Xia C L, Ji B N, Yan Y. Smooth speed control for low-speed high-torque permanent-magnet synchronous motor using proportional-integral-resonant controller[J]. IEEE Transactions on Industrial Electronics, 2015, 62(4): 2123-2134.

[24] Wang Z, Zhao J W, Wang L J, et al. Combined vector resonant and active disturbance rejection control for PMSLM current harmonic suppression[J]. IEEE Transactions on Industrial Informatics, 2020, 16(9): 5691-5702.

[25] Pan Z B, Dong F, Zhao J W, et al. Combined resonant controller and two-degree-of-freedom PID controller for PMSLM current harmonics suppression[J]. IEEE Transactions on Industrial Electronics, 2018, 65(9): 7558-7568.

[26] Abosh A H, Zhu Z Q, Ren Y. Cascaded direct torque control of unbalanced PMSM with low torque and flux ripples[J]. IEEE Transactions on Power Electronics, 2018, 33(2): 1740-1749.

第 5 章　基于矢量谐振控制器的永磁同步电机控制

近年来，谐振控制器(又称广义积分器)在抑制系统周期性扰动方面得到了广泛的应用。根据积分器的数量，谐振控制器可分为一阶谐振控制器和二阶谐振控制器两类。传统谐振控制器、准谐振控制器和矢量谐振控制器都是二阶谐振控制器。其中，传统谐振控制器对被控信号的频率偏移鲁棒性较差；准谐振控制器在传统谐振控制器的基础上提高了谐振带宽；而矢量谐振控制器进一步通过引入模型信息实现了被控对象的极点消除。为了抑制永磁同步电机控制系统中周期性电流谐波的影响，提高电流环的抗干扰能力，矢量谐振控制方法得到了关注。在实际应用过程中，为了实现令人满意的控制效果，在矢量谐振控制器的基础上，一些改进控制方法陆续被提出，如降阶矢量谐振控制器、分数阶矢量谐振控制器等。此外，将强鲁棒性控制方法替代 PI 控制与矢量谐振控制器相结合构成复合控制方法的方案也被提出，以期使系统具有更优的综合控制性能。本章将对应用于永磁同步电机控制系统的基于降阶矢量谐振的广义自抗扰控制方法和基于分数阶矢量谐振的鲁棒内模控制方法两种复合控制方法进行介绍。

5.1　基于降阶矢量谐振的广义自抗扰控制

5.1.1　降阶矢量谐振控制器设计

矢量谐振控制器在准谐振控制器的基础上进一步优化了谐振控制器的性能，但是作为一个二阶谐振控制器，矢量谐振控制器无法实现对正负序谐波的区分。虽然现有的一阶谐振控制器中复矢量比例积分器和复系数滤波器有能力对正负序谐波进行区分，但是其存在相位延迟和峰值点问题[1]。针对上述问题，一种降阶矢量谐振控制器被提出。降阶矢量谐振控制器利用复系数滤波器的降阶形式并引入矢量谐振控制器的模型信息，充分结合矢量谐振控制器和复系数滤波器的优点，在实现永磁同步电机中正负序谐波分离和提取的同时可有效解决相位延迟和峰值点问题。

理想的谐振控制器表达式如下[2]：

$$H_r(s)=\frac{2k_r s}{s^2+\omega_h^2} \tag{5.1}$$

式中，ω_h 为谐振频率；k_r 为谐振控制增益。理想的谐振控制器在谐振频率下具有无限大的增益，可以实现对交流信号的零误差跟踪。然而，该谐振控制器带宽很窄，对频率变化非常敏感。此外，谐振控制器的无限大增益在实际数字化时较难实现，且无限大的增益也会影响控制系统的稳定性。

为了解决理想谐振控制器存在的问题，准谐振控制器被提出，表达式如下[3]：

$$H_r(s)=\frac{k_r s}{s^2+2\omega_c s+\omega_h^2} \tag{5.2}$$

式中，ω_c 为谐振带宽。准谐振控制器中引入了阻尼系数，在提高谐振控制器稳定性的同时保持了一定的谐振控制增益。然而，有限的谐振控制增益可能会使谐振控制器跟踪交流信号时精度变差。

为了提高谐振控制增益并减少由被控对象引起的相位延迟，矢量谐振（vector resonant，VR）控制器进一步被研究人员提出。矢量谐振控制器是一个引入了模型信息的二阶谐振控制器，表达式如下[4]：

$$G_{\mathrm{VR}}(s)=\frac{k_{pr}s^2+k_{ir}s}{s^2+\omega_c s+\omega_h^2} \tag{5.3}$$

式中，k_{pr} 和 k_{ir} 分别为比例系数和谐振系数。

复系数滤波器（complex coefficient filter, CCF）[5]是一阶谐振控制器的代表，表达式如下：

$$G_{\mathrm{CCF}}(s)=\frac{k_r\omega_c}{s-\mathrm{j}\omega_h+\omega_c} \tag{5.4}$$

式中，k_r 为谐振控制增益；j 为虚数单位。

基于式（5.3）、式（5.4），降阶矢量谐振（reduced order vector resonant，ROVR）控制器被提出，表达式如下[6]：

$$G_{\mathrm{ROVR}}(s)=k_{pr}+\frac{k_{ir}+\mathrm{j}\omega_h k_{pr}-\omega_c k_{pr}}{s-\mathrm{j}\omega_h+\omega_c} \tag{5.5}$$

式中，k_{pr} 和 k_{ir} 取值如下：

$$\begin{cases} k_{pr}=k_r\omega_c L_{s0} \\ k_{ir}=k_r\omega_c R_{s0} \end{cases} \tag{5.6}$$

式中，R_{s0}、L_{s0} 分别为电机电阻和电感的标称值。

将式(5.6)代入式(5.5)，可得 $G_{\mathrm{ROVR}}(s)$ 表达式如下：

$$G_{\mathrm{ROVR}}(s)=\frac{k_r\omega_c\left(L_{s0}s+R_{s0}\right)}{s-\mathrm{j}\omega_h+\omega_c} \tag{5.7}$$

充分利用 d、q 轴的正交性(即 $u_{dr}=\mathrm{j}u_{qr}$ 和 $u_{qr}=-\mathrm{j}u_{dr}$)，以实现控制器中的虚数单位运算。定义 $e_{dc}=i_{\mathrm{dref}}-i_d$ 和 $e_{qc}=i_{\mathrm{qref}}-i_q$ 为电流跟踪误差，i_{dref} 和 i_{qref} 分别为 d、q 轴电流参考指令。降阶矢量谐振控制器表达如下：

$$\begin{cases} u_{dr}(s)=\dfrac{k_{pr}s+k_{ir}}{s+\omega_c}e_{dc}(s)-\dfrac{\omega_h}{s+\omega_c}u_{qr}(s) \\ u_{qr}(s)=\dfrac{k_{pr}s+k_{ir}}{s+\omega_c}e_{qc}(s)+\dfrac{\omega_h}{s+\omega_c}u_{dr}(s) \end{cases} \tag{5.8}$$

式中，$u_{dr}(s)$、$u_{qr}(s)$ 分别为 d 轴、q 轴降阶矢量谐振控制器输出的控制量。

为了分析参数设置对降阶矢量谐振控制器的影响，在谐振控制增益 k_r 和谐振带宽 ω_c 两个参数变化的条件下，得到降阶矢量谐振控制器的伯德图如图 5.1 所示。

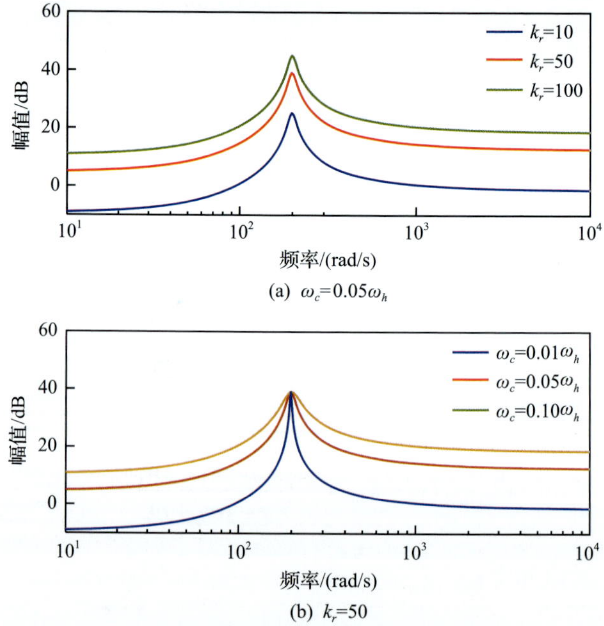

(a) ω_c=0.05ω_h

(b) k_r=50

图 5.1　降阶矢量谐振控制器的伯德图

由图 5.1(a)可以看出，更大的谐振控制增益 k_r 取值会带来更强的谐波消除能力；由图5.1(b)可以看出，谐振带宽 ω_c 取值增大会提高谐振控制器对谐振频率偏移的鲁棒性。但是，过大的 k_r 或 ω_c 均会影响系统的动态性能，甚至导致系统不稳定。因此，需折中选取参数取值，实现系统良好动态响应性能和谐波抑制效果。

降阶矢量谐振控制器结合了矢量谐振控制器和复系数滤波器的优势，具有如下特点。

1. 降阶矢量谐振控制器能够完成正序和负序谐波的分离与提取[7]

矢量谐振控制器和降阶矢量谐振控制器的幅频特性曲线对比如图 5.2 所示。可以看出，矢量谐振控制器的幅频特性在谐振频率 ±100rad/s 处均具有较高的增益，且对称于0rad/s。因此，矢量谐振控制器无法区分正序谐波和负序谐波。相比之下，降阶矢量谐振控制器在特定频率处增益高，而在相反频率处不会出现高增益。因此，在抑制由不对称相位引起的–2 次谐波时，降阶矢量谐振控制器比矢量谐振控制器更方便、更有效。

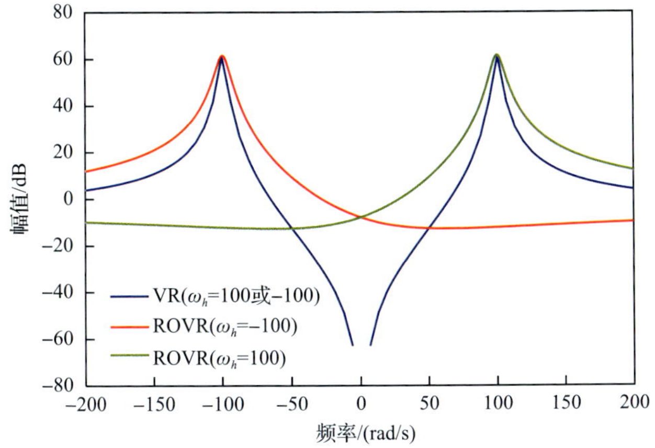

图 5.2 矢量谐振控制器和降阶矢量谐振控制器的幅频特性曲线对比

2. 降阶矢量谐振控制器能够避免峰值点和相位延迟[8]

永磁同步电机控制系统电流闭环控制结构框图如图 5.3 所示。

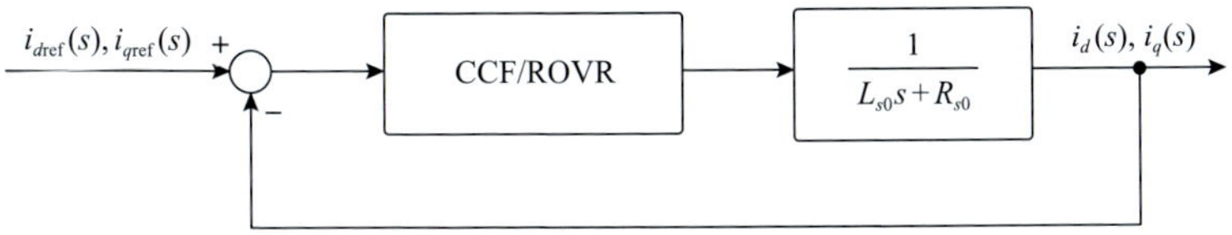

图 5.3 永磁同步电机控制系统电流闭环控制结构框图

由图 5.3 可推导出基于降阶矢量谐振控制器的电流闭环传递函数 $G_{cl}(s)$ 表达式如下：

$$G_{cl}(s)=\frac{G_{\mathrm{ROVR}}(s)G_P(s)}{1+G_{\mathrm{ROVR}}(s)G_P(s)}=\frac{k_r\omega_c}{s-\mathrm{j}\omega_h+(k_r+1)\omega_c} \tag{5.9}$$

式中，$G_P(s)=1/(L_{s0}s+R_{s0})$。

基于式(5.9)电流闭环传递函数的推导，在 ω_c 取值为 1rad/s，参数 k_r 取不同数值条件下，基于复系数滤波器(CCF)和基于降阶矢量谐振控制器(ROVR)的电流闭环伯德图对比如图 5.4 所示。图中，实线对应 ROVR，虚线对应 CCF。

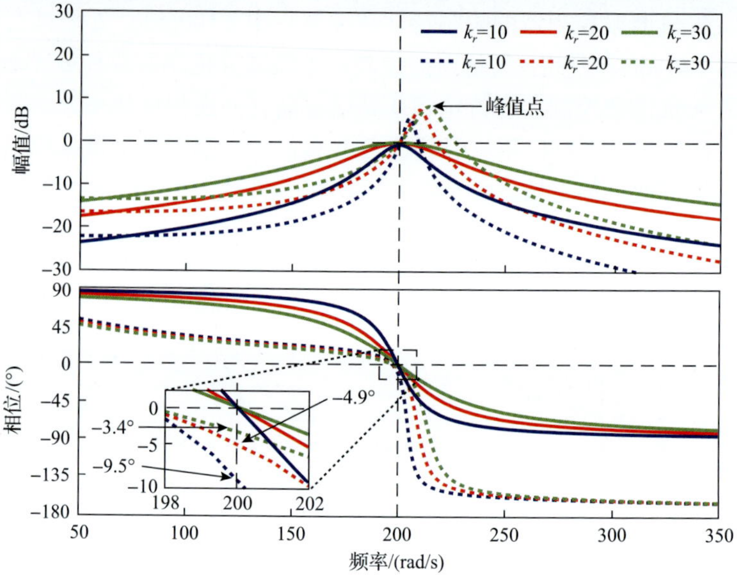

图 5.4　基于 ROVR 和 CCF 的电流闭环传递函数伯德图(不同 k_r 取值)

由图 5.4 可以看出，在参数 k_r 取不同数值的条件下，两种控制器均可实现单位增益和零度相位响应。当 k_r 分别取值 10、20 和 30 时，复系数滤波器在谐振频率附近有峰值点，对应相位分别为–9.5°、–4.9°和–3.4°。因此，复系数滤波器存在峰值点和相位延迟，这意味着输出信号不能很好地跟踪输入信号。虽然增加 k_r 可以减少复系数滤波器的相位滞后，但峰值点会更大，且距离谐振频率点更远。峰值点会放大谐振频率附近的噪声，甚至导致系统不稳定。而降阶矢量谐振控制器可以实现零极点抵消，避免了峰值点和相位延迟问题。

3. 降阶矢量谐振控制器计算量相对较少[9]

图 5.5 为矢量谐振控制器和降阶矢量谐振控制器的结构框图。可以看出，实现矢量谐振控制器需要两个积分器，而实现降阶矢量谐振控制器只需要一个积分器。相比之下，降阶矢量谐振控制方法计算量更小。

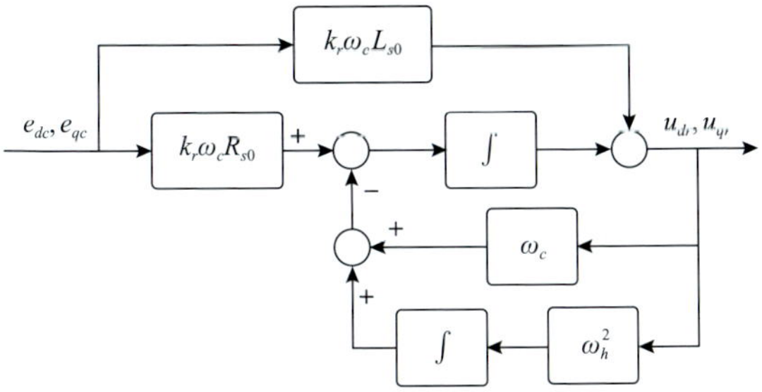

(a) 矢量谐振控制器

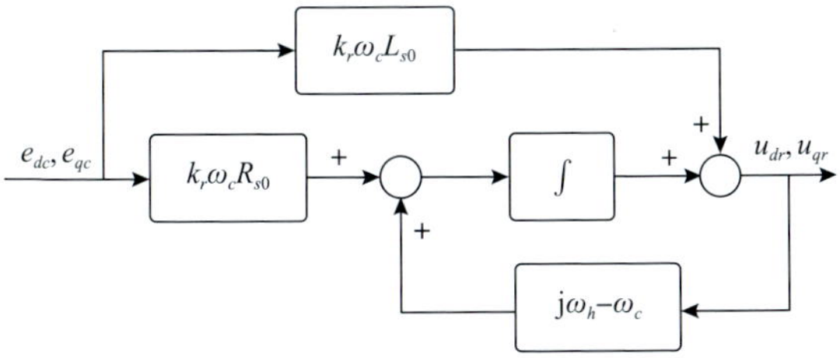

(b) 降阶矢量谐振控制器

图 5.5　矢量谐振控制器和降阶矢量谐振控制器的结构框图

5.1.2　广义自抗扰控制器设计

为了抑制系统未知的非周期扰动，并进一步抑制周期性谐波干扰，将广义扩张状态观测器与降阶矢量谐振控制器相结合，构成复合控制方法。

以 q 轴电流为例，对原有模型方程扩展 n 个额外的状态，可得如下表达式：

$$\dot{\boldsymbol{x}} = \boldsymbol{A}\boldsymbol{x} + \boldsymbol{B}u_{qv} + \boldsymbol{E}f_q^{(n)} + \boldsymbol{F}f_{qk} \tag{5.10}$$

式中，状态矩阵 $\boldsymbol{x} = \begin{bmatrix} i_{qc} & f_q & f_q^{(1)} & \cdots & f_q^{(n-1)} \end{bmatrix}_{n+1}^{\mathrm{T}}$；输入矩阵 $\boldsymbol{B} = [b_0 \quad 0 \quad 0 \quad \cdots \quad 0]_{n+1}^{\mathrm{T}}$；未知干扰矩阵 $\boldsymbol{E} = [0 \quad 0 \quad 0 \quad \cdots \quad 1]_{n+1}^{\mathrm{T}}$；已知干扰矩阵 $\boldsymbol{F} = [1 \quad 0 \quad 0 \quad \cdots \quad 0]_{n+1}^{\mathrm{T}}$；系统矩阵 $\boldsymbol{A} = \begin{bmatrix} 0 & 1 & 0 & \cdots & 0 \\ 0 & 0 & 1 & \cdots & 0 \\ \vdots & \vdots & \vdots & & \vdots \\ 0 & 0 & 0 & \cdots & 1 \\ 0 & 0 & 0 & \cdots & 0 \end{bmatrix}_{(n+1)\times(n+1)}$；$f_q^{(n-1)}$ 为 f_q 的 $n-1$ 阶导数。

广义扩张状态观测器设计如下[10]：

$$\begin{cases} e_{q1} = z_1 - x_1 \\ \dot{\boldsymbol{z}} = \boldsymbol{A}\boldsymbol{z} + \boldsymbol{B}u_{qv} + \boldsymbol{F}f_{qk} - \boldsymbol{L}e_{q1} \\ y = \boldsymbol{C}\boldsymbol{z} \end{cases} \tag{5.11}$$

式中，$\boldsymbol{z}=\left[z_1,z_2,\cdots,z_{n+1}\right]_{n+1}^{\mathrm{T}}$ 代表对状态矩阵 $\boldsymbol{x}$ 的估计；$\boldsymbol{L}=\left[\beta_1\quad\beta_2\quad\cdots\quad\beta_{n+1}\right]_{n+1}^{\mathrm{T}}$；$\boldsymbol{C}=\left[1\quad 0\quad 0\quad\cdots\quad 0\right]_{n+1}$。

观测器的估计误差表达如下：

$$\dot{\boldsymbol{e}}_q=(\boldsymbol{A}-\boldsymbol{LC})\boldsymbol{e}_q-\boldsymbol{E}f_q^{(n)} \tag{5.12}$$

式中，$\boldsymbol{e}_q=\boldsymbol{z}-\boldsymbol{x}$ 为估计误差。根据常规的观测器带宽整定策略，$\beta_m=\dfrac{(n+1)!}{m!(n+1-m)!}\omega_0^m$，$\omega_0$ 为广义扩张状态观测器的带宽。矩阵 $\boldsymbol{A}-\boldsymbol{LC}$ 为赫尔维茨矩阵，其特征值都是负实数且全部配置到 $-\omega_0$ 处。

若 $f_q^{(n)}=0$，那么观测误差 $\boldsymbol{e}_q$ 是渐近稳定的；若 $f_q^{(n)}\neq 0$ 且有界，那么观测误差 $\boldsymbol{e}_q$ 是有界输入且有界输出稳定的。因此，若 f_q 是常值干扰，其一阶导数为零，则二阶扩张状态观测器就能够在稳态时无静差地跟踪常值干扰。若 f_q 是斜坡干扰，其二阶导数为零，则三阶扩张状态观测器的观测误差 $\lim\limits_{t\to\infty}\left|\boldsymbol{e}_q(t)\right|=0$，即仍可实现无静差跟踪斜坡信号。但是，对于谐波扰动信号，假设 $f_q=H\sin\left(\omega_h t\right)$，由于其 n 阶导数不为零且有界，那么无论观测器扩张到多少阶，观测误差 $\boldsymbol{e}_q$ 都是有界输入且有界输出稳定的[11]。

扰动估计值 z_2 到扰动实际值 f_q 的传递函数表达如下：

$$G_f(s)=\frac{z_2(s)}{f_q(s)}=1-\frac{s^{n+1}+\beta_1 s^n}{\left(s+\omega_0\right)^{n+1}} \tag{5.13}$$

观测器扰动估计误差 $e_{q2}=f_q-z_2$ 到 f_q 的传递函数表达如下：

$$G_e(s)=\frac{e_{q2}(s)}{f_q(s)}=\frac{s^{n+1}+\beta_1 s^n}{\left(s+\omega_0\right)^{n+1}} \tag{5.14}$$

观测器带宽 ω_0 固定不变，在不同阶数 n 条件下，传递函数 $G_f(s)$ 和 $G_e(s)$ 的伯德图如图 5.6 所示。可以看出，随着阶数 n 的增加，观测器对低频干扰的估计能力增强，但在高频时传感器噪声被放大。

为了平衡观测器的扰动估计能力和噪声抑制能力，阶次 n 取值为 2，二阶广义扩张状态观测器设计如下：

$$\begin{cases} e_{q1}=z_1-x_1 \\ \dot{z}_1=z_2+b_0u_{qv}+f_{qk}-\beta_1 e_{q1} \\ \dot{z}_2=z_3-\beta_2 e_{q1} \\ \dot{z}_3=-\beta_3 e_{q1} \end{cases} \tag{5.15}$$

式中，观测器增益设计为 $\beta_1 = 3\omega_0$、$\beta_2 = 3\omega_0^2$、$\beta_3 = \omega_0^3$ [12]。

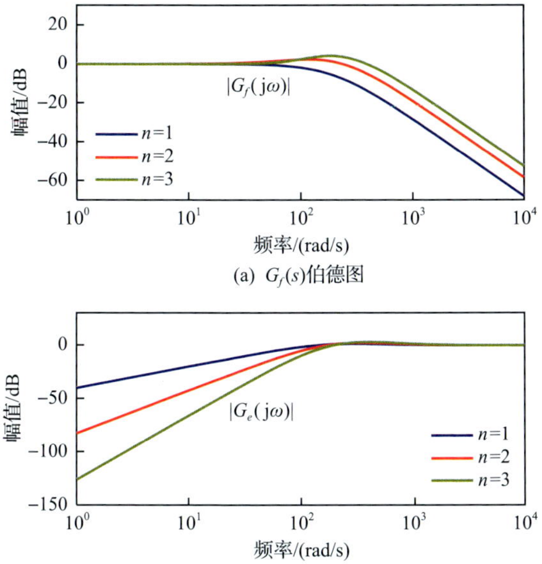

(a) $G_f(s)$伯德图

(b) $G_e(s)$伯德图

图 5.6　不同阶数 n 条件下 $G_f(s)$ 和 $G_e(s)$ 的伯德图

将降阶矢量谐振控制器引入广义控制律中对−2 次和±6 次电流谐波进行抑制。此时，降阶矢量谐振控制器设计如下：

$$G'_{\text{ROVR}}(s) = \frac{k_{pr2}s + k_{ir2}}{s - \text{j}\omega_{-2} + \omega_{c2}} + \frac{k_{pr6}s + k_{ir6}}{s - \text{j}\omega_{-6} + \omega_{c6}} + \frac{k_{pr6}s + k_{ir6}}{s - \text{j}\omega_{6} + \omega_{c6}} \tag{5.16}$$

式中，$\omega_{-2} = -2\omega_e$；$\omega_{-6} = -6\omega_e$；$\omega_6 = 6\omega_e$。

由此，基于降阶矢量谐振的广义自抗扰控制的控制律表达如下：

$$u_{qv} = \frac{u_0 - f_{qk} + \dot{i}_{q\text{ref}} - z_2 + b_0 u_{qr}}{b_0} \tag{5.17}$$

式中，$u_0 = k_{pq}\left(i_{q\text{ref}} - i_q\right)$；$u_{qr}$ 为 $G'_{\text{ROVR}}(s)e_{qc}(s)$ 在时域上的表达式。

由式(5.17)可以看出，控制律中的扰动补偿包括四部分：f_{qk} 用于已知耦合扰动的补偿；$\dot{i}_{q\text{ref}}$ 用于以阶跃扰动补偿为主的参考电流变化扰动补偿；z_2 是由广义扩张状态观测器估计出的扰动，主要能够实现对直流干扰的补偿；b_0u_{qr} 实现对交流谐波扰动的补偿。

基于降阶矢量谐振广义自抗扰控制的永磁同步电机控制结构框图如图 5.7 所示。速度环采用 PI 控制器，产生 q 轴电流参考指令。基于降阶矢量谐振的广义自

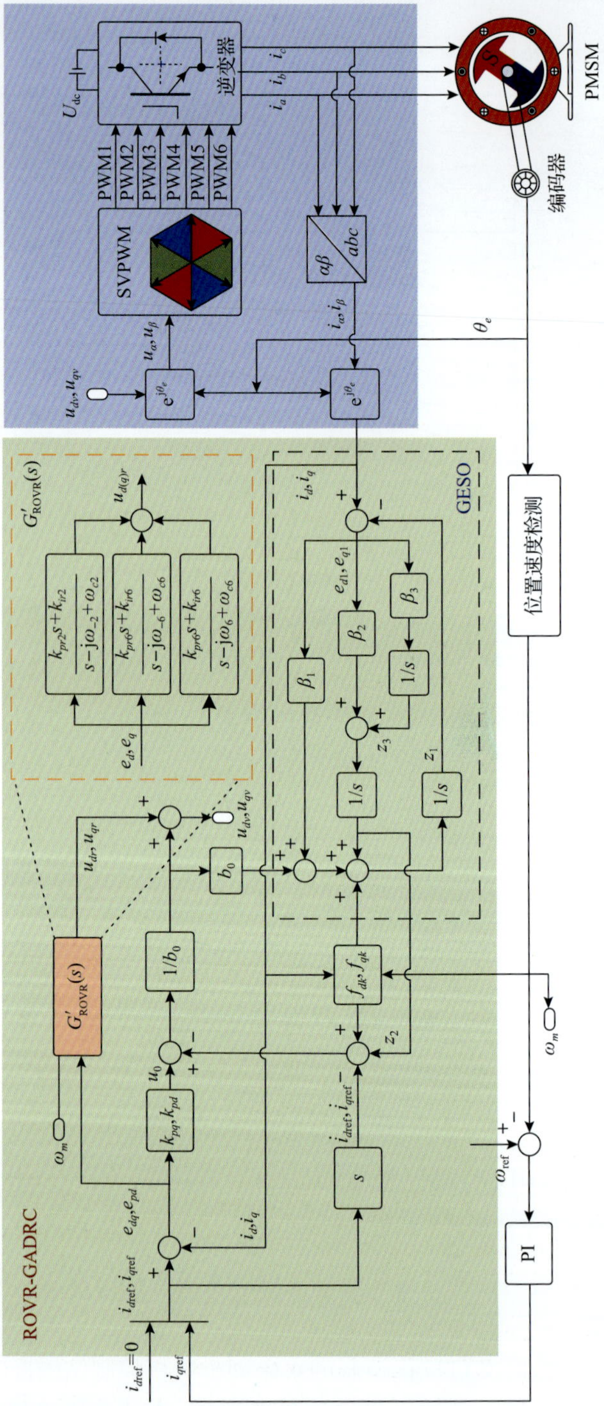

图 5.7　基于降阶矢量谐振广义自抗扰控制的永磁同步电机控制结构框图

抗扰控制器应用于电流控制回路，输出电压控制量。广义控制律和广义扩张状态观测器两者并行实现。此外，在降阶矢量谐振控制器中引入频率自适应机制，根据系统速度实时自适应调节谐振频率，以避免固定谐振频率的谐振控制器在速度动态过程中对系统控制性能产生不利影响。

5.1.3　抗干扰性能分析

基于降阶矢量谐振的广义自抗扰控制相当于一个二自由度结构[13,14]。以 q 轴电流控制为例，控制律在频域下的表达式如下：

$$u_{qv}(s)=\frac{\lambda(s)(Q(s)+s)}{b_0\left(s^3+\beta_1 s^2\right)}i_{qref}(s)-\frac{\lambda(s)Q(s)+\beta_2 s^2+\beta_3 s}{b_0\left(s^3+\beta_1 s^2\right)}i_q(s)-\frac{1}{b_0}f_{qk}(s) \tag{5.18}$$

式中，$\lambda(s)=s^3+\beta_1 s^2+\beta_2 s+\beta_3$；$Q(s)=k_{pq}+b_0 G'_{\mathrm{ROVR}}(s)$。

基于降阶矢量谐振的广义自抗扰控制的等效控制结构框图如图 5.8 所示。

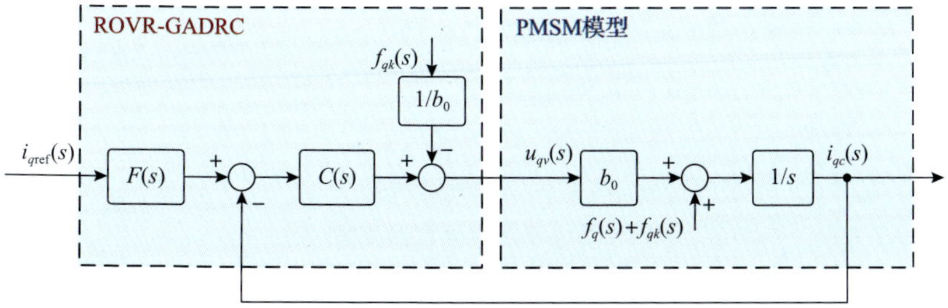

图 5.8　基于降阶矢量谐振的广义自抗扰控制的等效控制结构框图

在图 5.8 中，$F(s)$ 为参考电流滤波器，$C(s)$ 为补偿器，表达式分别如下：

$$F(s)=\frac{\lambda(s)\left(Q(s)+s\right)}{\lambda(s)Q(s)+\beta_2 s^2+\beta_3 s} \tag{5.19}$$

$$C(s)=\frac{\lambda(s)Q(s)+\beta_2 s^2+\beta_3 s}{b_0\left(s^3+\beta_1 s^2\right)} \tag{5.20}$$

为了分析基于降阶矢量谐振的广义自抗扰控制的抗扰动能力，假设当前电流环参考输入为 $i_{qref}=0$，电流环的输出 $i_q(s)$ 与未知扰动 $f_q(s)$ 之间的传递函数(即扰动传递函数)表达如下：

$$G_d(s)=\frac{i_q(s)}{f_q(s)}=\frac{1/s}{1+C(s)b_0/s}=\frac{s^3+\beta_1 s^2}{\lambda(s)Q(s)+s^4+\beta_1 s^3+\beta_2 s^2+\beta_3 s} \tag{5.21}$$

控制器的参数设置为 $k_r=50$，$\omega_c=10$，$k_{pq}=50$，$\omega_0=200$，分别采用广义自抗扰控制(GADRC)、基于复系数滤波器的广义自抗扰控制(CCF-GADRC)、基于矢量谐振的广义自抗扰控制(VR-ADRC)和基于降阶矢量谐振的广义自抗扰控制(ROVR-ADRC)方法，扰动传递函数 $G_d(s)$ 的伯德图对比如图 5.9 所示。

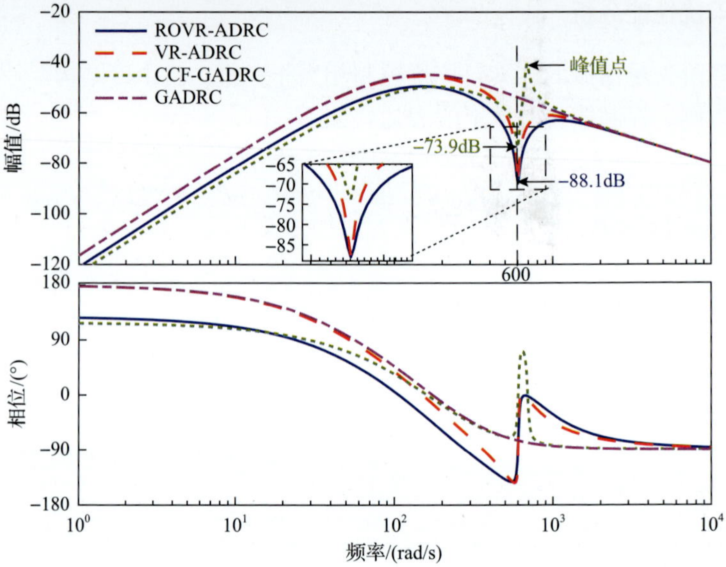

图 5.9　扰动传递函数伯德图对比

由图 5.9 可以看出，四种控制方法的高频特性基本一致，且其中基于谐振控制器的三种控制方法，即基于复系数滤波器的广义自抗扰控制、基于矢量谐振的广义自抗扰控制和基于降阶矢量谐振的广义自抗扰控制在谐振频率处均有较大的幅值衰减，这表明它们在一定程度上能够抑制谐波扰动。基于复系数滤波器的广义自抗扰控制、基于矢量谐振的广义自抗扰控制和基于降阶矢量谐振的广义自抗扰控制在谐振频率处的幅值分别约为−73.9dB、−88.1dB 和−88.1dB，这表明基于矢量谐振的广义自抗扰控制和基于降阶矢量谐振的广义自抗扰控制具有更强的谐波抑制能力。此外，基于复系数滤波器的广义自抗扰控制的扰动传递函数伯德图中，谐振频率附近出现了一个峰值点，该峰值点会放大周围噪声，影响系统控制性能。从上述仿真结果可以看出，基于降阶矢量谐振的广义自抗扰控制方法在永磁同步电机的电流环谐波干扰抑制方面更具优越性。

5.1.4　实验实例

为了验证基于降阶矢量谐振的广义自抗扰控制方法的有效性，在永磁同步电机实验平台上进行了测试。永磁同步电机控制系统的电流环分别采用广义自抗扰控制方法、基于复系数滤波器的广义自抗扰控制方法、基于矢量谐振的广义自抗扰控制方法和基于降阶矢量谐振的广义自抗扰控制方法进行电流控制性能对比分析。其中，扩张状态观测器和广义扩张状态观测器的参数设置相同[15]，控制增益 $k_{pq}=k_{pd}=100$，观测带宽 $\omega_0=100$，即 $\beta_1=200$，$\beta_2=100^2$，$\beta_3=100^3$。谐振控制器的参数均设置为 $k_{r2}=50$，$k_{r6}=100$，$\omega_{c2}=1$，$\omega_{c6}=2$。

1. 3N·m 负载条件下电流控制性能对比

图 5.10 给出了上述四种方法在 3N·m 负载条件下的电流控制结果。由图 5.10(a)可以看到，d、q 轴电流在广义自抗扰控制下，稳态电流波动分别为 0.782A 和 0.431A。A 相电流存在明显的失真，其 THD 为 8.63%。从 q 轴电流的 FFT 分析结果来看，2 次和 6 次谐波问题最为突出。由图 5.10(b)可以看到，在基于复系数滤波器的广义自抗扰控制下，d、q 轴的稳态电流波动和 A 相电流的 THD 显著降低，但从 FFT 分析结果可以看到，并没有完全抑制特定次谐波的幅值。由图 5.10(c)可以看到，在基于矢量谐振的广义自抗扰控制下，d、q 轴稳态电流波动分别显著降低到 0.235A 和 0.246A，A 相电流的 THD 降低到 1.93%。但此时 2 次谐波残余仍然比较大，这是因为基于矢量谐振的广义自抗扰控制无法区分正负序谐波。由图 5.10(d)可以看到，在基于降阶矢量谐振的广义自抗扰控制下，d、q 轴电流的控制性能进一步提高，A 相电流的 THD 降低到最小值 1.74%，2 次和 6 次谐波幅值也降低到四种方法中的最小值。此外，四种方法的 q 轴动态响应时间相差不大，但基于矢量谐振控制器的两种控制方法电流响应速度相对较快。

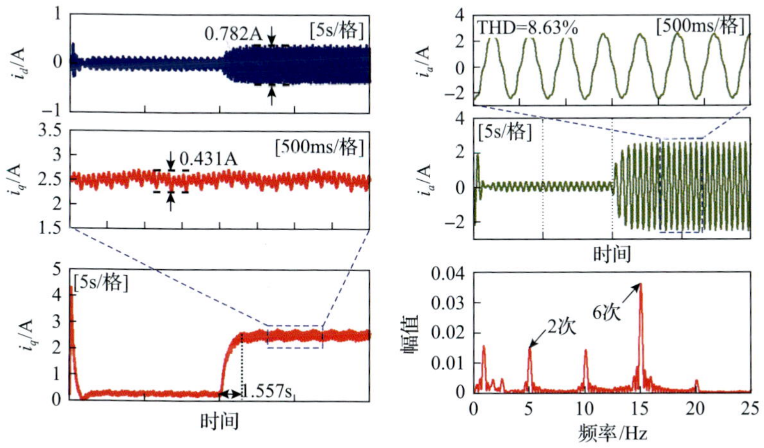

(a) GADRC

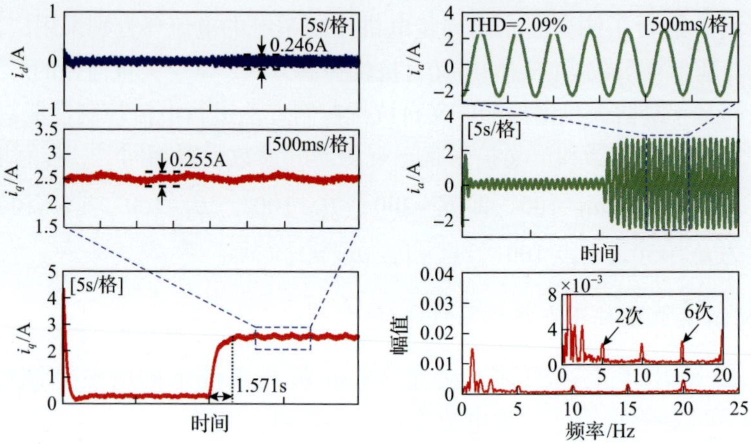

(b) CCF-GADRC

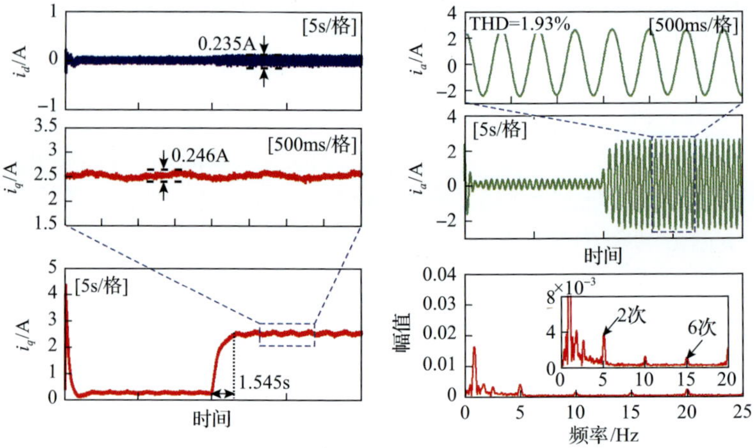

(c) VR-ADRC

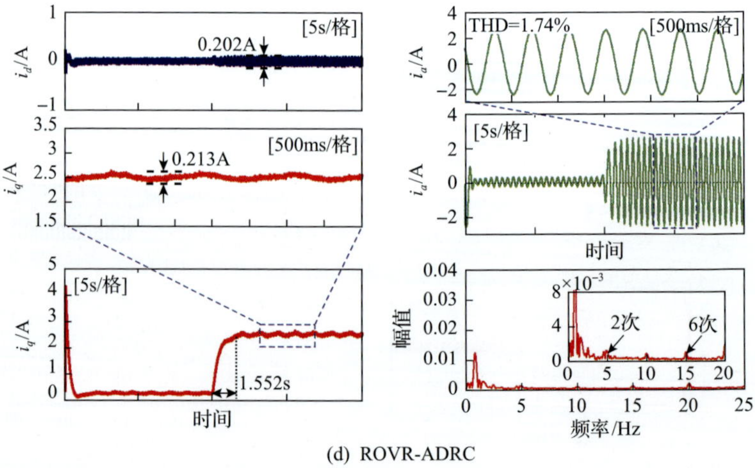

(d) ROVR-ADRC

图 5.10　四种方法的 d、q 轴电流和 A 相电流的响应结果及 q 轴电流 FFT 分析结果

2. 基于降阶矢量谐振的广义自抗扰控制方法的正负序列可分离性验证

为了验证基于降阶矢量谐振的广义自抗扰控制方法对谐波干扰的正负序列可分离性，分别选取谐振频率 ω_h 为 $+6\omega_e$ 、$-6\omega_e$ 、$\pm6\omega_e$ 。图 5.11 给出了在额定负载条件下，基于降阶矢量谐振的广义自抗扰控制方法取不同谐振频率 ω_h 时，d 轴电流、q 轴电流、A 相电流和相电流的 FFT 分析结果。由图 5.10(a)可知，广义自抗扰控制作用下的 A 相电流 THD 为 8.63%。由图 5.11(a)可以看出，当 $\omega_h=+6\omega_e$ 时，相电流的 THD 下降到 6.72%。降阶矢量谐振控制器可以对 +6 次谐波进行提取和补偿，因此相电流中的 7 次谐波基本被消除。由图 5.11(b)可以看出，当 $\omega_h=-6\omega_e$ 时，相电流的 THD 为 5.30%，利用降阶矢量谐振控制器提取的–6 次谐波来补偿相电流的 5 次谐波。由图 5.11(c)可以看出，当 $\omega_h=\pm6\omega_e$ 时，d、q 轴电流波动分别明显减小到 0.427A 和 0.411A，相电流的 THD 也降低至 2.36%。降阶

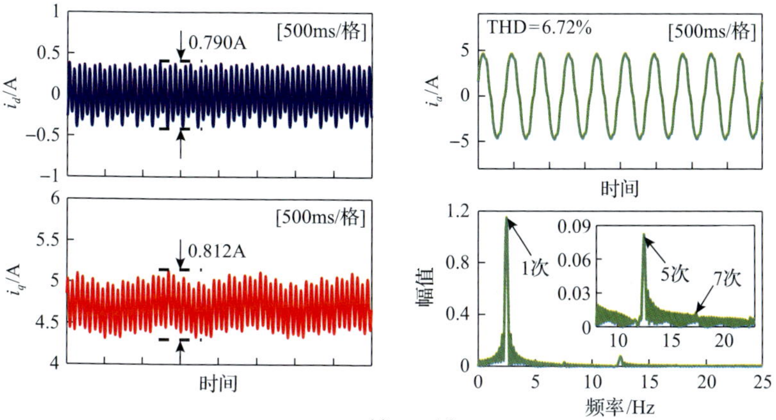

(a) $\omega_h=+6\omega_e$

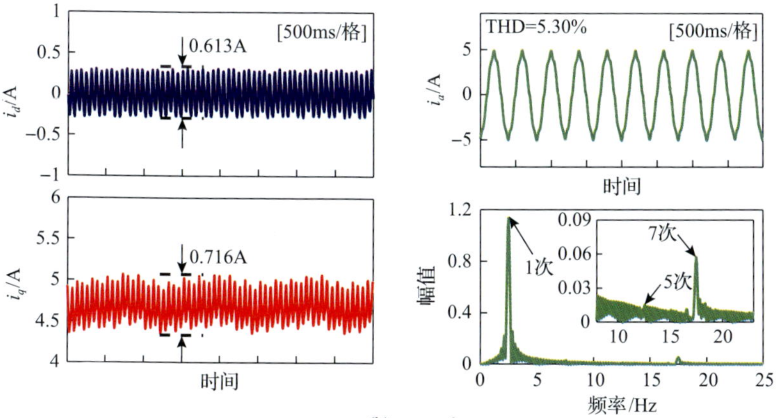

(b) $\omega_h=-6\omega_e$

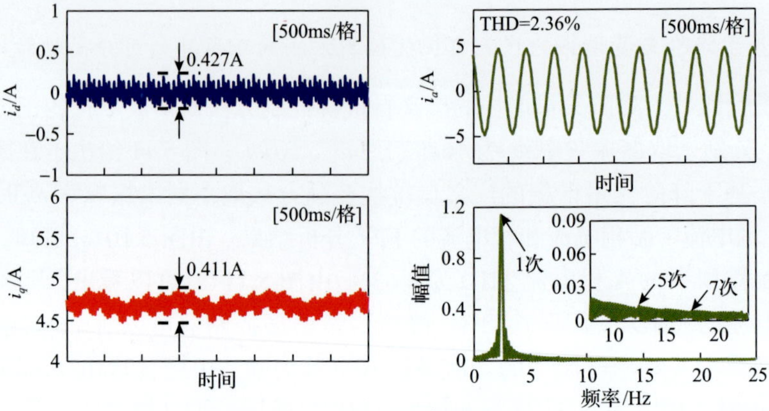

(c) $\omega_h=\pm6\omega_e$

图 5.11　基于降阶矢量谐振的广义自抗扰控制的 d 轴电流、q 轴电流、A 相电流和相电流的 FFT 分析结果

矢量谐振控制器的输出量实现对 ± 6 次谐波的补偿，以抑制逆变器非线性和磁通谐波引起的相电流的 5 次和 7 次谐波。上述实验结果表明，基于降阶矢量谐振的广义自抗扰控制能够很好地实现对谐波正负序的分离、提取和抑制。

3. 基于降阶矢量谐振的广义自抗扰控制方法的频率自适应验证

基于降阶矢量谐振的广义自抗扰控制器的设计采用频率自适应机制，以实时修正与速度相关的谐振频率参数，避免在速度动态变化时因谐振频率失配而导致控制性能变差。为了验证基于降阶矢量谐振的广义自抗扰控制方法的频率自适应的有效性，在系统速度动态变化情况下进行实验，分析电流环的控制性能。

图 5.12 给出了速度从 50r/min 阶跃到 100r/min，并在稳速 100r/min 时施加 2N·m 负载扰动力矩条件下系统的响应结果，从上到下依次为 q 轴电流、A 相电流和速度响应结果曲线。图 5.13 给出了在额定负载条件下从低速逐步动态阶跃到额定转速过程中系统的响应结果，其中图 5.13 (a) 为速度、q 轴电流响应结果曲线，图 5.13 (b) 为 A 相电流和放大 A 相电流的响应结果曲线。由图 5.12 和图 5.13 可以看到，q 轴电流和 A 相电流在速度阶跃过程中出现波动，但随着转速达到稳态，电流响应也达到稳态。在施加负载扰动力矩后，q 轴电流和 A 相电流波动后收敛到稳态数值。上述实验结果表明，在基于降阶矢量谐振的广义自抗扰控制器的作用下，系统具备频率自适应能力。在速度参考指令变化、负载力矩扰动等因素导致速度动态变化时，基于降阶矢量谐振的广义自抗扰控制器仍然能够保证良好的动态控制性能。

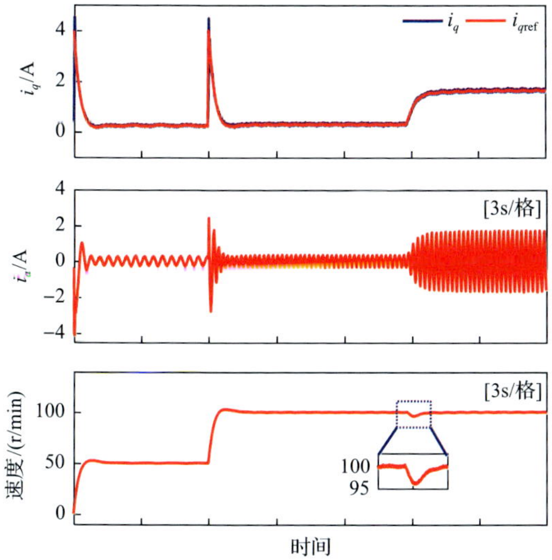

图 5.12　2N·m 负载扰动力矩下系统响应结果

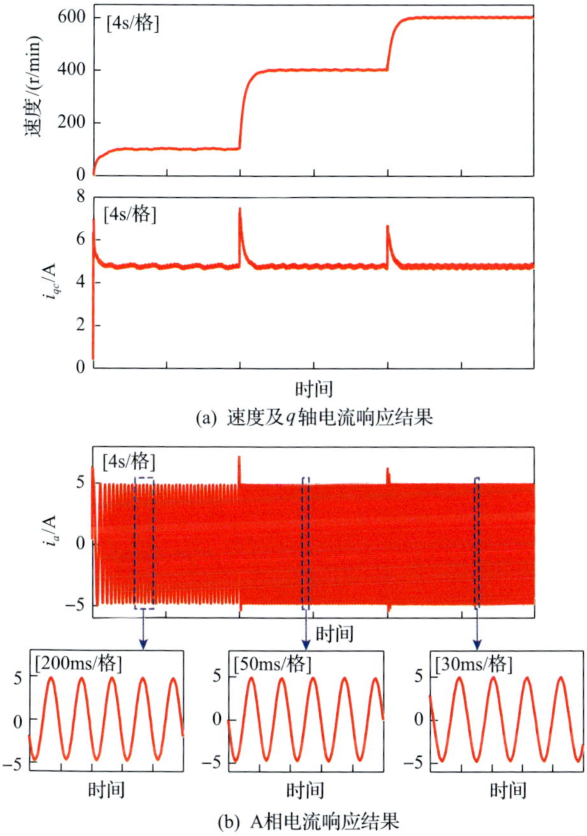

图 5.13　额定负载下系统阶跃响应结果

5.2　基于分数阶矢量谐振的鲁棒内模控制

5.2.1　分数阶矢量谐振控制器设计

矢量谐振控制器在准谐振控制器中嵌入了被控对象的逆，能够降低由被控对象造成的频率衰减，进而提高谐振控制器的增益。但是，当被控对象的参数失配时，矢量谐振控制器的谐波抑制性能会受到影响。在传统控制方法中，控制系统的数学模型和控制器通常都建立在整数阶微积分的基础上。但是，在实际系统中大多数物理模型都具有分数阶特征，采用分数阶微积分描述会更为准确。分数阶微积分是整数阶微积分的扩展，可将分数阶微积分引入矢量谐振控制器设计中，以提高矢量谐振控制器的频域性能。

首先介绍分数阶算子的基本定义。常用的分数阶微积分定义方式有 Caputo（卡普托型）、Grunwald-Letnikov（格伦瓦尔德-莱特尼科夫型，G-L）和 Riemann-Liouville（黎曼-刘维尔型，R-L）三种。

连续分数阶微积分算子表达如下[16-19]：

$$
{}_aD_t^{\xi}=\begin{cases}\dfrac{\mathrm{d}^{\xi}}{\mathrm{d}t^{\xi}} & \xi>0\\ 1 & \xi=0\\ \displaystyle\int_a^t(\mathrm{d}t)^{-\xi}, & \xi<0\end{cases}\tag{5.22}
$$

式中，D、$\xi\in\mathbb{R}$ 为分数阶算子；a、t 为分数阶微积分的上下限。

Caputo 微积分算子表达如下：

$$
{}_aD_t^{\xi}g(t)=\frac{1}{\Gamma(n-\xi)}\int_a^t\frac{g^n(t)}{(t-\tau)^{\xi+1-n}}\mathrm{d}t,\quad n-1<x<n\tag{5.23}
$$

式中，$\Gamma(n-\xi)$ 为 Gamma 函数，$\Gamma(n-\xi)=\int_0^{\infty}\mathrm{e}^{-t}t^{n-\xi-1}\mathrm{d}t$。

G-L 微积分算子表达如下：

$$
{}_aD_t^{\xi}g(t)=\frac{1}{\varDelta^{\xi}}\sum_{j=0}^{k}(-1)^j\binom{\xi}{j}\cdot g(k-j)\tag{5.24}
$$

式中，k 为采样间隔数；$\varDelta$ 为采样间隔；$\binom{\xi}{j}=\begin{cases}1, & j=0\\ \xi(\xi-1)\cdots(\xi-j+1)/j! & j=1,2,\cdots\end{cases}$ 为双线性变换系数。

R-L 微积分算子表达如下：

$$ {}_aD_t^{\xi}g(t)=\frac{1}{\Gamma(l-\xi)}\frac{\mathrm{d}^l}{\mathrm{d}t^l}\int_a^t\frac{g(\tau)}{(t-\tau)^{\xi+1-l}}\mathrm{d}t \tag{5.25}$$

式中，l 满足 $l-1\leqslant\xi<1$，且为整数。

常用的拉普拉斯变换也适用于分数阶系统，RL 分数阶导数的拉普拉斯变换表达如下：

$$L\left\{{}_0D_t^{\pm\xi}g(t)\right\}=\int_0^{\infty}\mathrm{e}^{-st}\,{}_0D_t^{\pm\xi}g(t)\mathrm{d}t=s^{\pm\xi}L\left\{g(t)\right\} \tag{5.26}$$

式中，$s\equiv\mathrm{j}\omega$ 为拉普拉斯算子。

整数阶矢量谐振控制器可表达如下[20]：

$$G(s)_{\mathrm{VR}}=\frac{2k_r\omega_c s\left(s+R_{s0}/L_{s0}\right)}{s^2+2\omega_c s+\omega_h^2} \tag{5.27}$$

在式(5.27)矢量谐振控制器的分子中引入分数阶项，分数阶矢量谐振控制器表达式如下：

$$G(s)_{\mathrm{FOVR}}=\frac{2k_r\omega_c s^{\alpha}\left(s+R_{s0}/L_{s0}\right)}{s^2+2\omega_c s+\omega_h^2} \tag{5.28}$$

式中，$\alpha\in[1,2)$ 为分数阶微积分的阶次。

由式(5.28)，可得如下表达式：

$$Y_k(s)=\frac{-2\omega_c}{s}Y_{k-1}(s)-\frac{(6\omega_h)^2}{s^2}Y_{k-1}(s)+R_k(s)\frac{2k_r\omega_c s^{\alpha}\left(s+R_{s0}/L_{s0}\right)}{s} \tag{5.29}$$

式中，$R_k(s)$、$Y_k(s)$ 分别为控制器的输入量和输出量。

分数阶矢量谐振控制器的结构框图如图 5.14 所示。

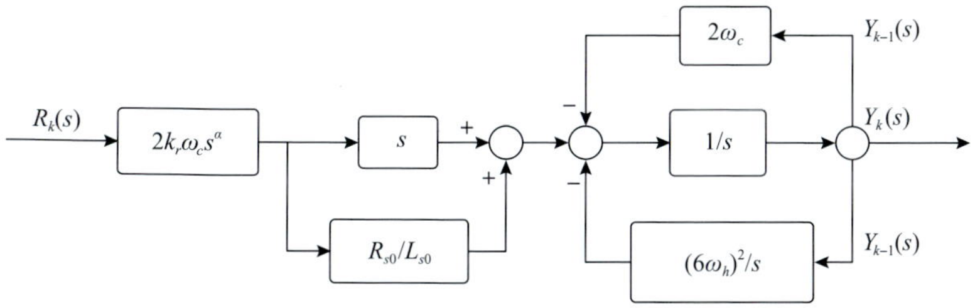

图 5.14　分数阶矢量谐振控制器结构框图

下面分析谐振控制增益 k_r 、阻尼系数 ω_c 和阶次 α 对分数阶矢量谐振控制器的影响。

设置谐振频率 ω_h 为 400π rad/s。阻尼系数 ω_c =1rad/s，阶次 $\alpha=1$ 保持不变，分数阶矢量谐振控制器的频率特性随谐振控制增益 k_r 变化曲线如图 5.15 所示。可以看出，在谐振控制增益变化过程中分数阶矢量谐振控制器的带宽保持不变，但谐振控制器的峰值增益与谐振控制增益 k_r 成正比。

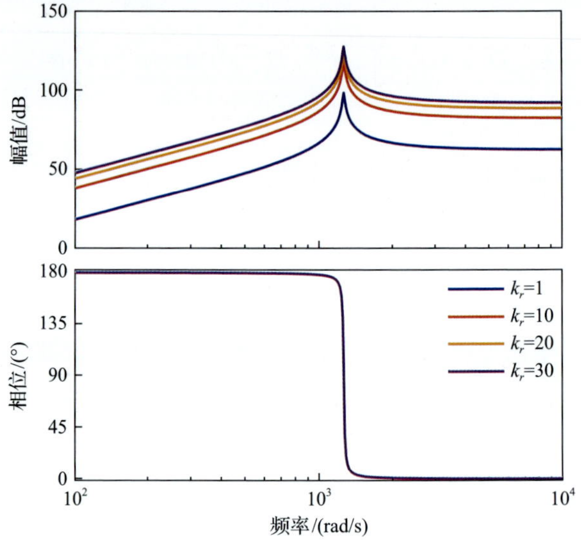

图 5.15　分数阶矢量谐振控制器的频率特性随谐振控制增益 k_r 变化曲线

谐振控制增益 $k_r=1$，阶次 $\alpha=1$ 保持不变，分数阶矢量谐振控制器的频率特性随阻尼系数 ω_c 变化曲线如图 5.16 所示。可以看出，分数阶矢量谐振控制器的峰值增益与阻尼系数 ω_c 成反比，阻尼系数越大，谐振控制器的增益越小。此外，分数阶矢量谐振控制器的带宽随着阻尼系数的增大而增大，带宽增大意味着谐振控制器对谐振频率变化的鲁棒性更强。在实际应用过程中，阻尼系数 ω_c 一般取值在 5～15rad/s。

谐振控制增益 $k_r=10$，阻尼系数 ω_c =10rad/s 保持不变，分数阶矢量谐振控制器的频率特性随阶次 α 变化曲线如图 5.17 所示。可以看出，随着阶次 α 增加，分数阶矢量谐振控制器带宽保持不变，但是相频曲线向上移动，相频曲线的向上移动代表系统的开环相位裕度增大。此外，谐振控制器的峰值增益也随着阶次 α 的增加而增大，此时谐振控制器将具有更强的谐波信号处理能力。

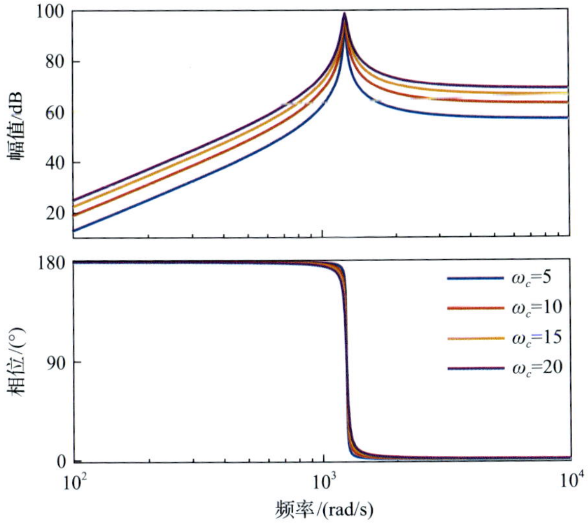

图 5.16　分数阶矢量谐振控制器的频率特性随阻尼系数 ω_c 变化曲线

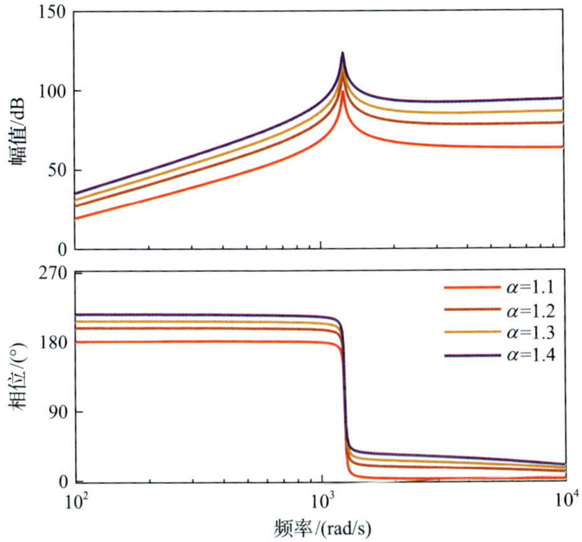

图 5.17　分数阶矢量谐振控制器的频率特性随阶次 α 变化曲线

5.2.2 鲁棒内模控制器设计

鲁棒内模控制方法是一种利用被控对象模型作为控制器参数显式部分的控制方法，其结构简单，能够实现对参数失配等扰动的良好鲁棒性。因此，本节采用鲁棒内模控制器代替 PI 控制器作为辅助控制器，以提高系统的控制性能。

基于鲁棒内模控制器的控制结构框图如图 5.18 所示。

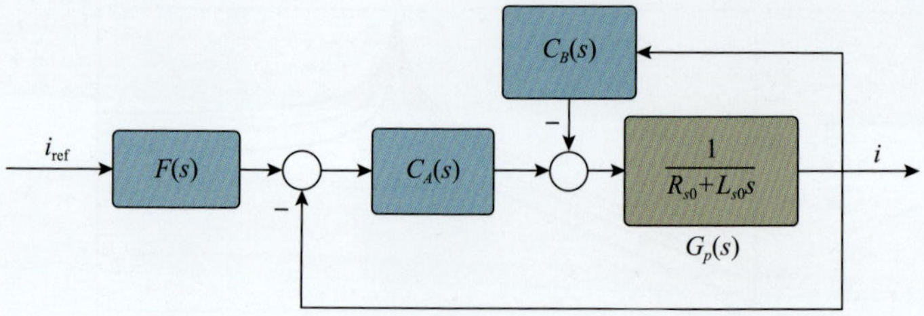

图 5.18　基于鲁棒内模控制器的控制结构框图

根据鲁棒内模控制原理，图 5.18 中的 $F(s)$、$C_A(s)$、$C_B(s)$ 表达式如下：

$$\begin{cases} F(s)=\dfrac{f_D(s)}{f(s)} \\ C_A(s)=\dfrac{G_{ry}(s)}{1-G_{ry}(s)}\dfrac{L_{s0}s+R_{s0}}{1-f(s)} \\ C_B(s)=\dfrac{\left(L_{s0}s+R_{s0}\right)f(s)}{1-f(s)}=\dfrac{2\lambda L_{s0}}{s^2}\left(s+\dfrac{1}{2\lambda}\right)\left(s+\dfrac{R_{s0}}{L_{s0}}\right) \end{cases} \tag{5.30}$$

式中，R_{s0}、L_{s0} 分别为电机电阻、电感的标称值；$f(s)$ 为内模滤波器；$f_D(s)$ 为提高参考值跟随性能的低通滤波器；$G_{ry}(s)=\dfrac{1}{\tau s+1}$，$\tau$ 为时间常数，$G_{ry}(s)$ 影响系统的动态跟踪轨迹。

内模滤波器 $f(s)$ 的表达式如下[21]：

$$f(s)=\frac{2\lambda s+1}{s^2+2\lambda s+1} \tag{5.31}$$

式中，λ 为内模滤波器的时间常数，该参数影响滤波器在参数失配或不确定性扰动等条件下的鲁棒性。

考虑参数失配扰动的影响，系统传递函数表达如下：

$$G'_{ry}(s)=[1+(1-f(s))\Delta d(s)]G_{ry}(s) \tag{5.32}$$

式中，$\Delta d(s)$ 为由参数失配产生的扰动。当时间常数 τ 和 λ 满足 $\tau \gg \lambda$ 时，高通滤波器 $1-f(s)$ 在低频段能保证足够大的衰减增益使 $(1-f(s))\Delta d(s) \ll 1$，使控制器获得良好的鲁棒性。

结合式(5.30)和式(5.31)，可得 $C_A(s)$ 表达式如下：

$$C_A(s)=\frac{(s+1)^2\left(L_{s0}s+R_{s0}\right)}{\tau s^3} \tag{5.33}$$

$f_D(s)$ 可设计为 $f_D(s)=\dfrac{\lambda s+1}{s^2+2\lambda s+1}$，由此可得 $F(s)$ 表达式如下：

$$F(s)=\frac{\lambda s+1}{2\lambda s+1} \tag{5.34}$$

对 $C_A(s)$ 和 $C_B(s)$ 进行拉普拉斯逆变换，可得鲁棒内模控制器 $u_{\rm IMC}$ 在时域的表达式如下：

$$\begin{aligned} u_{\rm IMC} &= k_{pe}e(t)+k_{ie1}\int_0^t e(t)\mathrm{d}t+k_{ie2}\int_0^t\int_0^t e(t)\mathrm{d}t\mathrm{d}t+k_{ie3}\int_0^t\int_0^t\int_0^t e(t)\mathrm{d}t\mathrm{d}t\mathrm{d}t \\ &\quad -k_{py}i(t)-k_{iy1}\int_0^t i(t)\mathrm{d}t-k_{iy2}\int_0^t\int_0^t i(t)\mathrm{d}t\mathrm{d}t \end{aligned} \tag{5.35}$$

式中，$e(t)=i_{\rm ref}F(s)-i(t)$；$k_{pe}=L_{s0}/\lambda$；$k_{ie1}=\left(2/\lambda+R_{s0}/L_{s0}\right)L_{s0}/\tau$；$k_{ie2}=\left[1/\lambda^2+2R_{s0}/\left(L_{s0}\lambda\right)\right]L_{s0}/\tau$；$k_{ie3}=R_{s0}/\left(\tau\lambda^2\right)$；$k_{py}=2L_{s0}/\lambda$；$k_{iy1}=L_{s0}\cdot\left[1/\lambda^2+2R_{s0}/\left(L_{s0}\lambda\right)\right]$；$k_{iy2}=R_{s0}/\lambda^2$。

$F(s)$ 为低通滤波器，可知 $i_{\rm ref}F(s)$ 趋近于 $i_{\rm ref}$，则 $e(t)=i_{\rm ref}-i(t)$。由式(5.35)可知，鲁棒内模控制器中含有多个积分环节。为避免积分迭代溢出，定义如下状态变量：

$$\begin{cases} x_1=e(t) \\ x_2=\displaystyle\int_0^t e(t)\mathrm{d}t-\frac{i_{\rm ref}\alpha_1 k_{pe}}{k_{ie1}+k_{iy1}} \\ x_3=\displaystyle\int_0^t\left(\int_0^r e(\delta)\mathrm{d}\delta-\frac{i_{\rm ref}\gamma_1 k_{iy1}}{k_{ie2}+k_{iy2}}\right)\mathrm{d}r-\frac{i_{\rm ref}\alpha_2 k_{py}}{k_{ie2}+k_{iy2}} \\ x_4=\displaystyle\int_0^t\left[\int_0^r\left(\int_0^d e(\theta)\mathrm{d}\theta-i_{\rm ref}\frac{k_{iy2}}{k_{ie3}}\right)\mathrm{d}\delta-i_{\rm ref}\frac{\gamma_2 k_{iy1}}{k_{ie3}}i_{\rm ref}\right]\mathrm{d}r-\frac{Ri_{\rm ref}}{k_{ie3}}-\frac{\alpha_3 i_{\rm ref}k_{py}}{k_{ie3}} \end{cases} \tag{5.36}$$

式中，$\alpha_1,\gamma_1\in\mathbb{R}^+$；$\alpha_2,\alpha_3,\gamma_2\in\mathbb{R}$。

若参数满足 $\alpha_1+\alpha_2+\alpha_3=1$，$\gamma_1+\gamma_2=1$，$\dfrac{\alpha_1 k_{pe}}{k_{ie1}+k_{iy1}}=\dfrac{k_{iy2}}{k_{ie3}}=\dfrac{\gamma_1 k_{iy1}}{k_{ie2}+k_{iy2}}$，$\dfrac{\alpha_2 k_{py}}{k_{ie2}+k_{iy2}}=\dfrac{\gamma_2 k_{iy1}}{k_{ie3}}$，则上述状态变量可表达如下：

$$\dot{x}_4=x_3,\quad \dot{x}_3=x_2,\quad \dot{x}_2=x_1 \tag{5.37}$$

电流环的微分方程可表达如下：

$$L\dot{i}(t)=u_{\mathrm{IMC}}-R_{s0}i \tag{5.38}$$

假设电流参考信号变化缓慢即 $\dot{i}_{\mathrm{ref}}=0$，可得如下表达式：

$$\dot{x}_1=-\frac{1}{L}\left[\left(k_{pe}+k_{py}+R_{s0}\right)x_1+\left(k_{ie1}+k_{iy1}\right)x_2+\left(k_{ie2}+k_{iy2}\right)x_3+k_{ie3}x_4\right] \tag{5.39}$$

将微分方程写成状态方程的形式：

$$\dot{\boldsymbol{x}}=\boldsymbol{A}\boldsymbol{x} \tag{5.40}$$

式中，$\boldsymbol{x}=[x_1\quad x_2\quad x_3\quad x_4]^{\mathrm{T}}$；$\boldsymbol{A}$ 为常数矩阵，其中 $\boldsymbol{A}(4,1)=-k_{ie3}/L$，$\boldsymbol{A}(4,2)=-\left(k_{ie2}+k_{iy2}\right)/L$，$\boldsymbol{A}(4,3)=-\left(k_{pe}+k_{py}+R\right)/L$，$\boldsymbol{A}(1,2)=\boldsymbol{A}(2,3)=\boldsymbol{A}(3,4)=1$，矩阵中除上述元素外其他元素均为 0。

5.2.3　基于分数阶矢量谐振的鲁棒内模控制及稳定性分析

结合分数阶矢量谐振控制方法和鲁棒内模控制方法，基于分数阶矢量谐振的鲁棒内模控制器（FOVR-Robust-IMC）被提出[22]。FOVR-Robust-IMC 的控制结构框图如图 5.19 所示，该方法结合了上述两种方法的优点，对谐波转矩、模型失配和不确定干扰等可表现出良好的鲁棒性。

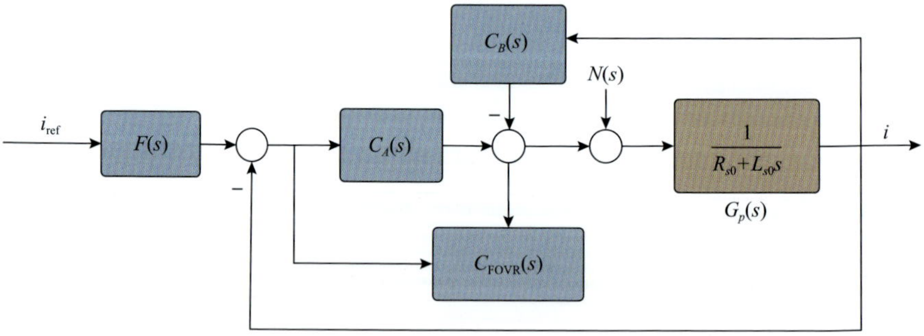

图 5.19　FOVR-Robust-IMC 控制结构框图

电流环闭环传递函数可表达如下：

$$i(s)=\frac{\left(C_A(s)+G_{\mathrm{FOVR}}(s)\right)G_p(s)F(s)i_{\mathrm{ref}}(s)}{1+\left(C_A(s)+G_{\mathrm{FOVR}}(s)+C_B(s)\right)G_p(s)}+\frac{G_p(s)\times N(s)}{1+\left(C_A(s)+G_{\mathrm{FOVR}}(s)+C_B(s)\right)G_p(s)} \tag{5.41}$$

分数阶矢量谐振控制器 $G_{\mathrm{FOVR}}(s)$ 中的分数阶项 s^{α} 将产生多个分数阶零点和

极点[23]，表达如下：

$$G_{\text{FOVR}}(s)=2k_r\omega_c\sum_{i=1}^{n}G_{Ri}(s) \tag{5.42}$$

式中，$G_{Ri}(s)$ 为由单个零极点(即 $(s+z_i)/(s+p_i)$)相乘所得传递函数。

采用小增益定理进行推导论证，分析基于分数阶矢量谐振的鲁棒内模方法的控制器的稳定性和鲁棒稳定性。

定理 5.1(控制器稳定性)　FOVR-Robust-IMC 算法稳定的充要条件为

$$\left\|\sum_{i=1}^{n}G_{Ri}(s)\right\|_\infty<\left\|\frac{1+G_p(s)\left(C_A(s)+C_B(s)\right)}{2k_r\omega_c G_p(s)}\right\|_\infty \tag{5.43}$$

证明　电流环的特征多项式表达如下：

$$L(s)=\left[1+G_p(s)\left(C_A(s)+C_B(s)\right)\right]\times\left[1+\frac{2k_r\omega_c G_p(s)\sum_{i=1}^{n}G_i(s)}{1+G_p(s)\left(C_A(s)+C_B(s)\right)}\right] \tag{5.44}$$

假设常数矩阵 $\boldsymbol{A}$ 为赫尔维兹矩阵，则 $C_A(s)$、$C_B(s)$ 能够使闭环传递函数的零极点落在复平面的左半部。由此，FOVR-Robust-IMC 的稳定性由以下传递函数来决定：

$$\Theta(s)=\frac{2k_r\omega_c G_p(s)\sum_{i=1}^{n}G_{Ri}(s)}{1+G_p(s)\left(C_A(s)+C_B(s)\right)} \tag{5.45}$$

基于小增益定理[24]，控制器稳定性条件可表示如下：

$$\left\|\frac{2k_r\omega_c G_p(s)\sum_{i=1}^{n}G_{Ri}(s)}{1+G_p(s)\left(C_A(s)+C_B(s)\right)}\right\|_\infty\leqslant\left\|\frac{2k_r\omega_c G_p(s)}{1+G_p(s)\left(C_A(s)+C_B(s)\right)}\right\|_\infty\left\|\sum_{i=1}^{n}G_{Ri}(s)\right\|_\infty<1 \tag{5.46}$$

由式(5.46)推导可得式(5.43)。证毕。

定理 5.2(鲁棒稳定性)　当考虑电流环的模型失配因素时，被控对象可表示为 $\tilde{G}_p(s)=G_p(s)\left(1+\Delta G_p(s)\right)$，$\Delta G_p(s)$ 为电流环的模型误差。假设扰动 $N(s)=0$，

电流环的闭环传递函数可化简为如下表达式：

$$Q(s)=\frac{\left(C_A(s)+2k_r\omega_c\sum_{i=1}^{n}G_{Ri}(s)\right)G_p(s)F(s)}{1+\left(C_A(s)+G_{\text{FOVR}}(s)+C_B(s)\right)G_p(s)} \tag{5.47}$$

假设电流环是稳定的，即满足式(5.43)，系统鲁棒稳定的充分条件表达式如下：

$$\left\|\Delta G_p(s)\right\|_\infty<\left\|\frac{1}{Q(s)}\right\|_\infty \tag{5.48}$$

证明　考虑模型失配因素，电流环的特征多项式表达如下：

$$\begin{aligned}\tilde{L}(s)&=1+G_p(s)\left(1+\Delta G_p(s)\right)\times\left(C_A(s)+2k_r\omega_c\sum_{i=1}^{n}G_{Ri}(s)+C_B(s)\right)\\&=1+G_p(s)\left(C_A(s)+2k_r\omega_c\sum_{i=1}^{n}G_{Ri}(s)+C_B(s)\right)\\&\quad\cdot\left\{1+\frac{\Delta G_p(s)\left[G_p(s)\left(C_A(s)+2k_r\omega_c\sum_{i=1}^{n}G_{Ri}(s)+C_B(s)\right)\right]}{1+G_p(s)\left(C_A(s)+2k_r\omega_c\sum_{i=1}^{n}G_{Ri}(s)+C_B(s)\right)}\right\}\\&=L(s)\left(1+Q(s)\Delta G_p(s)\right)\end{aligned} \tag{5.49}$$

由分析可知，闭环特征多项式 $L(s)$ 能够使分数阶算子满足条件(5.43)。因此，为保证系统的鲁棒稳定性，$1+Q(s)\Delta G_p(s)$ 应是稳定的，基于小增益定理，可得到鲁棒稳定的充分条件表达式如下：

$$\left\|Q(s)\Delta G_p(s)\right\|_\infty\leqslant\left\|Q(s)\right\|_\infty\left\|\Delta G_p(s)\right\|_\infty<1 \tag{5.50}$$

证毕。

5.2.4　仿真实例

为验证 FOVR-Robust-IMC 方法的有效性，搭建永磁同步电机控制系统仿真模型并进行验证。首先，对 PI 和 FOVR-Robust-IMC 方法进行参数调整，使系统的动态响应在达到 96% i_{qref} 时具有相同的调节时间。在仿真过程中，PI 和 FOVR-Robust-IMC 方法的控制参数保持不变。

1. FOVR-Robust-IMC 方法控制对参数摄动的鲁棒性验证

在发生电感失配（$L = 3I_{s0}$）时，电流阶跃响应结果对比如图 5.20(a)所示。可以看出，PI 控制在跟踪 0.8A 的电流指令过程中出现了较大的超调量并且需要较长的调节时间达到稳态。然而，FOVR-Robust-IMC 方法控制仍然可以提供较好的动态响应，在电流跟踪过程中无超调。

在发生电阻失配（$R = 2R_{s0}$）时，电流阶跃响应结果对比如图 5.20(b)所示。可以看出，在 PI 控制下，电流需要较长的稳定时间才能达到稳态，且在跟踪过程中出现较大的稳态误差。对比而言，FOVR-Robust-IMC 方法控制动态响应和稳态误差几乎没有变化。

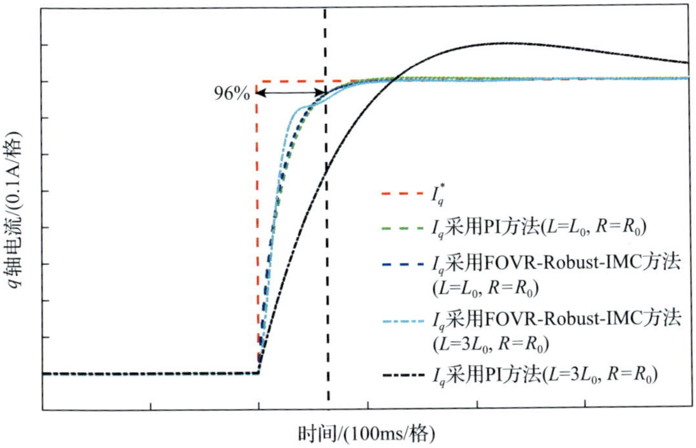

(a) 电感参数失配时的电流响应曲线

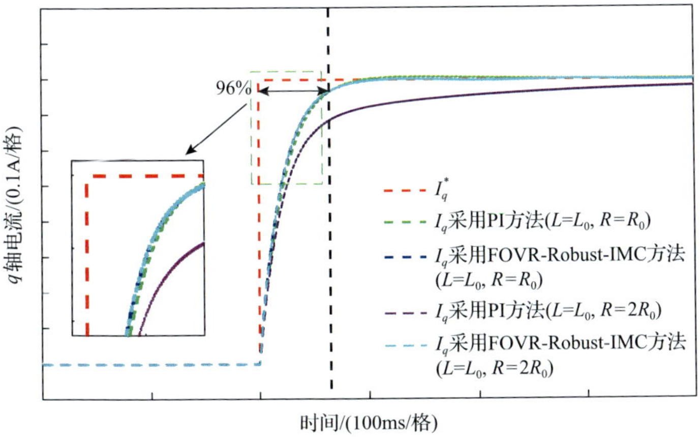

(b) 电阻参数失配时电流响应曲线

图 5.20　参数失配时的电流动态响应结果

上述仿真结果表明，在电流环电阻、电感参数发生摄动时，FOVR-Robust-IMC 方法仍能够保证良好的控制性能。FOVR-Robust-IMC 方法对参数摄动扰动具有较好的鲁棒性。

2. FOVR-Robust-IMC 方法控制对谐波抑制的有效性验证

电流控制器在 t =0～0.5s 时采用 PI 或 Robust-IMC 方法，在 t =0.5s 时启用 VR 或 FOVR 控制器协同控制。在电机以 50r/min 的速度闭环运行条件下，谐振控制器的谐振中心频率取 $6\omega_h$ ，对比分析系统电流和速度的稳态控制性能。PI 与 PI-VR 控制结果对比如图 5.21 所示，PI 与 PI-FOVR 方法控制结果对比如图 5.22 所示，Robust-IMC 与 FOVR-Robust-IMC 方法控制结果对比如图 5.23 所示。

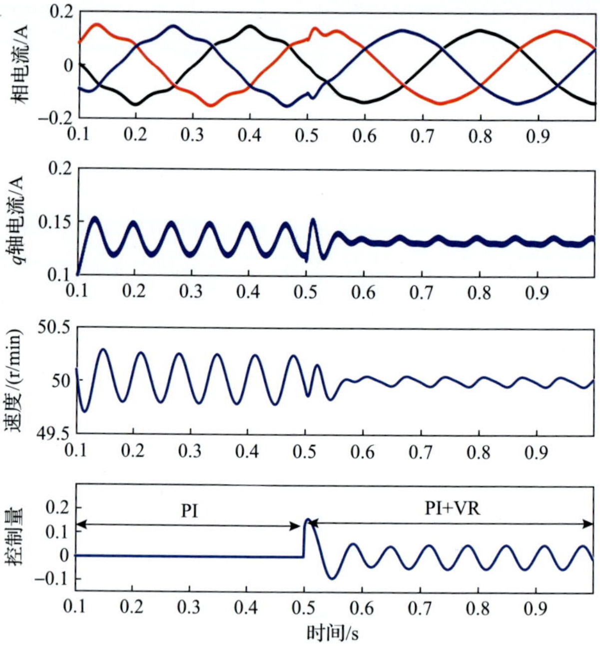

图 5.21　PI 和 PI-VR 方法的稳态控制性能(50r/min)

图 5.21 为 PI 和 PI-VR 方法的稳态控制性能对比。单独使用 PI 控制器时，系统的相电流响应经 FFT 分析出现了 5 次和 7 次谐波，THD 达 6.75%。同时，q 轴电流响应中出现 6 次谐波，速度回路出现幅值为 0.25r/min 的同频次谐波。当 VR 控制器启用后，对相电流中的 5 次和 7 次谐波进行补偿。此时，速度回路中的 6 次谐波幅值降低至 0.053r/min。虽然经补偿后相电流响应中仍存在一定畸变，但 THD 降低为 1.78%。上述仿真结果验证了 PI-VR 控制器抑制谐波的有效性。

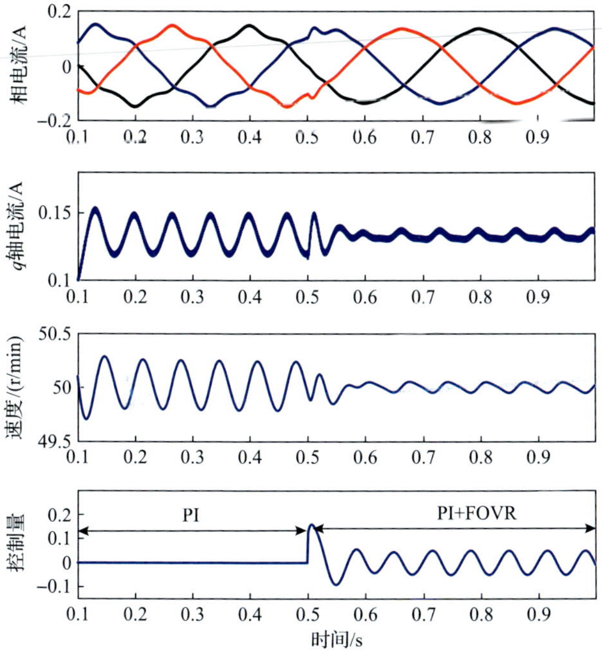

图 5.22　PI 和 PI-FOVR 方法的稳态控制性能(50r/min)

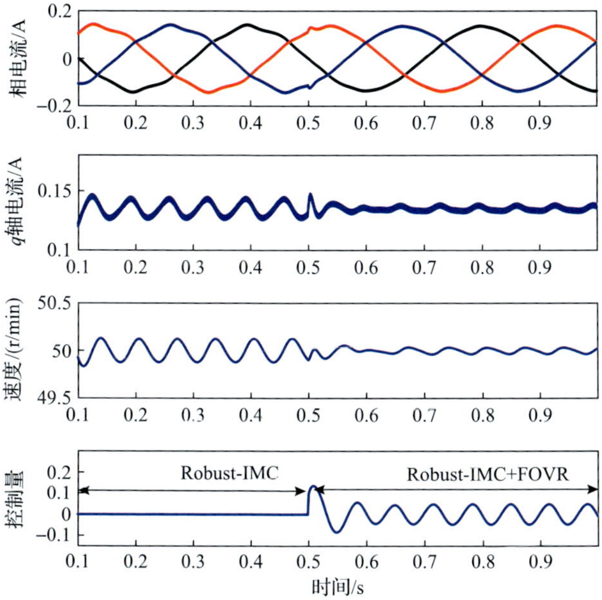

图 5.23　Robust-IMC 和 FOVR-Robust-IMC 方法的稳态控制性能(50r/min)

图 5.22 为 PI 和 PI-FOVR 方法的稳态控制性能对比。经 FFT 分析，采用 PI-FOVR 方法时，相电流的 THD 降低为 1.65%，速度脉动降低至 0.049r/min，q 轴电流的

谐波分量被有效降低。对比 PI-VR 方法和 PI-FOVR 方法的电流和速度响应曲线，可以看出，采用 FOVR 方法可以进一步减小由电流谐波引起的电流和速度稳态误差，与理论分析一致。

图 5.23 为 Robust-IMC 和 FOVR-Robust-IMC 方法的稳态控制性能对比。经 FFT 分析，单独采用鲁棒内模控制器调节 q 轴电流时，相电流的 THD 为 3.98%，转速中出现幅值为 0.14r/min 的 6 次谐波。与 PI 控制器相比，采用鲁棒内模控制算法的相电流谐波降低了 41%，但谐波分量仍然很大。当电流环采用基于分数阶矢量谐振的鲁棒内模控制方法时，相电流的 THD 降低到 0.85%，速度误差降低在 0.031r/min 以内。上述仿真结果验证了 FOVR-Robust-IMC 方法对谐波抑制的有效性。

5.3　本 章 小 结

周期性谐波扰动是永磁同步电机控制系统中一种常见的扰动因素，当谐波扰动幅值较大时，将会严重影响系统的控制性能，甚至可能影响系统的稳定性。相比于传统谐振控制器，矢量谐振控制器提高了系统对被控信号频率偏移的鲁棒性，在处理周期性谐波扰动时具有更大的优势。此外，为了提高控制系统的鲁棒性，研究人员提出将一些抗扰动能力强的控制方法与矢量控制方法相结合，以期实现系统综合控制性能的提高。本章对基于降阶矢量谐振的广义自抗扰控制方法和基于分数阶矢量谐振控制的鲁棒内模控制方法分别进行了介绍，描述了控制算法的设计过程。其中，基于降阶矢量谐振的广义自抗扰控制方法可实现正负序谐波的分离和提取，同时能够解决相位延迟和峰值点问题，有效提高了系统的谐波抑制性能和抗外部力矩扰动的能力。基于分数阶矢量谐振的鲁棒内模控制方法有效降低了电流控制的谐波失真率，且在电阻、电感参数失配条件下仍能够实现良好的电流控制性能。

参 考 文 献

[1] 李帅，孙立志，刘兴亚，等. 永磁同步电机电流谐波抑制策略[J]. 电工技术学报，2019, 34(S1): 87-96.

[2] Guo B L, Bacha S, Alamir M, et al. Generalized integrator-extended state observer with applications to grid-connected converters in the presence of disturbances[J]. IEEE Transactions on Control Systems Technology , 2021, 29(2): 744-755.

[3] Xia C L, Ji B, Yan Y. Smooth speed control for low-speed high-torque permanent-magnet synchronous motor using proportional-integral-resonant controller[J]. IEEE Transactions on Industrial Electronics, 2015, 62(4): 2123-2134.

[4] Wang Z, Zhao J W, Wang L J, et al. Combined vector resonant and active disturbance rejection control for PMSLM current harmonic suppression[J]. IEEE Transactions on Industrial Informatics, 2020, 16(9): 5691-5702.

[5] Wu Z, Zhang H L, Liu K, et al. Dead-time compensation based on a modified multiple complex coefficient filter for permanent magnet synchronous machine drives[J]. IEEE Transactions on Power Electronics, 2021, 36(11): 12979-12989.

[6] Cao H Y, Deng Y T, Li H W, et al. Generalized active disturbance rejection with reduced-order vector resonant control for PMSM current disturbances suppression[J]. IEEE Transactions on Power Electronics, 2023, 38(5): 6407-6421.

[7] Yang F, Jiang F, Xu Z J, et al. Complex coefficient active disturbance rejection controller for current harmonics suppression of IPMSM drives[J]. IEEE Transactions on Power Electronics, 2022, 37(9): 10443-10454.

[8] Yepes A G, Freijedo F D, López Ó, et al. High-performance digital resonant controllers implemented with two integrators[J]. IEEE Transactions on Power Electronics, 2011, 26(2): 563-576.

[9] Abosh A H, Zhu Z Q, Ren Y. Cascaded direct torque control of unbalanced PMSM with low torque and flux ripples[J]. IEEE Transactions on Power Electronics, 2018, 33(2): 1740-1749.

[10] Godbole A A, Kolhe J P, Talole S E. Performance analysis of generalized extended state observer in tackling sinusoidal disturbances[J]. IEEE Transactions on Control Systems Technology, 2013, 21(6): 2212-2223.

[11] Yang Z Y, Yan Z D, Lu Y F, et al. Double DOF strategy for continuous-wave pulse generator based on extended Kalman filter and adaptive linear active disturbance rejection control[J]. IEEE Transactions on Power Electronics, 2022, 37(2): 1382-1393.

[12] Gao Z Q. Scaling and bandwidth-parameterization based controller tuning[C]. Proceedings of the American Control Conference, Denver, 2003: 4989-4996.

[13] Han J Q. From PID to active disturbance rejection control[J]. IEEE Transactions on Industrial Electronics, 2009, 56(3): 900-906.

[14] Jin H Y, Song J C, Lan W Y, et al. On the characteristics of ADRC: A PID interpretation[J]. Science China: Information Sciences, 2020, 63(10): 258-260.

[15] Cao H Y, Deng Y T, Zuo Y F, et al. Improved ADRC with a cascade extended state observer based on quasi-generalized integrator for PMSM current disturbances attenuation[J]. IEEE Transactions on Transportation Electrification, 2024, 10(1): 2145-2157.

[16] Chen Y Q, Petras I, Xue D Y. Fractional order control: A tutorial[C]. American Control Conference, St. Louis, 2009: 1397-1411.

[17] 薛定宇, 赵春娜, 潘峰. 基于框图的分数阶非线性系统仿真方法及应用[J]. 系统仿真学报,

2006, 18(9): 2405-2408.

[18] Zheng W J, Wang X H, Pi Y G. Study of the fractional order proportional integral controller for PMSM based on differential evolution algorithm[C]. IEEE Advanced Information Technology, Electronic and Automation Control Conference, Chongqing, 2015: 201-205.

[19] 肖静宇. 几类分数阶微分方程的数值方法研究[D]. 哈尔滨: 哈尔滨工业大学, 2013.

[20] Yi H, Zhuo F, Zhang Y J, et al. A source-current-detected shunt active power filter control scheme based on vector resonant controller[J]. IEEE Transactions on Industry Applications, 2013, 50 (3): 1953-1965.

[21] Li P, Zhu G L. Robust internal model control of servo motor based on sliding mode control approach[J]. ISA Transactions, 2019, 93: 199-208.

[22] Huang M F, Deng Y T, Li H W, et al. Torque ripple suppression of PMSM using fractional-order vector resonant and robust internal model control[J]. IEEE Transactions on Transportation Electrification, 2021, 7(3): 1437-1453.

[23] 吴金辉. 滚珠丝杠与直线电机的比较[J]. 现代制造, 2009, (14): 6-7.

[24] Desoer C A, Vidyasagar M. Feedback Systems: Input-output Properties[M]. Philadelphia: Society for Industrial and Applied Mathematics, 2009.

第 6 章　基于预测控制理论的永磁同步电机控制

近年来，随着微处理器计算能力不断提高，模型预测控制(model predictive control，MPC)理论被引入电力电子控制领域。模型预测控制方法可有效克服控制过程的不确定性、非线性等因素，且能方便地处理被控系统中的各种约束，具有控制效果好、鲁棒性强等优点。目前，模型预测控制方法被广泛认为是永磁同步电机控制领域最具潜力的高性能控制方法。本章首先介绍模型预测控制的基本原理，并在此基础上介绍有限控制集模型预测控制在永磁同步电机电流控制方面的应用。对于有限控制集模型预测控制，模型参数失配将严重影响模型预测控制性能。为了解决上述问题，本章依次介绍有限控制集模型预测控制、有限控制集无模型预测控制和基于数据驱动的有限控制集模型预测控制等方法。有限控制集无模型预测电流控制方法和基于数据驱动的有限控制集模型预测电流控制方法可在系统参数失配的条件下大大提高系统的电流控制精度。

6.1　有限控制集模型预测控制

6.1.1　模型预测控制基本原理

模型预测控制不是特指某一个具体的控制器，而是包含一类使用系统模型来预测变量在预定义时间段内的未来行为，并从中选择一个最优操作实现代价函数最小化的控制器[1,2]。模型预测控制方法具有概念简单、易于理解、适用系统广泛等优势。但是，与常规控制器相比，最优操作的实现给模型预测控制方法带来较大的计算量。此外，系统模型的准确度也将直接影响模型预测控制的性能。

模型预测控制的主要特点在于它使用系统模型来预测控制变量未来的变化，根据预先定义的最优化准则，控制器将通过这些信息来确定最优的控制方式。

模型预测控制的实现步骤如下[3]。

1)基于系统模型来预测变量在预定义时间段内未来的变化

可使用如下状态空间模型来描述预测离散时间系统的模型：

$$\begin{cases} \boldsymbol{x}(k+1)=\boldsymbol{A}\boldsymbol{x}(k)+\boldsymbol{B}\boldsymbol{u}(k) \\ \boldsymbol{y}(k)=\boldsymbol{C}\boldsymbol{x}(k)+\boldsymbol{D}\boldsymbol{u}(k) \end{cases} \tag{6.1}$$

2）利用代价函数表示期望的系统行为

代价函数应充分考虑系统的参考值、未来状态和未来操作，表达如下：

$$J = f\left(\boldsymbol{x}(k), \boldsymbol{u}(k), \cdots, \boldsymbol{u}(k+N)\right) \tag{6.2}$$

3）通过最小化代价函数确定系统最优操作方式

模型预测控制属于最优化问题，在预定义的时间段内，该方法按照系统模型和系统的约束条件要求实现代价函数的最小化。其结果为 N 个最优操作组成的序列，但控制器只使用该序列中的第一个元素。

最优操作序列表达如下：

$$\boldsymbol{u}(k) = \begin{bmatrix}1 & 0 & \cdots & 0\end{bmatrix} \arg\min_{u} J \tag{6.3}$$

不断使用最新的测量数据，并获取各对应时间点的最优动作序列，在每个采样时刻都会重新解决最优化问题。

模型预测控制的工作原理如图 6.1 所示。在预定义的时间段 $k+N$ 内，使用系统模型和 k 时刻之前的有效信息（测量值），按照最小化代价函数的原则，可预测出系统未来状态的数值。最后，使用最优动作序列中的第一个元素进行闭环控制。考虑到系统会不断获取新的测量数据，每个采样时刻都会重复处理整个过程。

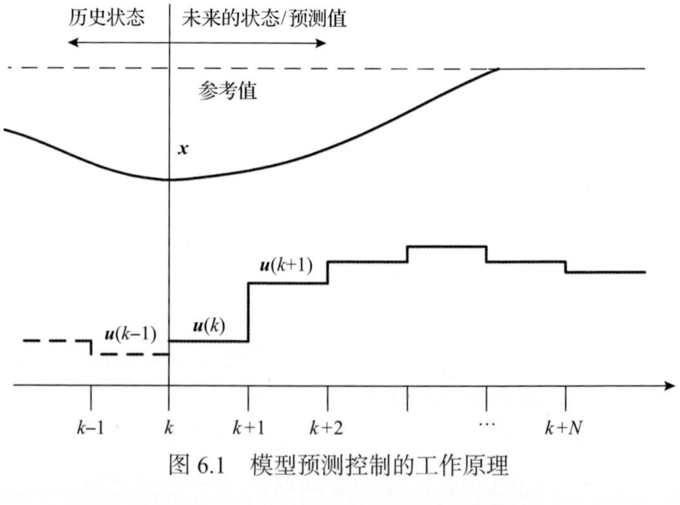

图 6.1　模型预测控制的工作原理

连续控制集模型预测控制（CCS-MPC）和有限控制集模型预测控制（FCS-MPC）是两种常见的模型预测控制方法，上述两种方法在永磁同步电机控制系统中的应用各有特点[4]。连续控制集模型预测控制能够较好地描述电机的动态特性，从而提高控制精度和稳定性；该算法的控制周期可以和采样周期保持一致，具有较好的电磁兼容性能。但连续控制集模型预测控制计算量较大，需要高性能的计算平台，可能存在数值误差和数值不稳定的问题。此外，连续控制集模型预测控制非常容易受到模型误差的影响。有限控制集模型预测控制原理简单、易于实现，适用于高速控制和电机模型离散化情况下的控制，开关频率相对较低，可以在不同的采样周期内实现控制。但由于有限控制集模型预测控制采用了离散化的状态转移模型，可能导致控制误差增大，容易出现开关频繁切换和电机振荡的问题，在低速运行情况下控制精度较低。从原理层面讲，连续控制集模型预测控制方法基于磁场定向控制(FOC)框架；而有限控制集模型预测控制方法脱离了 FOC 框架，直接使用电机的状态空间模型。电机模型一般以电机状态变量为自变量，输出的是电机的状态变量和控制变量，因此有限控制集模型预测控制更具有模型预测控制的特征。

6.1.2　有限控制集模型预测电流控制

在实际的模型预测控制系统中，采样时间和控制器计算速度等是需要考虑的重要因素。一般情况下，为了提高计算效率，模型预测控制方法会采用显式控制规则来解决最优化问题。显式模型预测控制的思想是通过充分考虑系统模型、约束条件和控制目标等因素，在离线处理过程中生成一个以系统状态为变量、以最优解为函数值的对照表，这个对照表是通过物理建模和数学运算等方式得出的。在实际应用中，显式模型预测控制能够降低在线最优化处理的计算需求，从而提高系统的响应速度。

模型预测控制的预测模型是一个行为模型，主要用来预测电机的动态。永磁同步电机电流环的空间状态方程表达如下：

$$\begin{bmatrix} \dfrac{\mathrm{d}i_d}{\mathrm{d}t} \\ \dfrac{\mathrm{d}i_q}{\mathrm{d}t} \end{bmatrix} = \begin{bmatrix} -\dfrac{R_s}{L_d} & \dfrac{\omega_e L_q}{L_d} \\ -\dfrac{\omega_e L_d}{L_q} & -\dfrac{R_s}{L_q} \end{bmatrix} \begin{bmatrix} i_d \\ i_q \end{bmatrix} + \begin{bmatrix} \dfrac{1}{L_d} & 0 \\ 0 & \dfrac{1}{L_q} \end{bmatrix} \begin{bmatrix} u_d \\ u_q \end{bmatrix} + \begin{bmatrix} 0 \\ -\dfrac{\omega_e \psi_f}{L_q} \end{bmatrix} \tag{6.4}$$

基于 $\alpha\beta$ 坐标系，以电流 i_α、i_β 及其参考值 i_α^*、i_β^* 为对象对模型预测控制滚动优化的工作原理进行介绍[5,6]，示意图如图 6.2 所示。将电流变量做如下离散化处理：$\dfrac{\mathrm{d}i}{\mathrm{d}t} \approx \dfrac{i(k+1)-i(k)}{T_s}$。通过测量值 $i(k)$ 和电压矢量 $\boldsymbol{V}(k)$ 的所有切换状态，估算未来的电流 $i(k+1)$，用 $i^p(k+1)$ 表示。相较于其他电压矢量，能够使预测电流矢量最接近参考向量的电压矢量，即下一时刻实际采用的控制信号。

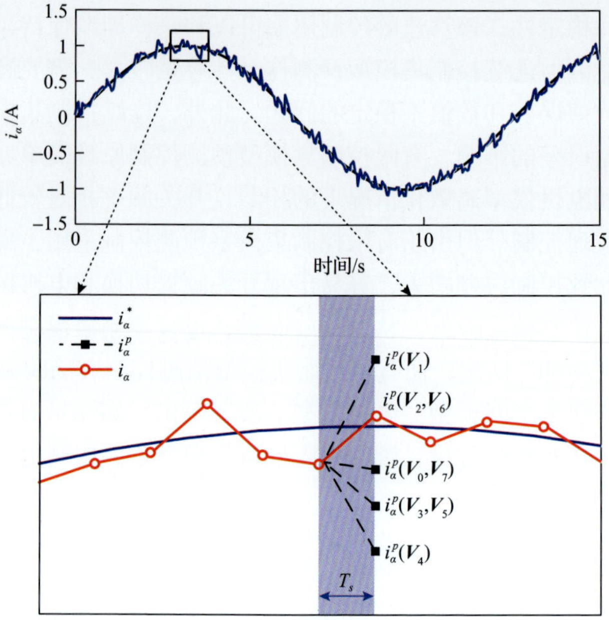

(a) α轴电流

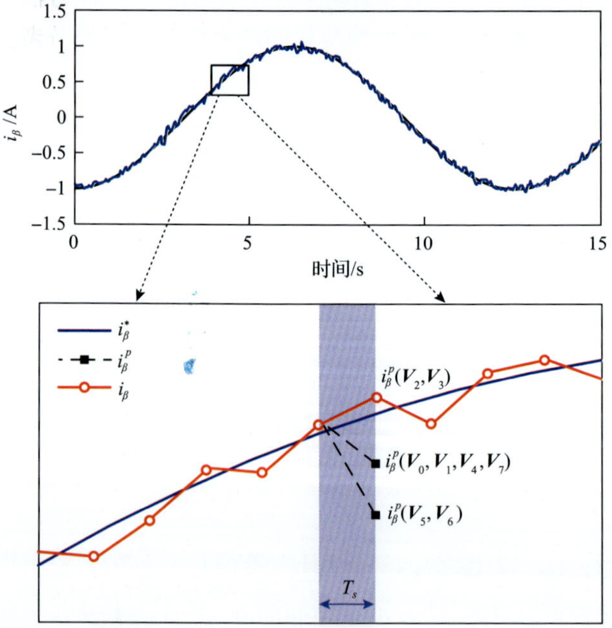

(b) β轴电流

图 6.2　参考电流和预测电流示意图

由图 6.2(a)可以看出，电压向量$\boldsymbol{V}_2$和$\boldsymbol{V}_6$可以最小化电流i_α的误差；由图 6.2(b)

可以看出，电压向量$\boldsymbol{V}_2$和$\boldsymbol{V}_3$可以最小化电流i_β的误差。因此，电压向量$\boldsymbol{V}_2$被选择为基于代价函数g的参考向量。从数值的角度来看，每个电压矢量生成一个预测电流，从而生成一个代价函数的值。若电压向量$\boldsymbol{V}_2$产生了代价函数g的最小值，则选择电压矢量$\boldsymbol{V}_2$并将其应用于逆变器中。

在本示例中，代价函数g的表达式如下：

$$g=\sqrt{\left(i_\alpha^*-i_\alpha^p\right)^2}+\sqrt{\left(i_\beta^*-i_\beta^p\right)^2} \tag{6.5}$$

通常模型预测控制中周期滚动优化任务的时序如图 6.3 所示，不同任务所需的处理时间不同。其中，预测和最优开关状态选择是比较耗时的任务，原因在于这种任务需要进行多次针对不同电压向量的成本函数计算。在每个控制周期，模型预测控制算法均循环执行优化任务。

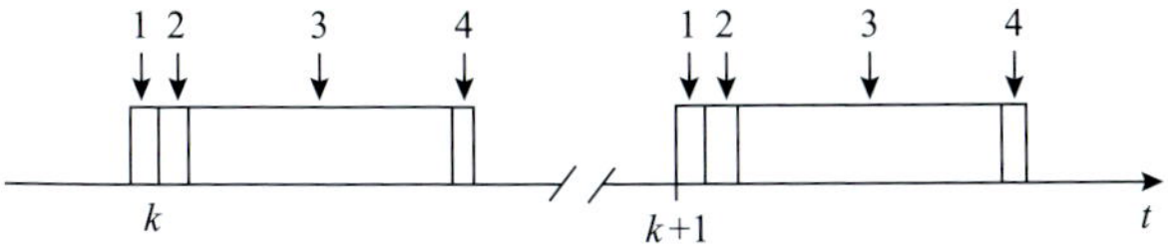

图 6.3　滚动优化任务时序图

1-电流测量；2-反电动势估计；3-预测电流并选择最优化代价函数；4-应用最优化电压矢量

在解决预测模型和滚动优化问题后，为了提高控制系统的鲁棒性和控制精度，模型预测控制需要采用闭环控制机制。其闭环控制结构类似于 FOC 或 DTC，基于电流模型预测控制的永磁同步电机控制结构框图如图 6.4 所示。闭环控制是模型预测控制中必不可少的一环，闭环控制结构能够帮助模型预测控制系统实时获取反馈信号，并根据实际反馈信号进行控制量调整，从而提高控制系统的稳定性和

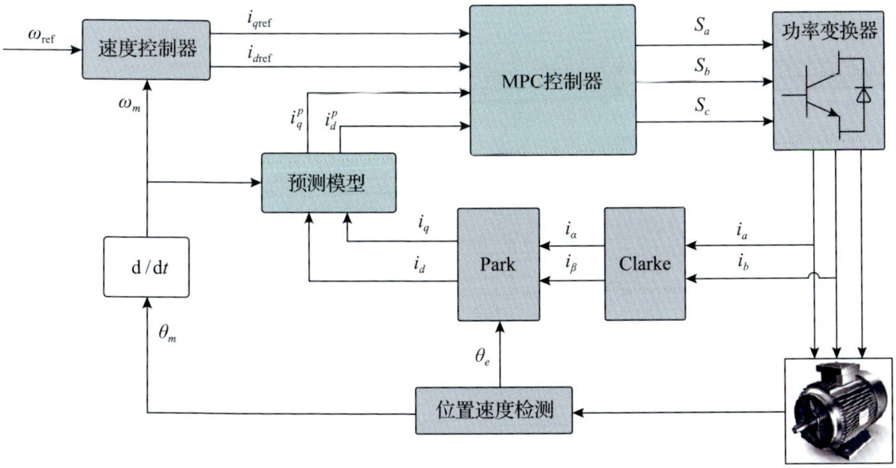

图 6.4　基于电流模型预测控制的永磁同步电机控制结构框图

精度。通过闭环控制结构，模型预测控制可以更加准确地预测未来的状态，以达到预期的控制效果。

6.1.3　仿真实例

根据图 6.4 基于电流模型预测控制的永磁同步电机控制结构框图，搭建永磁同步电机的有限控制集模型预测控制仿真模型。设置速度参考指令为 100r/min，外部负载力矩为 2N·m，对有限控制集模型预测控制的电流控制性能进行仿真分析。

图 6.5 给出了采样时间为 T_s =100μs 时，q 轴电流和 A 相电压的响应结果。可以看出，有限控制集模型预测电流控制能够实现对参考电流信号的跟踪，但是存在一定程度的稳态误差和纹波电流。图 6.6 给出了采样时间为 T_s =25μs 时，q 轴电流和 A 相电压的稳态响应结果。可以看到，在采样频率更高的条件下，q 轴电流的跟踪误差和纹波电流都得到了大幅度降低，电流控制性能得到了较大改善。通过对比相电压响应曲线可以看出，相比于采样时间 T_s =100μs，在采样时间 T_s = 25μs 时系统模型预测控制的开关频率大幅度增加。

图 6.7 和图 6.8 分别给出了采样时间为 T_s =100μs 和 T_s =25μs 的条件下，外部负载扰动力矩阶跃变化时 q 轴电流和 A 相电压的响应结果。外部负载扰动力矩在 t =1s 时从 2N·m 阶跃至 4N·m，可以看出，在不同的采样频率下 q 轴电流均能够快速地响应和跟踪参考电流的变化，且系统的采样频率越高，电流稳态响应波动越小，电流控制性能越好。

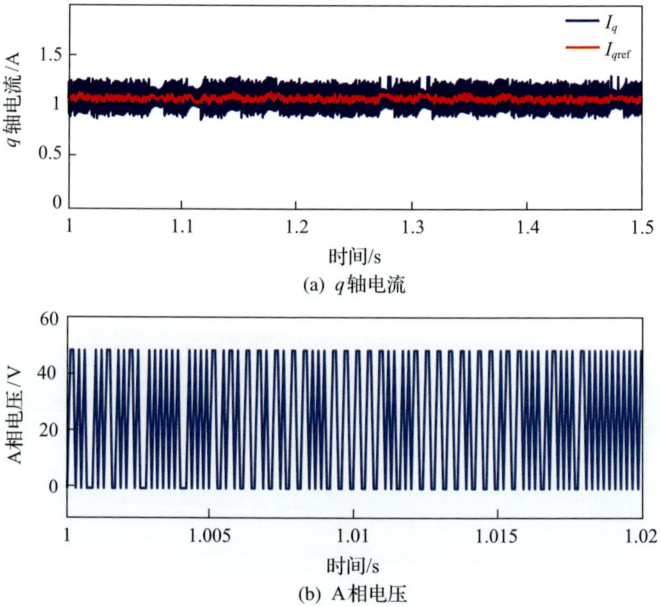

图 6.5　q 轴电流和 A 相电压响应结果（T_s =100μs）

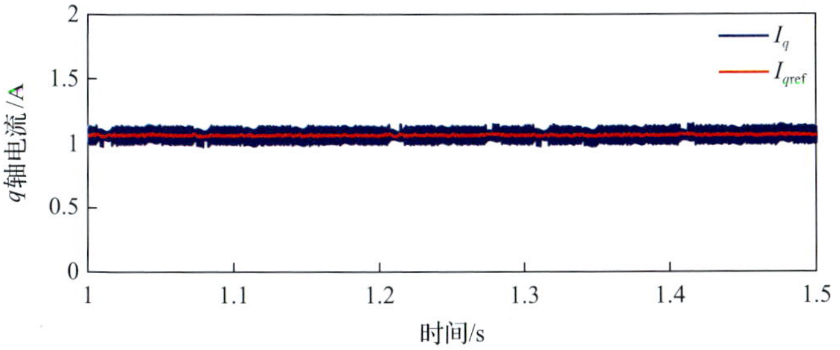

(a) q轴电流

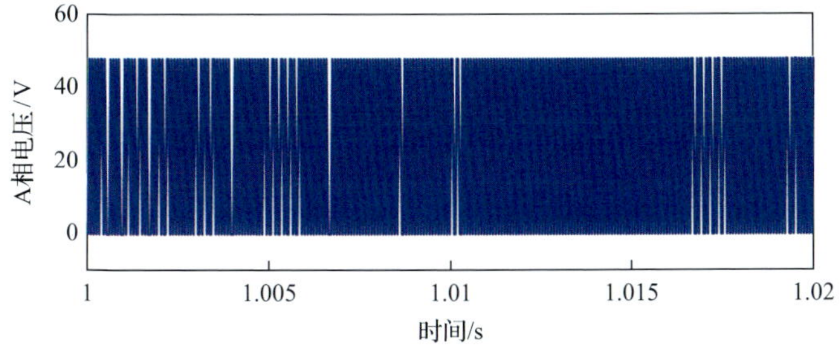

(b) A相电压

图 6.6　q 轴电流和 A 相电压响应结果（T_s =25μs）

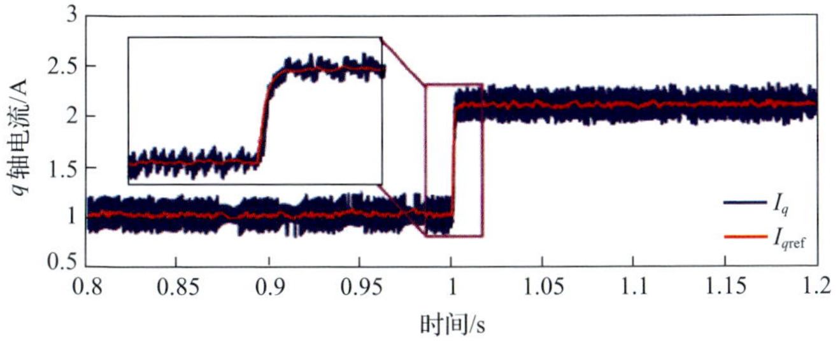

(a) q轴电流

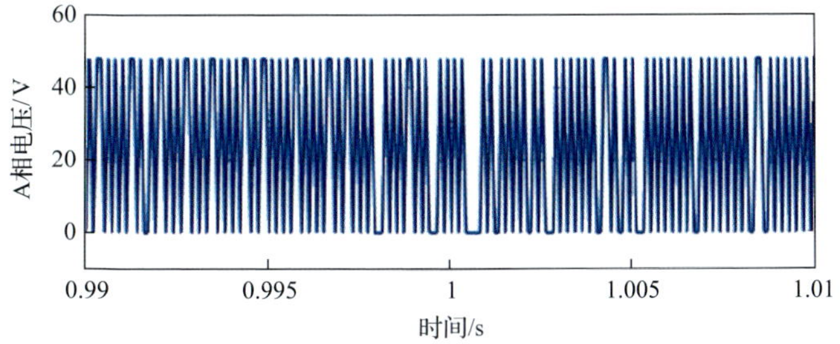

(b) A相电压

图 6.7　负载扰动力矩阶跃变化时 q 轴电流和 A 相电压响应结果（T_s =100μs）

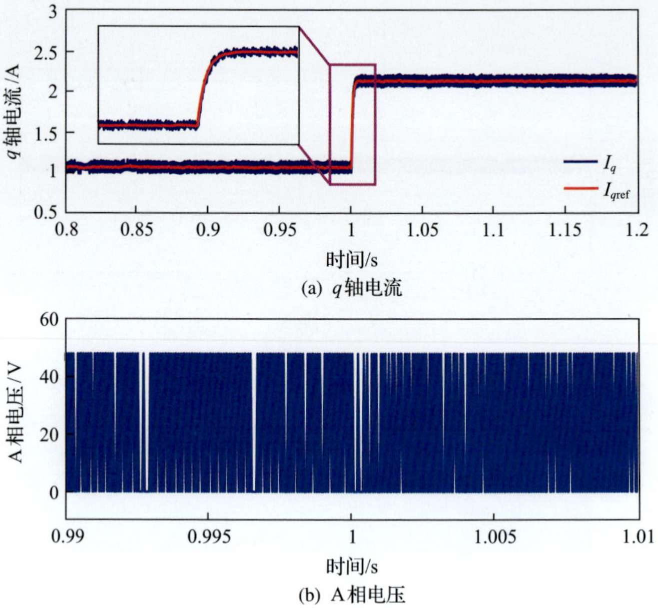

图 6.8　负载扰动力矩阶跃变化时 q 轴电流和 A 相电压响应结果（T_s =25μs）

6.2　有限控制集无模型预测控制

在 6.1 节常规的有限控制集模型预测控制中，对未来时刻的电流预测依赖于电机的模型和参数。当发生参数失配时，该方法对未来时刻电流的预测误差会随之增加，进而直接影响最优电压矢量的选择。非最优电压矢量的应用会导致电流谐波增加，并进一步降低电流的跟踪性能[7]。因此，为了提高电流控制的鲁棒性，只使用系统输入量/输出量的有限控制集无模型预测控制方法被提出。有限控制集无模型预测电流控制不再依赖电机模型参数，而是利用逆变器固定的开关状态与电流变化量之间的对应关系来实现对系统未来时刻电流的预测。

6.2.1　基于电流梯度的有限控制集无模型预测电流控制

在有限控制集无模型预测电流控制中，对未来时刻电流的预测依赖于电流的变化量。未来时刻电流的预测公式表达如下[8]：

$$\begin{cases} \boldsymbol{i}_s(k+1) = \boldsymbol{i}_s(k) + \Delta \boldsymbol{i}_s(k) \\ \boldsymbol{i}_s(k+2) = \boldsymbol{i}_s(k+1) + \Delta \boldsymbol{i}_s(k+1) \end{cases} \tag{6.6}$$

式中，$\boldsymbol{i}_s(k)$、$\boldsymbol{i}_s(k+1)$、$\boldsymbol{i}_s(k+2)$ 分别为第 k 个、第 $k+1$ 个、第 $k+2$ 个采样周期

的电流采样值；$\Delta \boldsymbol{i}_s(k)$ 、$\Delta \boldsymbol{i}_s(k+1)$ 分别为第 k 个、第 $k+1$ 个控制周期的电流变化量。

在每一个控制周期，逆变器具有固定的开关状态，即输出固定的电压矢量。当逆变器输出某一个电压矢量时，可对施加电压矢量前后的电流进行采样，进而计算电流的变化量。由此，即可获得与该电压矢量相对应的电流变化量并将其存入电流梯度表。在电机运行过程中，由于逆变器输出的电压矢量在不停变化，与输出电压矢量相对应的电流变化量也在不断变化。通过将新获取的电流变化量存入电流梯度表，对先前的电流变化量进行覆盖，来实现电流梯度表的更新。利用电流梯度表中的电流变化量，可对未来时刻电流的预测值进行计算，并通过最小化代价函数实现最优电压矢量的选择。

1. 获取电流变化量

为了统一表示，假设在第 $k-1$ 个控制周期施加的电压矢量为 $\boldsymbol{u}_s(k-1)$ ，它是逆变器输出电压矢量 $\left[\boldsymbol{u}_0,\boldsymbol{u}_1,\cdots,\boldsymbol{u}_7\right]$ 中的一个。在第 $k-1$ 个控制周期前后分别为第 k 个电流采样周期和第 $k-2$ 个电流采样周期。此时，可计算得到与电压矢量 $\boldsymbol{u}_s(k-1)$ 对应的电流变化量为

$$\Delta \boldsymbol{i}_s\Big|_{\boldsymbol{u}_s(k-1)} = \boldsymbol{i}_s(k) - \boldsymbol{i}_s(k-1) \tag{6.7}$$

式中，$\boldsymbol{i}_s(k-1)$ 为第 $k-1$ 个采样周期的采样电流；$\boldsymbol{i}_s(k)$ 为第 k 个采样周期的采样电流；$\Delta \boldsymbol{i}_s\Big|_{\boldsymbol{u}_s(k-1)}$ 为电压矢量 $\boldsymbol{u}_s(k-1)$ 对应的电流变化量。

2. 更新电流梯度表

为了保证电流梯度表中存储的电流变化量数值的准确性，需要在每一个控制周期完成后，对上一周期施加的电压矢量对应的电流变化量进行更新。通过式(6.7)计算电流变化量，可更新电流梯度表中对应的电流变化量为

$$\Delta \boldsymbol{i}_s^T\Big|_{\boldsymbol{u}_s(k-1)} = \Delta \boldsymbol{i}_s\Big|_{\boldsymbol{u}_s(k-1)} \tag{6.8}$$

式中，$\Delta \boldsymbol{i}_s^T\Big|_{\boldsymbol{u}_s(k-1)}$ 为电流梯度表中存储的与电压矢量 $\boldsymbol{u}_s(k-1)$ 相对应的电流变化量。通过式(6.8)可以在每个控制周期将相应的电流变化量进行更新。因此，在电机运行过程中，由于电压矢量在不停地施加，对应的电流梯度表中的电流变化量也在不断地进行更新。

3. 未来时刻的电流预测

在有限控制集无模型预测电流控制中，未来时刻电流变化量都存储在电流梯度表中。在硬件实现过程中，由于电流环的采样频率较高、采样间隔小，可以近

似认为电压矢量相对应的电流变化量保持不变，即

$$\begin{cases}\Delta \boldsymbol{i}_s\Big|_{\boldsymbol{u}_s(k)} \approx \Delta \boldsymbol{i}_s^T\Big|_{\boldsymbol{u}_s(k)\in\{\boldsymbol{u}_0,\boldsymbol{u}_1,\cdots,\boldsymbol{u}_7\}} \\ \Delta \boldsymbol{i}_s\Big|_{\boldsymbol{u}_s(k+1)} \approx \Delta \boldsymbol{i}_s^T\Big|_{\boldsymbol{u}_s(k+1)\in\{\boldsymbol{u}_0,\boldsymbol{u}_1,\cdots,\boldsymbol{u}_7\}}\end{cases} \tag{6.9}$$

式中，$\Delta \boldsymbol{i}_s\Big|_{\boldsymbol{u}_s(k)}$、$\Delta \boldsymbol{i}_s\Big|_{\boldsymbol{u}_s(k+1)}$ 分别为电压矢量 $\boldsymbol{u}_s(k)$、$\boldsymbol{u}_s(k+1)$ 对应的电流变化量。

第 $k+1$ 个采样周期的电流预测表达式为

$$\boldsymbol{i}_s(k+1) = \boldsymbol{i}_s(k) + \Delta \boldsymbol{i}_s^T(k)\Big|_{\boldsymbol{u}_s(k)} \tag{6.10}$$

式中，$\boldsymbol{u}_s(k)$ 为第 k 个控制周期逆变器输出的电压矢量。

在实际的硬件系统中存在“一步延迟”问题，即在第 k 个控制周期计算的最优电压矢量直到第 $k+1$ 个控制周期才能被逆变器输出。“一步延迟”问题的存在降低了电流预测的准确度，将影响电流的控制性能。因此，为了补偿“一步延迟”，采用“两步预测”的方式对未来时刻的电流进行预测，即预测第 $k+2$ 个采样周期的电流。通过第 $k+2$ 个采样周期的电流和参考电流选择最优电压矢量。第 $k+2$ 个采样周期的电流预测表达式为

$$\boldsymbol{i}_s(k+2)\Big|_j = \boldsymbol{i}_s(k+1) + \Delta \boldsymbol{i}_s^T(k+1)_{\boldsymbol{u}_j(k+1)\in\{\boldsymbol{u}_0,\boldsymbol{u}_1,\cdots,\boldsymbol{u}_7\}}, \quad j=0,1,\cdots,7 \tag{6.11}$$

式中，$\boldsymbol{i}_s(k+2)$ 为第 $k+2$ 个采样周期的电流预测值。

4. 最优电压矢量选择

基于式(6.11)，将逆变器可输出的八个电压矢量对应的电流梯度表中存储的电流变化量依次代入，可计算出每个电压矢量对应的未来时刻的电流。此时，根据代价函数最小化原则，可求出最优电压矢量。

代价函数通常定义为

$$\min G_j = \left(\left\| \boldsymbol{i}_{\text{sref}} - \boldsymbol{i}_s(k+2)\Big|_j \right\|\right)^2 \tag{6.12}$$

式中，$\boldsymbol{i}_{\text{sref}}$ 为参考电流矢量。通过将式(6.11)未来时刻的电流代入式(6.12)代价函数中，计算出每一个对应代价函数的数值，并选出代价函数的最小值。此时，代价函数最小值对应的电压矢量即最优电压矢量。

基于电流梯度的有限控制集无模型预测电流控制示意图如图 6.9 所示。在基于电流梯度的有限控制集无模型预测电流控制中，对未来时刻电流的预测并未使用电机的模型参数。因此，当电机的实际模型参数与电机的标称参数失配时，该控制方法仍能保持对电流参考信号的有效跟踪。

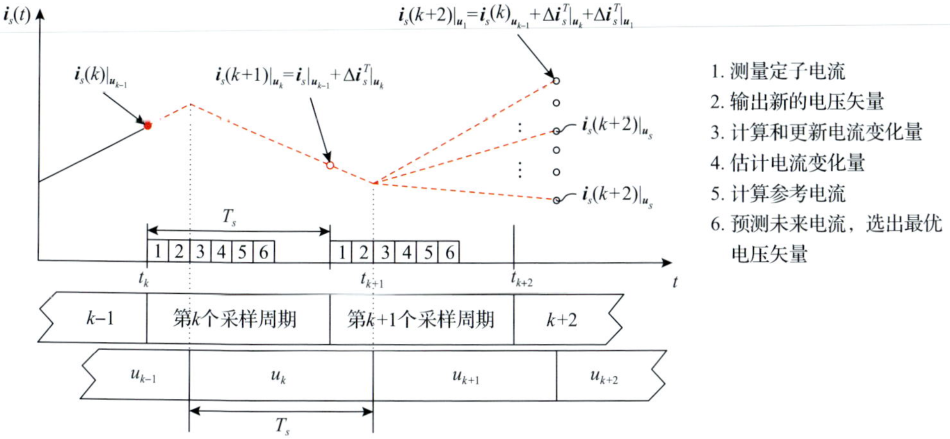

图 6.9　基于电流梯度的有限控制集无模型预测电流控制示意图

在基于电流梯度的有限控制集无模型预测电流控制方法中，电流梯度表的准确度直接影响未来时刻电流预测的准确度，进而影响最终的电流控制性能。通过计算每一个控制周期电压矢量对应的电流变化量虽然能够对某一个电流变化量进行更新，但是电流梯度表中其余的电流变化量并未更新。当某一个电压矢量长时间未施加时，电流梯度表中存储的与其相对应的电流变化量可能已存在较大误差，对未来时刻电流的预测将不再准确，由此选出的最优电压矢量准确度也会大大降低。

电流梯度表的“更新延迟”问题对电流的跟踪控制性能影响较大。针对上述问题，在 6.2.2 节中将介绍基于超局部模型的电流梯度表更新方式。基于超局部模型的电流梯度表更新方式通过提高电流梯度表中数据的更新频率来解决“更新延迟”问题，提高有限控制集无模型预测电流控制的控制精度。

6.2.2　基于超局部模型的有限控制集无模型预测电流控制

在有限控制集无模型预测电流控制方法中，电流梯度表中存储的电流变化量将直接影响未来时刻电流的预测值。然而，在传统的基于电流梯度的有限控制集无模型预测电流控制中，由于每个控制周期只能施加一个电压矢量，在每个控制周期只能对一个对应的电流变化量进行更新。此时，电流梯度表中电流变化量的更新存在延迟和失真。因此，提高电流梯度表中电流变化量的更新频率至关重要。本节将基于超局部模型的电流梯度更新方法应用在有限控制集无模型预测控制中，可以实现对所有电压矢量所对应的电流变化量进行更新。

单输入单输出的一阶超局部模型表达式如下[9]：

$$\frac{\mathrm{d}Y(t)}{\mathrm{d}t}=F(t)+\alpha U(t) \tag{6.13}$$

式中，$U(t)$ 和 $Y(t)$ 分别为系统的输入变量和输出变量；$F(t)$ 为系统的总扰动项；α 为可调比例系数。

基于一阶超局部模型的形式，永磁同步电机的电流环数学模型可表达如下：

$$\frac{\mathrm{d}\boldsymbol{i}_s(t)}{\mathrm{d}t}=\boldsymbol{F}_s+\alpha\boldsymbol{u}_s \tag{6.14}$$

当控制对象位于 dq 轴同步旋转坐标系时，$\boldsymbol{F}_s=\begin{bmatrix}F_d & F_q\end{bmatrix}^{\mathrm{T}}$。此时，$F_d=-\frac{R_s}{L_s}i_d+\omega_r i_q$，$F_q=-\frac{R_s}{L_s}i_q-\frac{1}{L_s}\left(L_s\omega_r i_d+\omega_r\varphi_f\right)$，$\alpha=\frac{1}{L_s}$。

在有限控制集无模型预测控制中，电流梯度表中存储的是与电压矢量相对应的电流变化量。为了提高电流梯度表的更新频率，需要寻找电流变化量与电压矢量相对应的关系。利用一阶欧拉变换，式(6.14)可以离散为

$$\boldsymbol{i}_s(k+1)=\boldsymbol{i}_s(k)+T_{cs}\left(\boldsymbol{F}_s(k)+\alpha\boldsymbol{u}_s(k)\right) \tag{6.15}$$

式中，$\boldsymbol{F}_s(k)$ 为第 k 个采样周期的总扰动值；T_{cs} 为电流环的采样周期。

定义电流变化量为 $\Delta\boldsymbol{i}_s(k)=\boldsymbol{i}_s(k+1)-\boldsymbol{i}_s(k)$。此时，基于式(6.15)的电流变化量与电压矢量之间的对应关系如下：

$$\begin{cases}\Delta\boldsymbol{i}_s(k)\big|_{\boldsymbol{u}_s}=T_{cs}\left(\boldsymbol{F}_s(k)+\alpha\boldsymbol{u}_s(k)\right), & \boldsymbol{u}_s\in\left\{\boldsymbol{u}_0,\boldsymbol{u}_1,\cdots,\boldsymbol{u}_7\right\}\\ \Delta\boldsymbol{i}_s(k+1)\big|_{\boldsymbol{u}_s}=T_{cs}\left(\boldsymbol{F}_s(k+1)+\alpha\boldsymbol{u}_s(k+1)\right), & \boldsymbol{u}_s\in\left\{\boldsymbol{u}_0,\boldsymbol{u}_1,\cdots,\boldsymbol{u}_7\right\}\end{cases} \tag{6.16}$$

由式(6.16)可知，当控制系统的总扰动 $\boldsymbol{F}_s$ 已知时，设计合适的比例系数 α，即可获得电流变化量与电压矢量之间的对应关系。通过将逆变器输出的 8 个电压矢量代入公式，即可计算 8 个电压矢量相对应的电流变化量并存入电流梯度表中。

传统的电流梯度更新方式受限于每个控制周期施加的电压矢量，在每个控制周期只能对一个电流变化量进行更新。然而，在基于超局部模型的有限控制集无模型预测控制中，每一个控制周期都能够对 8 个电压矢量所对应的电流变化量进行更新，这在很大程度上提高了电流梯度表的更新频率，也提高了电流梯度表中存储的电流变化量的准确度。

将式(6.16)代入式(6.6)，结合第 k 个控制周期的电压矢量 $\boldsymbol{u}_s(k)$，即可对第 $k+1$ 个采样周期的电流进行估计。同理，为了对延迟进行补偿，结合电流梯度表，

即可实现 8 个电压矢量相对应的第 $k+2$ 个采样周期的电流预测。将预测电流代入代价函数，通过最小化代价函数，即可实现最优电压矢量的选择。

但是，在电流梯度表更新之前，系统的总扰动 $\boldsymbol{F}_s$ 需要提前获取。超局部模型中扰动变量 F 的获取方式有两种：一种是通过数学推导，利用系统输入输出变量之间的关系对 F 进行推导；另一种方法是利用观测器，通过设计相应的观测器，如滑模观测器、扩张状态观测器等，利用超局部模型的输入输出变量实现对 F 的估计。

1. 数学推导获取 F [10]

基于代数参数辨识方法，假设 F 在较短的采样间隔内为常数，用 $\hat{F}$ 来表示 F 的估计值。

超局部模型在频域下的表达式如下：

$$sY = \hat{F} / s + \alpha U + y_0 \tag{6.17}$$

式中，y_0 为系统输出的初始状态。

式(6.17)左右两边同时求微分，可以消除系统输出初始状态的影响，可得

$$Y + s\frac{\mathrm{d}Y}{\mathrm{d}s} = -\frac{\hat{F}}{s^2} + \alpha\frac{\mathrm{d}U}{\mathrm{d}s} \tag{6.18}$$

为了避免测量噪声微分带来的噪声放大作用，将式(6.18)两边同时乘以 s^{-2}，可得

$$s^{-4}\hat{F} = -s^{-2}Y - s^{-1}\frac{\mathrm{d}Y}{\mathrm{d}s} + s^{-2}\alpha\frac{\mathrm{d}U}{\mathrm{d}s} \tag{6.19}$$

因此，可以获得在采样间隔 $[0, T_{cs}]$ 内式(6.19)的逆变换为

$$\begin{aligned}
\frac{T_{cs}}{3!}\hat{F} &= -\int_0^{T_{cs}}\int_0^{\delta} y(\tau)\mathrm{d}\tau\mathrm{d}\delta - \int_0^{T_{cs}}(-\delta)y(\delta)\mathrm{d}\delta + \int_0^{T_{cs}}\int_0^{\delta}\alpha(-\tau)u(\tau)\mathrm{d}\tau\mathrm{d}\delta \\
&= -\int_0^{T_{cs}}\mathrm{d}\tau\int_{\tau}^{T_{cs}} y(\tau)\mathrm{d}\delta - \int_0^{T_{cs}}(-\delta)y(\delta)\mathrm{d}\delta + \int_0^{T_{cs}}\mathrm{d}\tau\int_{\tau}^{T_{cs}}\alpha(-\tau)u(\tau)\mathrm{d}\delta \\
&= -\int_0^{T_{cs}}\left(T_{cs}-\delta\right)y(\delta)\mathrm{d}\delta - \int_0^{T_{cs}}(-\delta)y(\delta)\mathrm{d}\delta + \int_0^{T_{cs}}\alpha(-\delta)\left(T_{cs}-\delta\right)u(\delta)\mathrm{d}\delta \\
&= -\int_0^{T_{cs}}\left[\left(T_{cs}-2\delta\right)y(\delta) + \alpha\delta\left(T_{cs}-\delta\right)u(\delta)\right]\mathrm{d}\delta
\end{aligned} \tag{6.20}$$

获得基于代数参数辨识方法的 F 估计在时域下的表达式为

$$\hat{F} = -\frac{3!}{T_{cs}^3}\int_0^{T_{cs}}\left[\left(T_{cs}-2\delta\right)y(\delta) + \alpha\delta\left(T_{cs}-\delta\right)u(\delta)\right]\mathrm{d}\delta \tag{6.21}$$

采用复化梯形公式求解式(6.21)中定积分的数值解，则 F 的在线估计公式为

$$
\begin{aligned}
\hat{F} &= -\frac{3!}{(n_F T)^3}\int_0^{n_F T} f(\delta)\mathrm{d}\delta \\
&= -\frac{3!}{(n_F T)^3}\left(\int_0^{T} f(\delta)\mathrm{d}\delta + \cdots + \int_{(n_F-1)T}^{n_F T} f(\delta)\mathrm{d}\delta\right) \\
&= -\frac{3!}{(n_F T)^3}\left[\frac{T}{2}(f(0)+f(T)) + \cdots + \frac{T}{2}\left(f\left((n_F-1)T\right) + f\left(n_F T\right)\right)\right] \\
&= -\frac{3!}{(n_F T)^3}\left(\frac{T}{2}\left[\left(n_F T - 0\right)y[0] + \alpha\cdot 0\cdot\left(n_F T - 0\right)u[0] + \left(n_F T - 2T\right)y[1]\right.\right. \\
&\quad \left. + \alpha T\left(n_F T - T\right)u[1]\right] + \cdots + \frac{T}{2}\left\{\left[n_F T - 2\left(n_F - 1\right)T\right]y\left[n_F - 1\right]\right. \\
&\quad + \alpha\left(n_F - 1\right)T\left[n_F T - \left(n_F - 1\right)T\right]u\left[n_F - 1\right] \\
&\quad \left.\left. + \left(n_F T - 2n_F T\right)y\left[n_F\right] + \alpha n_F T\left(n_F T - n_F T\right)u\left[n_F\right]\right\}\right) \\
&= -\frac{3}{n_F^3 T}\sum_{m=1}^{n_F}\left\{\left[n_F - 2(m-1)\right]\times y[m-1] + \alpha(m-1)T\left[n_F - (m-1)\right]\times u[m-1]\right. \\
&\quad \left. + \left(n_F - 2m\right)\times y[m] + \alpha m T\left(n_F - m\right)\times u[m]\right\}
\end{aligned} \tag{6.22}
$$

式中，m 为第 k 个控制周期的采样点；$n_F T = T_F$，n_F 为时间窗口长度，T 为控制周期；在每个控制周期采样获得的系统输入与输出分别表示为 $u[0], u[1], \cdots, u[n_F]$ 与 $y[0], y[1], \cdots, y[n_F]$；函数 $f(\delta) = \left(T_F - 2\delta\right)y(\delta) + \alpha\delta\left(T_F - \delta\right)u(\delta)$。

考虑系统实际运行过程中存在的“一步延迟”问题，用第 $k-2$ 个控制周期的参考电压生成第 k 个控制周期的电流。基于式(6.22)，可以获得 F_d 的在线估计为

$$
\begin{aligned}
\hat{F}_d[k] = &-\frac{3!}{n_F^3 T}\sum_{m=1}^{n_F}\left\{\left[n_F - 2(m-1)\right]\times y[m-1] + \alpha_d(m-1)T\left[n_F - (m-1)\right]\times u[m-1]\right. \\
&\left. + \left(n_F - 2m\right)\times y[m] + \alpha_d m T\left(n_F - m\right)\times u[m]\right\}
\end{aligned} \tag{6.23}
$$

式中，$\begin{cases} u[0] = u_d^*\left[k - n_F - 2\right] \\ \quad\vdots \\ u\left[n_F\right] = u_d^*[k-2] \end{cases}$，$\begin{cases} y[0] = i_d\left[k - n_F\right] \\ \quad\vdots \\ y\left[n_F\right] = i_d[k] \end{cases}$。

同理，F_q 的在线估计为

$$
\begin{aligned}
\hat{F}_q[k]=&-\frac{3!}{n_F^3 T}\sum_{m=1}^{n_F}\Big\{\Big[n_F-2(m-1)\Big]\times y[m-1]+\alpha_q(m-1)T\Big[n_F-(m-1)\Big]\times u[m-1]\\
&+\left(n_F-2m\right)\times y[m]+\alpha_q mT\left(n_F-m\right)\times u[m]\Big\}
\end{aligned}
\tag{6.24}
$$

式中，$\begin{cases}u[0]=u_q^*\left[k-n_F-2\right]\\ \vdots\\ u\left[n_F\right]=u_q^*[k-2]\end{cases}$，$\begin{cases}y[0]=i_q\left[k-n_F\right]\\ \vdots\\ y\left[n_F\right]=i_q[k]\end{cases}$。

由式(6.23)和(6.24)可以看出，F_d 和 F_q 的在线估计需要超局部模型系统在几个控制周期的输入和输出量，同时复杂的计算公式也需要系统预留足够的算法计算和处理时间。

2. 观测器获取 F

通过设计观测器，如滑模观测器、扩张状态观测器等，利用超局部模型的输入/输出变量，实现对变量 F 的观测。由于使用观测器估计的方式相比于数学推导更为简单，且硬件实现负担较小，目前采用观测器获取 F 的方式得到了较多应用。

以扩张状态观测器为例，将定子电流 $\boldsymbol{i}_s$ 和总扰动 $\boldsymbol{F}_s$ 定义为状态变量，扩张状态观测器可设计如下[11]：

$$
\begin{cases}
\boldsymbol{e}_i=\hat{\boldsymbol{i}}_s-\boldsymbol{i}_s\\
\dot{\hat{\boldsymbol{i}}}_s=\hat{\boldsymbol{F}}_s+\alpha\boldsymbol{u}_s+\beta_1\boldsymbol{e}_i\\
\dot{\hat{\boldsymbol{F}}}_s=\beta_2\boldsymbol{e}_i
\end{cases}
\tag{6.25}
$$

式中，$\hat{\boldsymbol{i}}_s$ 为电流 $\boldsymbol{i}_s$ 的观测值；$\boldsymbol{e}_i$ 为电流观测误差；$\hat{\boldsymbol{F}}_s$ 为扰动 $\boldsymbol{F}_s$ 的观测值；β_1 和 β_2 为观测器误差增益系数。

为了实现对总扰动的在线观测，需要对扩张状态观测器进行离散化，表达式如下：

$$
\begin{cases}
\boldsymbol{e}_i(k)=\hat{\boldsymbol{i}}_s(k)-\boldsymbol{i}_s(k)\\
\hat{\boldsymbol{i}}_s(k+1)=\hat{\boldsymbol{i}}_s(k)+T_{cs}\left(\hat{\boldsymbol{F}}_s(k)+\alpha\boldsymbol{u}_s(k)\right)+T_{cs}\beta_1\boldsymbol{e}_i(k)\\
\hat{\boldsymbol{F}}_s(k+1)=\hat{\boldsymbol{F}}_s(k)+T_{cs}\beta_2\boldsymbol{e}_i(k)
\end{cases}
\tag{6.26}
$$

可以看出，相较于数学推导方式，使用观测器对超局部模型参数 F 进行观测更加简单，同时也减轻了系统的计算负担。通过离散化扩张状态观测器，可在线观测出 $\hat{\boldsymbol{F}}_s(k)$ 和 $\hat{\boldsymbol{F}}_s(k+1)$，用于电流梯度表中电流变化量的更新以及未来时刻电流的预测。再结合最小化代价函数，实现最优电压矢量的选择。

6.2.3 仿真实例

1. 电流梯度表的更新和预测误差对比

图 6.10 为电流梯度表中存储的与电压矢量相对应的电流变化量更新图。传统电流梯度表的更新方法利用每个周期采样电流之间的差值进行更新，由于每个周期只能施加一个电压矢量，所以每个周期只能对一个电流变化量进行更新。此时，电流梯度表的更新存在延迟和失真，即明显的阶梯状延迟，如图 6.10(a) 所示。将超局部模型引入电流梯度表的更新后，可以在每个控制周期对所有的电流变化量进行更新，提高了更新频率，解决了传统更新方式存在的阶梯状延迟问题，如图 6.10(b) 所示。

图 6.11 给出了分别采用传统电流梯度表更新方法和基于超局部模型的电流梯度表更新方法的电流预测结果。得益于电流梯度表中更新频率的提高，相比于传统电流梯度表更新方法，采用基于超局部模型的电流梯度表更新方法后电流预测精度得到了大幅提高。更小的电流预测误差有助于实现更准确的最优电压矢量选择，从而能够提高系统的电流控制性能。

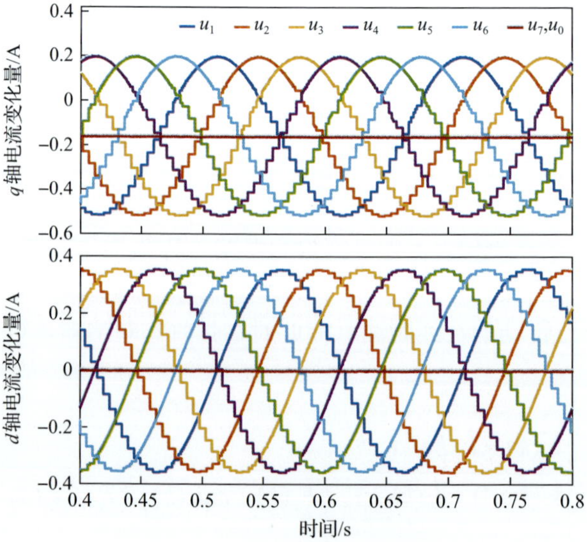

(a) 传统电流梯度表更新方法

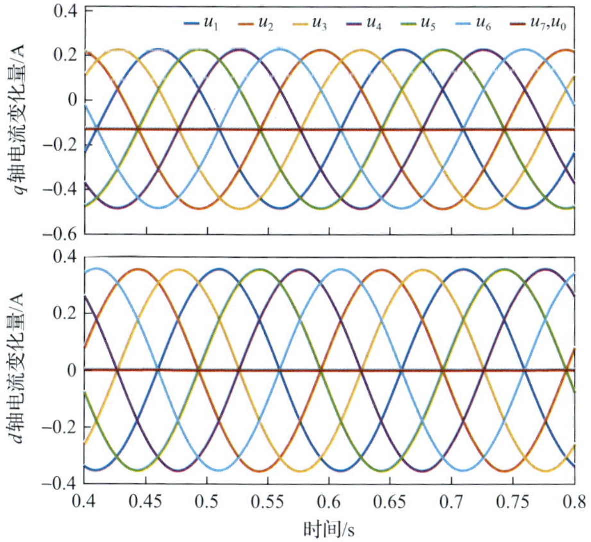

(b) 基于超局部模型的电流梯度表更新方法

图 6.10　电流梯度表中电流变化量更新图

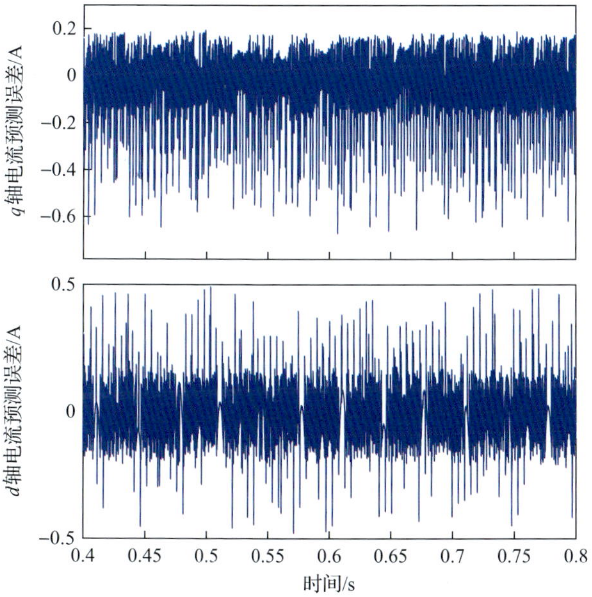

(a) 传统电流梯度表更新方法

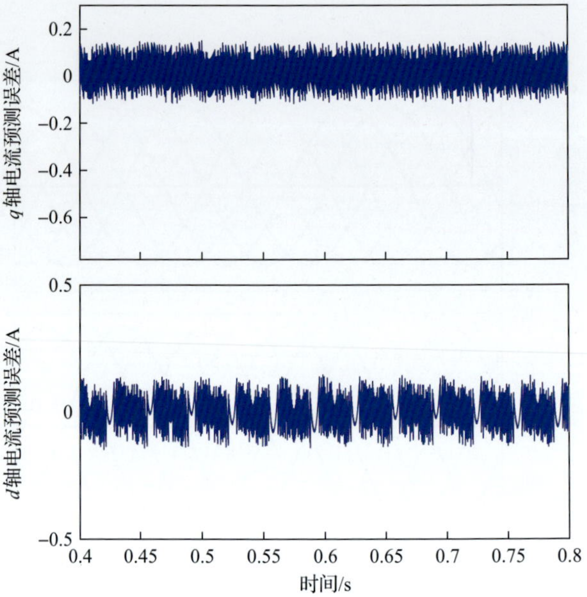

(b) 基于超局部模型的电流梯度表更新方法

图 6.11　不同电流梯度表更新方法的电流预测结果

2. 电流控制性能对比

在系统参数匹配的情况下，分别采用基于数学模型的 FCS-MBPCC、基于电流梯度的 FCS-MFPCC 和基于超局部模型的 FCS-MFPCC 三种控制方法的稳态电流响应结果如图 6.12 所示。其中，FCS-MBPCC 代表基于有限控制集模型预测控制方法，FCS-MFPCC 代表基于有限控制集的无模型预测控制方法。

由图 6.12(a)和(c)可以看出，在系统参数匹配的情况下，基于有限控制集模型预测控制和基于超局部模型的有限控制集无模型预测控制具有相似的电流跟踪性能。由图 6.12(b)可以看出，对于基于电流梯度的有限控制集无模型预测电流控制，由于电流梯度表的更新存在延迟和失真，影响了电流预测的准确度，进而影响了电流的跟踪性能，出现了较大的电流跟踪误差。

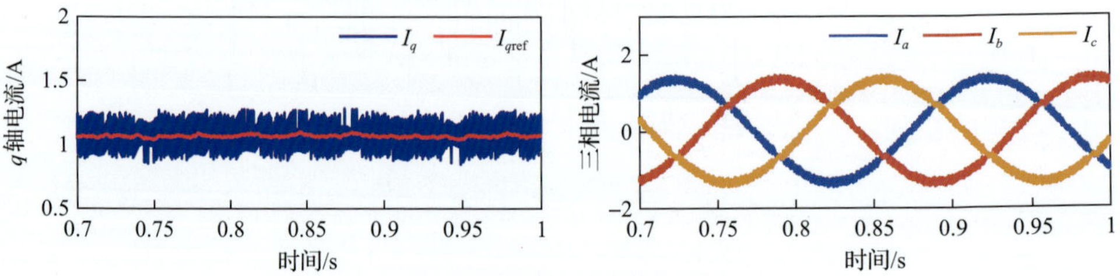

(a) 基于数学模型的FCS-MBPCC

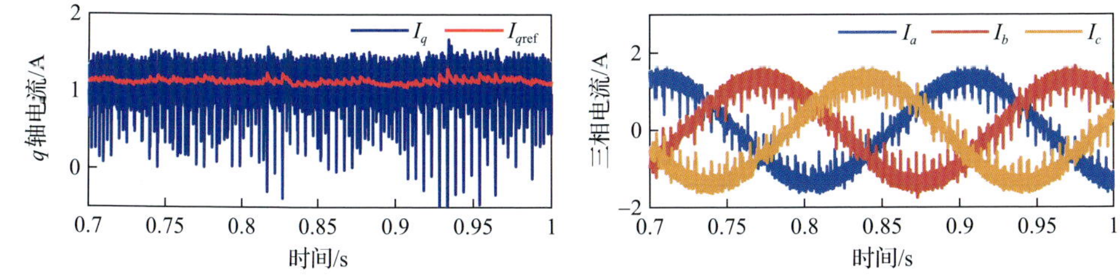

(b) 基于电流梯度的FCS-MFPCC

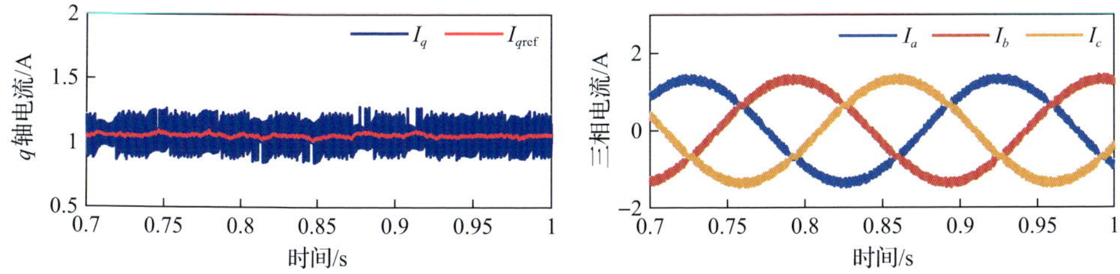

(c) 基于超局部模型的FCS-MFPCC

图 6.12　不同控制方法的稳态电流响应结果(参数匹配条件下)

在系统参数失配的情况下，分别采用基于数学模型的 FCS-MBPCC、基于电流梯度的 FCS-MFPCC 和基于超局部模型的 FCS-MFPCC 三种控制方法的稳态电流响应结果如图 6.13 所示。系统参数失配情况具体为电阻 50%R_s 失配、电感 150%L_s 失配、磁链 80% ψ_f 失配。

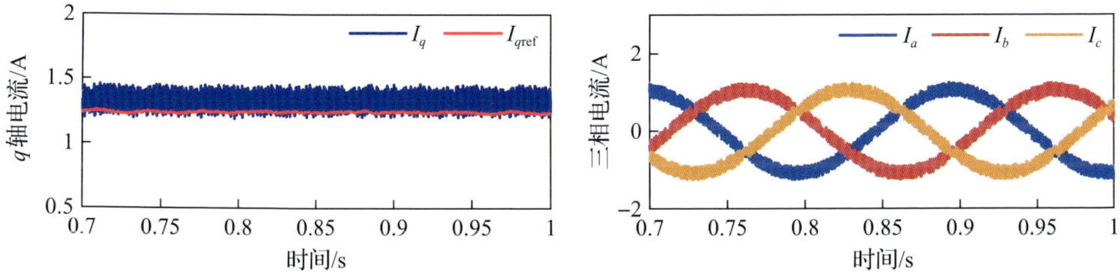

(a) 基于数学模型的FCS-MBPCC

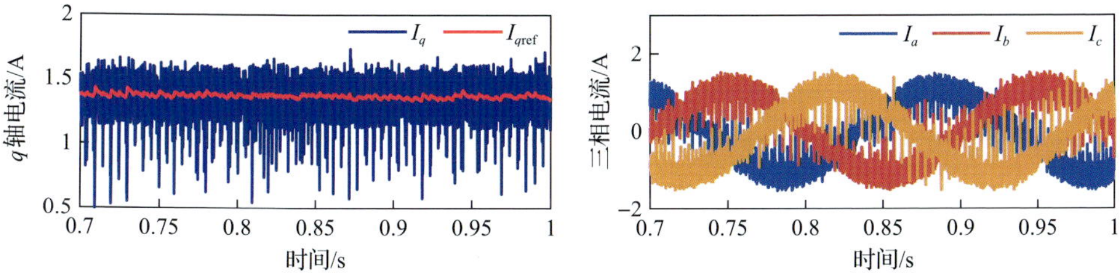

(b) 基于电流梯度的FCS-MFPCC

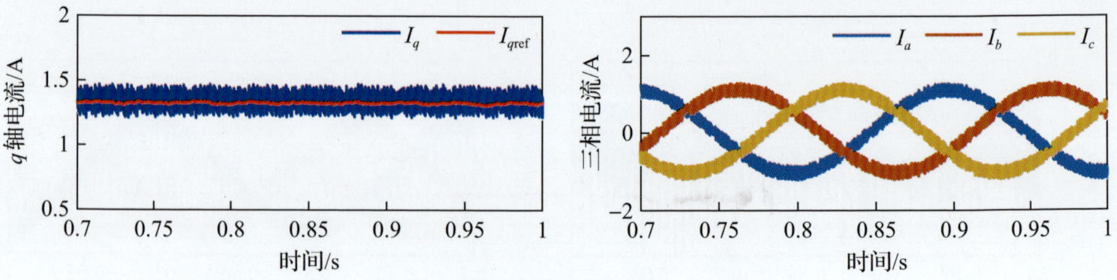

(c) 基于超局部模型的FCS-MFPCC

图 6.13　不同控制方法的稳态电流响应结果（参数失配条件下）

基于数学模型的有限控制集模型预测控制由于依赖于电机的模型参数，当电机参数发生失配时，对未来时刻的电流预测将产生较大误差，从而影响最优电压矢量的选择。由图 6.13(a)可以看出，当系统参数失配时，实际的电流响应已无法正常地跟踪参考电流，这将直接影响电机的输出转矩。相反，无模型预测控制由于不使用电机的模型参数进行电流的预测，在系统参数失配时，对电流的跟踪控制性能并没有产生明显的影响，如图 6.13(b)和(c)所示。其中，基于超局部模型的有限控制集无模型预测控制在系统参数失配条件下实现了对参考电流的有效跟踪，获得了更优的电流控制精度。相比于其他两种控制方法，基于超局部模型的有限控制集无模型预测控制获得最优的电流控制性能。

6.3　基于数据驱动的有限控制集模型预测电流控制

6.3.1　模型失配对模型预测控制性能的影响

模型预测控制是一种优化控制方法，其核心思想是利用系统模型对系统未来的行为进行预测，并在当前时刻下选出最优的控制量，因此该方法对系统模型的精度要求较高。然而，在实际应用中由于各种原因，如传感器误差、未知的环境因素等，系统模型的参数值可能会存在一定程度的误差[12-14]。当系统模型存在参数误差时，模型预测控制方法的稳定性和控制性能将会受到影响，可能导致控制系统无法达到预期的控制效果。

在永磁同步电机的模型预测控制系统中，系统模型参数误差对控制性能产生的影响可以通过数学分析进行研究和评估[15,16]，通常的分析思路如下：

(1) 计算系统的稳态误差来评估系统的跟踪精度；

(2) 计算系统的频率响应函数，用幅频、相频响应曲线评估系统频域特性；

(3) 计算系统的响应速度、过渡时间、超调量等评估系统的动态响应；

(4) 计算灵敏度矩阵的条件数，评估系统对模型参数误差的敏感程度；

(5) 计算系统的鲁棒稳定裕度来评估系统的鲁棒性能。

当前，针对永磁同步电机控制系统电流控制的模型参数失配问题，大多是基于电流预测方程进行数学分析。本节从一个新的角度对其进行分析，即从预测电流和实际电流的传递函数出发，利用 z 域根轨迹和单位冲击响应的方法，分析模型参数失配条件下系统的稳态和动态性能。需要注意的是，在进行这类分析时，需要考虑参数变化对系统性能的影响是线性还是非线性的，以便正确地评估参数的影响。

为方便分析，将电流预测模型表达式简化如下：

$$i(k+1)=D_i i(k)+D_v u(k) \tag{6.27}$$

式中，$D_i=1-R_sT_s/L_s$；$D_v=T_s/L_s$。从空间矢量角度分析，预测电流矢量 $i(k+1)$ 由实际电流矢量 $i(k)$ 与实际电压矢量 $u(k)$ 加权合成。

以电感参数 L_s 为例，分析模型参数失配对系统电流控制性能的影响。当系统模型参数未失配时，预测电流可表达如下：

$$i^r(k+1)=\left(1-\frac{R_sT_s}{L_s^r}\right)i(k)+\frac{T_s}{L_s^r}u(k) \tag{6.28}$$

式中，$i^r(k+1)$ 为无失配预测电流；L_s^r 为电感真实值。

当系统模型参数失配时，预测电流可表达如下：

$$i^p(k+1)=\left(1-\frac{R_sT_s}{L_s^p}\right)i(k)+\frac{T_s}{L_s^p}u(k) \tag{6.29}$$

式中，$i^p(k+1)$ 为失配预测电流；L_s^p 为电感标称值。

由式(6.28)、式(6.29)可得

$$i^r(k+1)=\frac{L_s^p}{L_s^r}i^p(k+1)+\left(1-\frac{L_s^p}{L_s^r}\right)i(k) \tag{6.30}$$

对式(6.30)做 z 变换，可得

$$\frac{i^p(z)}{i^r(z)}=\frac{zL_s^r/L_s^p}{z+L_s^r/L_s^p-1} \tag{6.31}$$

此离散系统极点为

$$z=-L_s^r/L_s^p+1 \tag{6.32}$$

令 $m = L_s^r / L_s^p$，系统零极点分布和单位冲激响应分别如图 6.14 和图 6.15 所示。当 $m = 1$ 时，系统极点位于原点，单位冲激响应如图 6.15(b) 所示，电流实现无差拍跟踪。系统模型参数负向失配时，即在 $1 < m < 1.5$ 的情况下，系统极点位于负实轴，单位冲激响应如图 6.15(a) 所示，电流响应呈指数衰减，m 数值与电流响应速度负相关。系统模型参数正向失配时，并考虑实际情况，在 $0.5 < m < 1$ 的情况下，系统极点位于正实轴且在单位圆内，单位冲激响应如图 6.15(c) 所示，电流响应呈指数衰减，m 数值与电流响应速度正相关。

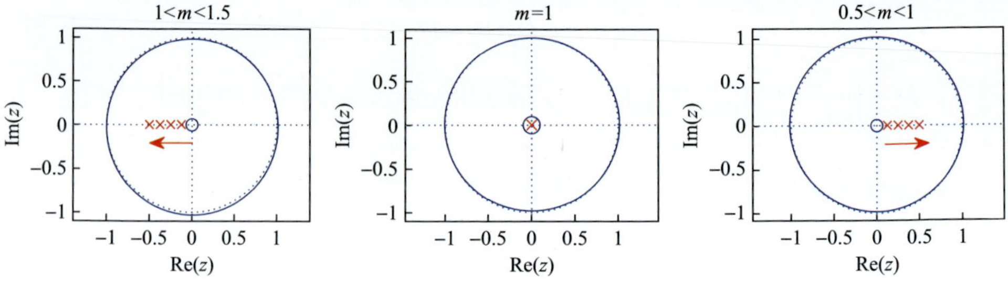

(a) 负向失配　　(b) 未失配　　(c) 正向失配

图 6.14　z 域系统零极点

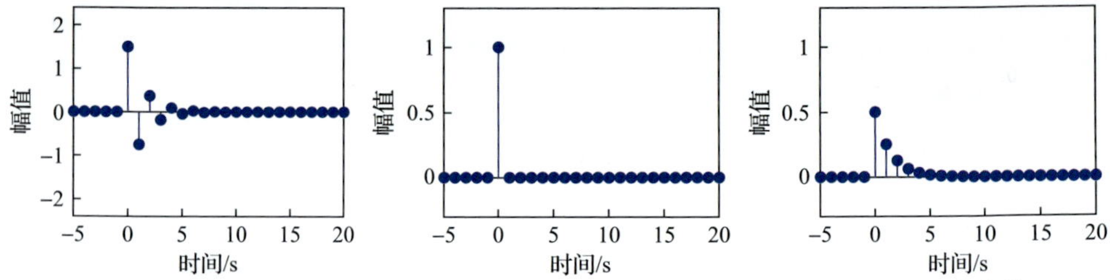

(a) 负向失配　　(b) 未失配　　(c) 正向失配

图 6.15　单位冲激响应

由理论分析可知，系统模型参数不同程度的失配会对系统控制性能造成不同程度的影响。对于模型预测电流控制，此影响主要体现在系统的电流控制效果上。在传统 FCS-MPC 下，电感参数 L_s 不同失配程度下 q 轴电流响应结果如图 6.16 和图 6.17 所示。

由图 6.16 可以看出，在电感参数正向失配的情况下，实际 q 轴电流相较于电流参考值会产生向下偏移现象，而且偏移的程度与电感参数失配程度正相关。由图 6.17 可以看出，在电感参数负向失配的情况下，实际 q 轴电流相较于电流参考值会产生向上偏移现象，而且偏移的程度与电感参数失配程度正相关。通过对比图 6.16(b) 与图 6.17(b)、图 6.16(c) 与图 6.17(c)、图 6.16(d) 与图 6.17(d) 三组响应结果可以看出，在电感参数正向失配和负向失配幅度相同的条件下，电流响应相对参考指令的偏移度并不相同，这表明电感参数变化对 FCS-MPC 的电流控制性能的影响是不对称的。

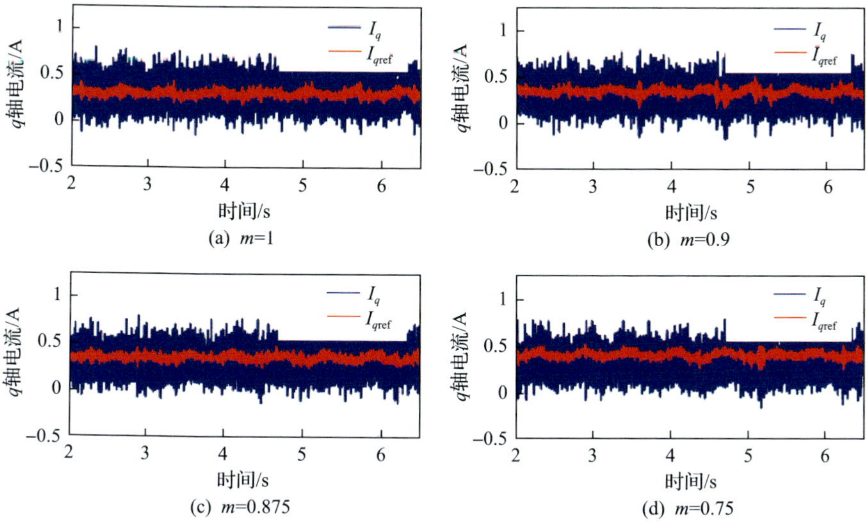

(a) m=1　(b) m=0.9　(c) m=0.875　(d) m=0.75

图 6.16　电感参数正向失配时 q 轴电流响应结果

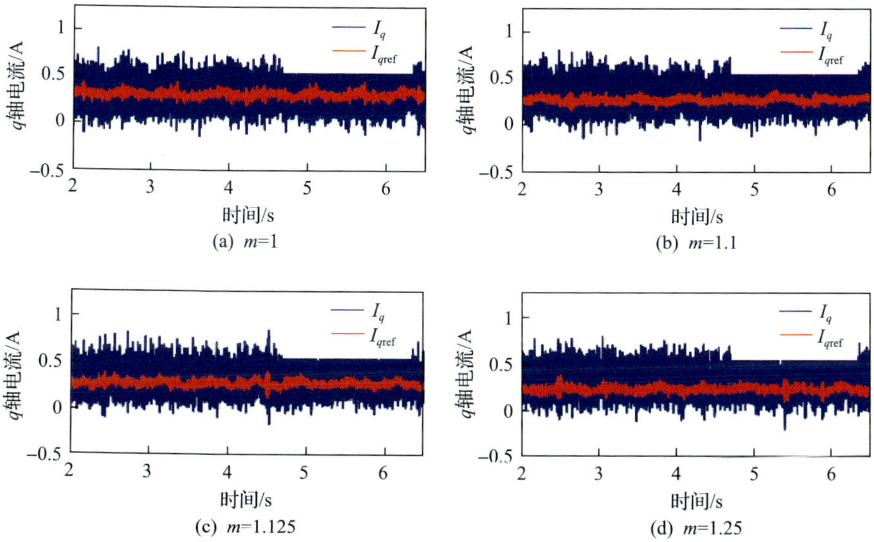

(a) m=1　(b) m=1.1　(c) m=1.125　(d) m=1.25

图 6.17　电感参数负向失配时 q 轴电流响应结果

这种由参数失配对电流控制性能造成的影响，其不对称性还体现在电流预测误差和电流总谐波失真上，如图 6.18 和图 6.19 所示。由图 6.18 电流预测结果可以看出，在 $0.5<m<1$ 的情况下，电流预测误差呈现出极不稳定的状态；随着 m 数值的减小，电流预测误差会增大；而在 $1<m<1.5$ 的情况下，电流预测误差的波动较小。由图 6.19 的相电流响应结果可以看出，在 $0.5<m<1$ 的情况下，当 m 值减

小超过一定阈值时，相电流的 THD 会显著增加；而在$1<m<1.5$的情况下，相电流的 THD 在小范围内无规律波动。

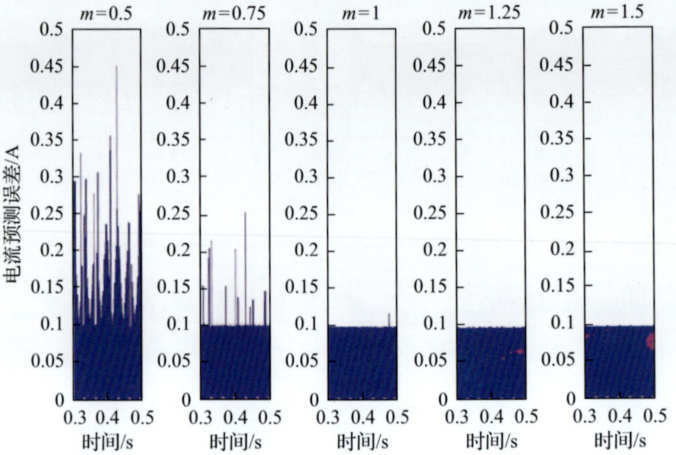

图 6.18　电流预测结果

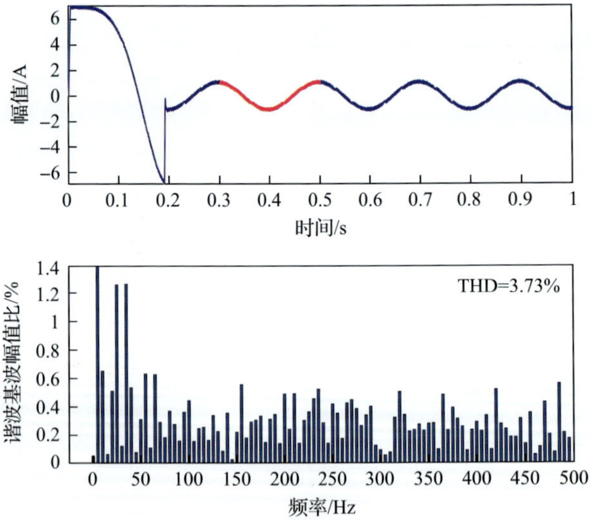

(a) m=1.5

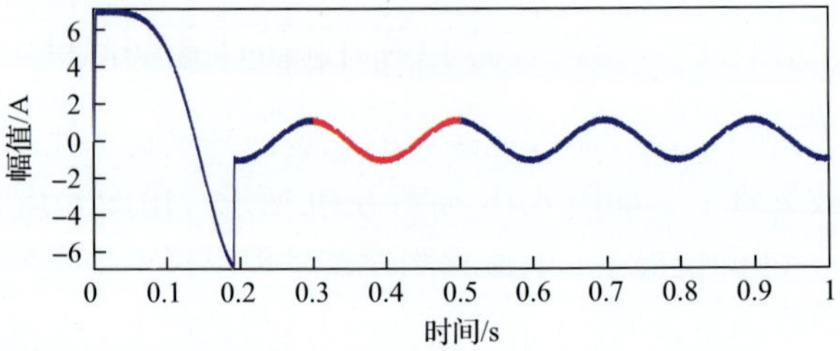

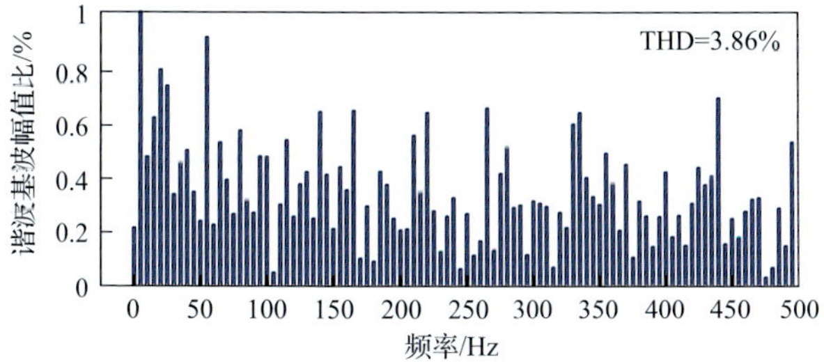

(b) m=1.25

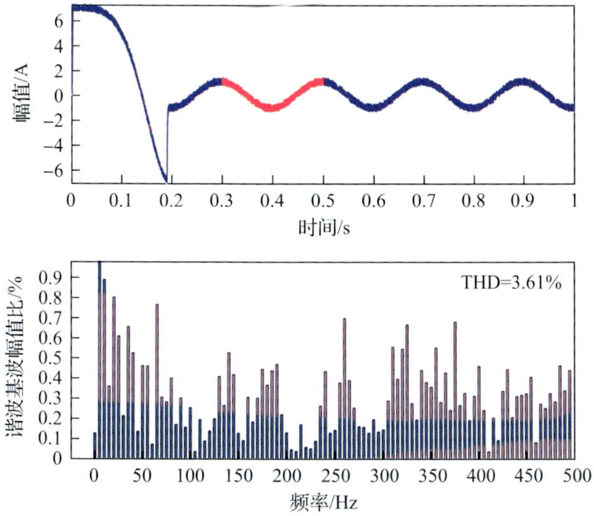

(c) m=0.75

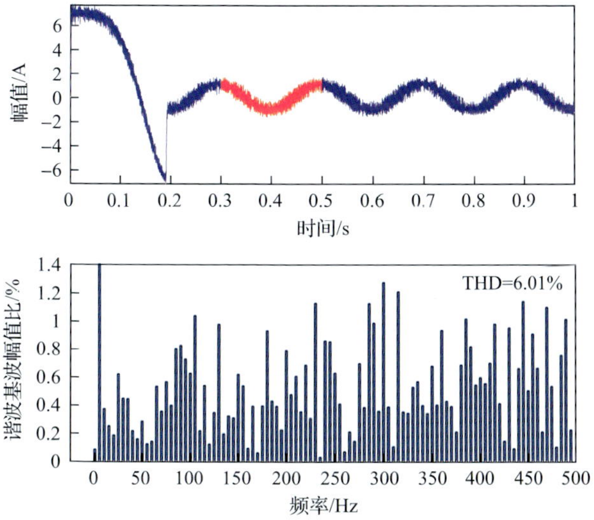

(d) m=0.5

图 6.19　相电流的 FFT 分析结果

6.3.2 基于数据驱动的模型参数辨识

系统模型参数失配对模型预测电流控制的性能会产生较大的影响，因此有研究人员提出了基于参数辨识的预测模型优化控制方法，该类方法可在保证系统控制性能的前提下进一步提高系统的鲁棒性。永磁同步电机的参数辨识方法分为离线估计方法[17,18]和在线估计方法[19-21]两类。此外，模拟解析方法，特别是有限元分析方法，被归类为离线参数估计方法，该方法的参数辨识结果常被用来作为其他辨识方法的实际参考。在线估计方法中，基于机器学习的方法备受关注，该类方法主要通过数据来进行预测，随着有效数据的积累，机器学习的预测能力不断增强，预测精度不断提高。目前，神经网络[22-24]、遗传算法[25-27]、粒子群优化[28-30]等方法已在电机控制领域的自调试和状态监测等功能中得到了较多应用。

一般机器学习的算法在系统参数辨识的应用过程中需要进行超参数的调试，如神经网络中的学习率、隐含层的数量、支持向量机中的正则化常量等。目前，应用于系统参数辨识的机器学习算法中，大都需要基于经验与不断测试对超参数进行优化，以提高学习的性能和效果，但是此过程也增加了辨识算法的实施难度。此外，机器学习回归算法预测精度的评估需要衡量预测值与实际参数值之间的误差，且此“实际参数值”是基于其他辨识方法得到的。因此，在参数辨识过程中，缺乏实时性的性能指标对预测结果进行评估。高斯过程(Gaussian process, GP)作为一种“非参数”机器学习技术，其超参数使用极大自然法或蒙特卡罗方法自适应获取，这简化了超参数调试的过程，同时也增加了超参数选取的可解释性。此外，高斯过程作为一个具有概率意义的学习机，其赋予预测结果的置信度指标可用于预测效果的评估。本节介绍一种基于高斯过程的永磁同步电机参数辨识方法。

由 6.3.1 节分析可知，在永磁同步电机的模型预测控制方法中，电感参数的失配程度与电流实际响应表现存在关联。将电流表现数据作为输入，电感参数的失配程度数据作为输出，通过高斯过程回归(Gaussian process regression, GPR)模型的训练，可建立起输入变量到输出变量的映射关系。通过此映射关系，在电流响应状态已知的情况下可推导出模型失配程度，进而求得实际参数值。

高斯过程作为一种机器学习方法，需使用标准化的定量数据进行建模。因此，在使用高斯过程进行建模之前，需要先进行特征过程处理，以挖掘数据的内在规律，提高模型的表达能力和建模效率。

q 轴电流参考值相较于 q 轴实际电流响应的偏移程度，可量化为电流偏移度 P。电流偏移度 P 描述 q 轴电流 i_q 对参考电流 i_{qref} 上偏移程度 P_u 和下偏移程度 P_d 的比例关系：

$$
\begin{cases}
P = \dfrac{1}{\lambda}\ln\left(P_u / P_d\right) \\
P_u = \dfrac{1}{2n}\sum\limits_{j=1}^{n}\left[\sqrt{\left(i_{qref} - i_q\right)_j^2} + \left(i_{qref} \quad i_q\right)_j\right] \\
P_d = \dfrac{1}{n}\sum\limits_{j=1}^{n}\left[\sqrt{\left(i_{qref} - i_q\right)_j^2} - P_u\right]
\end{cases}
\tag{6.33}
$$

式中，n 为单个检测周期内数据量；λ 为偏移度系数，用于数据标准化处理，其初始值设为 1。

在电感参数不同失配程度下 q 轴电流偏移度如图 6.20 所示。电流表现通过量化数据电流偏移度来分析，可明显看出，电感参数的正、负向失配对电流控制性能的影响是不对称的。将不同参数失配程度下电流偏移度 P 作为高斯过程回归模型的训练输入之一。

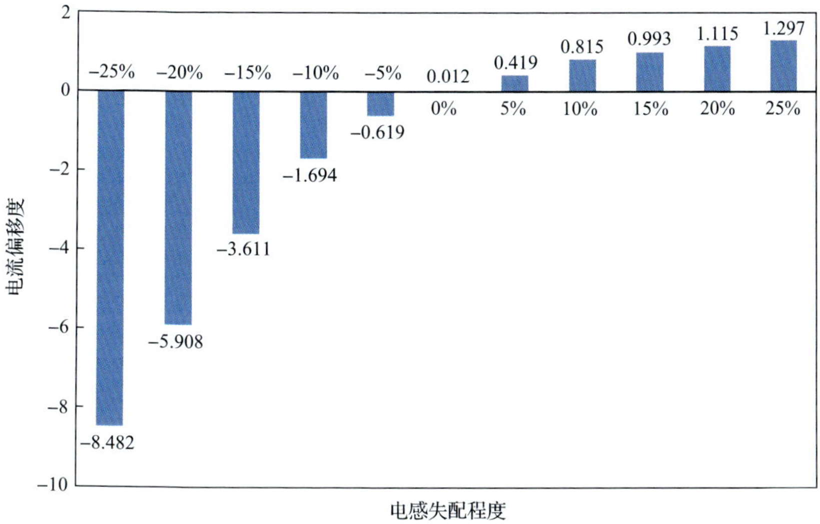

图 6.20 电感参数不同失配程度下的 q 轴电流偏移度

q 轴电流表现的另一个重要量化数据为电流波动度 B。电流波动度 B 描述 q 轴电流 i_q 以参考电流 i_{qref} 为基准的波动程度，表达式如下：

$$
B = \frac{1}{n}\sum_{j=1}^{n}\sqrt{\left(i_{qref} - i_q\right)_j^2} \tag{6.34}
$$

电流波动度 B 随电感参数失配程度的变化呈现复杂的变化趋势，以此指标作为高斯过程回归模型的另一训练输入，其变化规律通过高斯过程回归算法进行学习。

图 6.21 为实时获取部分训练数据集所得的三维散点图，可以看出，随着电流偏移度 P 和电流波动度 B 的变化，电感标称值呈螺旋上升的变化趋势。

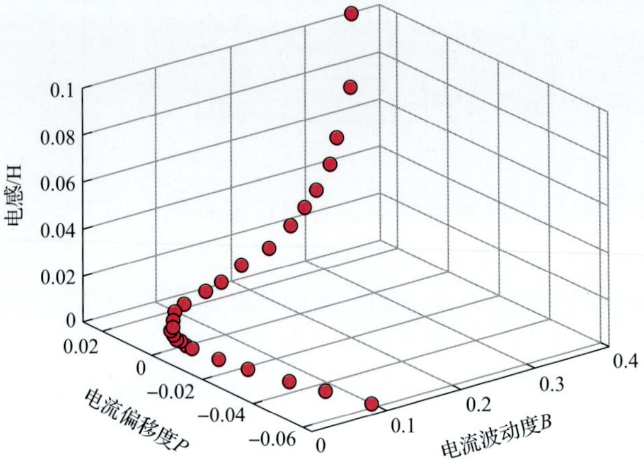

图 6.21　训练数据的三维散点图

区别于传统的参数优化方法，高斯过程参数优化方法依赖于有效数据的训练。假设训练数据集有 n 个样本，则此数据集可表示为 $\{\boldsymbol{y},\alpha,\beta,\gamma\}$。其中，电流波动度 B 和电流偏移度 P 分别用 α、β 来表示，γ 为参数标称值，上述三项作为训练输入数据；y 是参数实际值，作为训练输出数据。测试数据集用 $\{\boldsymbol{y}^*,\alpha^*,\beta^*,\gamma^*\}$ 表示，为表述方便，令多维训练输入数据集 $\{\alpha,\beta,\gamma\}=\boldsymbol{x}$，多维测试输入数据集 $\{\alpha^*,\beta^*,\gamma^*\}=\boldsymbol{x}^*$，测试输出数据表示为 $\boldsymbol{y}^*$。

与高斯分布描述数据的分布规律类似，高斯过程描述的是函数的分布。均值函数 $m(\boldsymbol{x})$ 和协方差函数 $k(\boldsymbol{x},\boldsymbol{x}')$ 代表了高斯过程全部的统计特征。高斯过程定义为

$$f(\boldsymbol{x})\sim \mathrm{GP}(m(\boldsymbol{x}),k(\boldsymbol{x},\boldsymbol{x}')) \tag{6.35}$$

对于实际系统，还需考虑噪声对观测值的影响，模型描述为

$$\boldsymbol{y}=f(\boldsymbol{x})+\varepsilon \tag{6.36}$$

假设噪声 ε 符合均值为 0、方差为 σ^2 的高斯分布，即 $\varepsilon\sim N\left(0,\sigma_n^2\right)$，且其独立于 $f(\boldsymbol{x})$。此时，实际函数值 $\boldsymbol{y}$ 服从高斯过程：

$$f(\boldsymbol{x})\sim \mathrm{GP}\left(m(\boldsymbol{x}),k(\boldsymbol{x},\boldsymbol{x}')+\sigma_n^2\delta_{ij}\right) \tag{6.37}$$

式中，$\delta_{ij}=\begin{cases}0\,,\ i\neq j\\ 1\,,\ i=j\end{cases}$。

训练样本与一个测试点的联合分布为

$$\begin{bmatrix} \boldsymbol{y} \\ y^* \end{bmatrix} \sim N\left(\begin{bmatrix} \mu_1 \\ \mu_2 \end{bmatrix}, \begin{bmatrix} \boldsymbol{K} & \boldsymbol{K}_*^{\mathrm{T}} \\ \boldsymbol{K}_* & \boldsymbol{K}_{**} \end{bmatrix}\right) \tag{6.38}$$

式中，$\boldsymbol{K}$ 表示协方差矩阵 $\boldsymbol{K}(\boldsymbol{x},\boldsymbol{x})$，描述训练数据 $\boldsymbol{x}$ 的内部相关性；$\boldsymbol{K}_*^{\mathrm{T}}$ 表示协方差矩阵 $\boldsymbol{K}(\boldsymbol{x},\boldsymbol{x}^*)$，描述训练数据 $\boldsymbol{x}$ 与测试点 $\boldsymbol{x}^*$ 的协差关系；$\boldsymbol{K}_*$ 表示协方差矩阵 $\boldsymbol{K}(\boldsymbol{x}^*,\boldsymbol{x})$；$\boldsymbol{K}_{**}$ 表示协方差矩阵 $\boldsymbol{K}(\boldsymbol{x}^*,\boldsymbol{x}^*)$，描述测试点 $\boldsymbol{x}^*$ 的内部相关性。上述协方差矩阵 $\boldsymbol{K}$ 中元素 k_{ij} 是由协方差函数确定的，即 $k_{ij}=k\left(\boldsymbol{x}_i,\boldsymbol{x}_j\right)$。

在高斯过程的数据训练过程中，协方差函数是至关重要的部分，它所包含的假设影响目标函数的特性。在其他层面，数据点间的相似性是至关重要的概念，对于具有相近输入 $\boldsymbol{x}$ 的数据点，它们所对应的目标值 $\boldsymbol{y}$ 很可能也相似。因此，那些靠近测试点的训练点信息将对该测试点的预测结果具有重要的意义。在高斯过程的框架下，协方差函数被认为是定义数据点之间相似性或近似度的核心所在。因此，协方差函数又称核函数。核函数的选择主要遵循三个基本原则：计算给定数据的模型概率、估计泛化误差和约束泛化误差。泛化误差表示对未见过的测试样本进行预测的平均误差。

高斯过程回归预测模型精度主要受其核函数的影响，通过比较不同核函数的性能，可选择最佳核函数并进行预测。

下面对三种典型核函数进行简要介绍。

(1) 平方指数(squared exponential，SE)协方差函数：

$$k\left(\boldsymbol{x},\boldsymbol{x}'\right)=\sigma_f^2\exp\left(-\frac{1}{2\iota^2}(\boldsymbol{x}-\boldsymbol{x}')^{\mathrm{T}}(\boldsymbol{x}-\boldsymbol{x}')\right) \tag{6.39}$$

平方指数协方差函数也称为高斯核函数，它使用参数 ι 定义了特征长度尺度。平方指数协方差函数是无限可微的，该核函数的高斯过程具有所有阶数的均方差导数，且非常平滑。因此，平方指数协方差函数在回归问题中表现良好。

(2) 有理二次(rational quadratic，RQ)协方差函数：

$$k(\boldsymbol{x},\boldsymbol{x}')=\sigma_f^2\left[1+\frac{1}{2\rho\iota^2}(\boldsymbol{x}-\boldsymbol{x}')^{\mathrm{T}}(\boldsymbol{x}-\boldsymbol{x}')\right]^{-\rho} \tag{6.40}$$

有理二次协方差函数也是一种光滑的核函数，ρ、ι 均为正实数。该协方差函数可理解为不同特征长度尺度的平方标度混合指数协方差函数的无限求和形式，其中标度混合是指使用不同的标度对指数协方差函数进行加权组合，而这些协方差函数的求和也是一种有效的协方差函数。

(3) Matérn 协方差函数：

$$k(\boldsymbol{x},\boldsymbol{x}')=\sigma_f^2\frac{2^{1-\nu}}{\Gamma(\nu)}\left(\sqrt{2\nu}\frac{d}{\rho}\right)K_\nu\left(\sqrt{2\nu}\frac{d}{\rho}\right) \tag{6.41}$$

式中，$d=(\boldsymbol{x}-\boldsymbol{x}')^{\mathrm{T}}(\boldsymbol{x}-\boldsymbol{x}')$。Matérn 协方差函数是一种光滑且兼具可微性的核函数，其参数化方法使其能够平衡预测的平滑性和灵活性。Matérn 协方差函数具有两个重要参数：平滑度 ν 和范围参数 ρ。当 ν 为无穷大时，Matérn 协方差函数就变成高斯核函数。

本节选用 Matérn 协方差函数进行高斯过程回归模型的构建。为了验证 Matérn 协方差函数相较于其他两个常规核函数的优势，随机选择 10 组测试数据分别在以平方指数协方差函数、有理二次协方差函数以及 Matérn 协方差函数为核函数的高斯过程模型下进行测试。采用交叉验证的方法来评估高斯过程中核函数的特性。对于每个核函数，将其应用于训练集并在测试集上计算平均误差等性能指标。通过比较不同核函数的性能指标来评估在本节数据类型和规模下的预测效果。

在上述三种核函数的条件下，高斯过程回归(GPR)的预测响应和预测残差图分别如图 6.22～图 6.24 所示。表 6.1 给出了三种核函数下预测性能指标的具体数值，其中训练集和测试集均为实际电流量化数据。

常用的评估指标包括均方根误差(RMSE)、均方误差(MSE)和平均绝对误差(MAE)，用上述指标来评估回归模型的预测精度。此外，使用 R^2 (R squared)来评

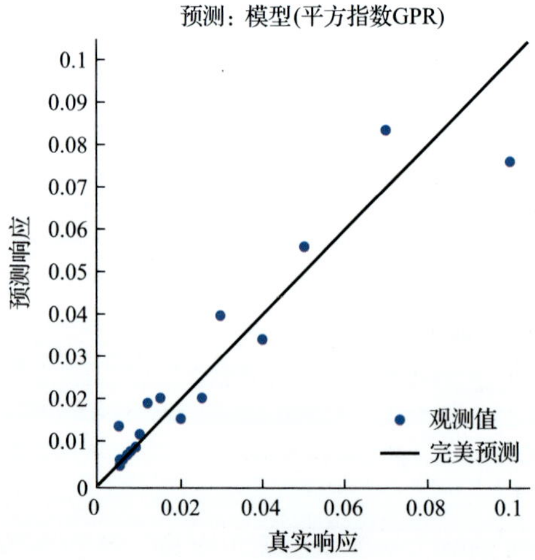

(a) 预测响应

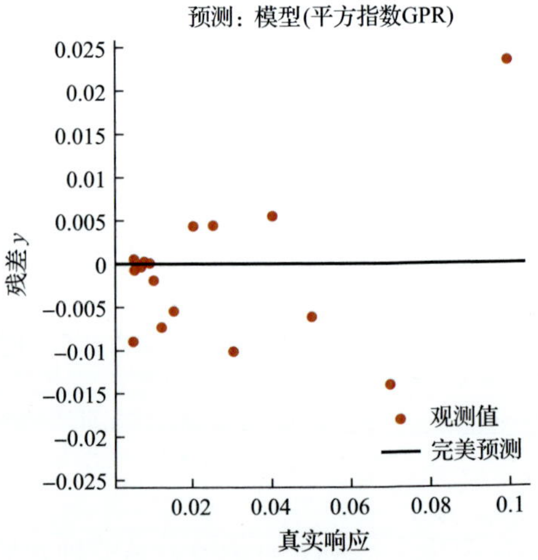

(b) 残差

图 6.22　基于平方指数协方差函数的高斯过程回归 1

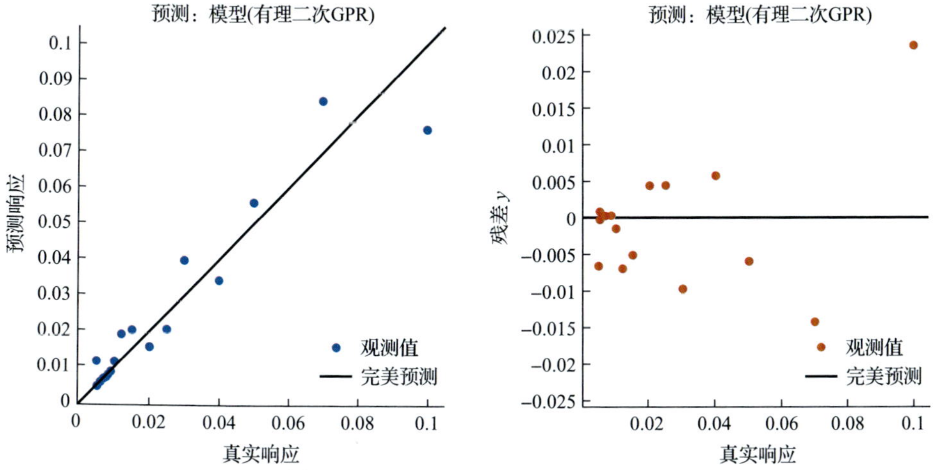

(a) 预测响应　　(b) 残差

图 6.23　基于有理二次协方差函数的高斯过程回归 1

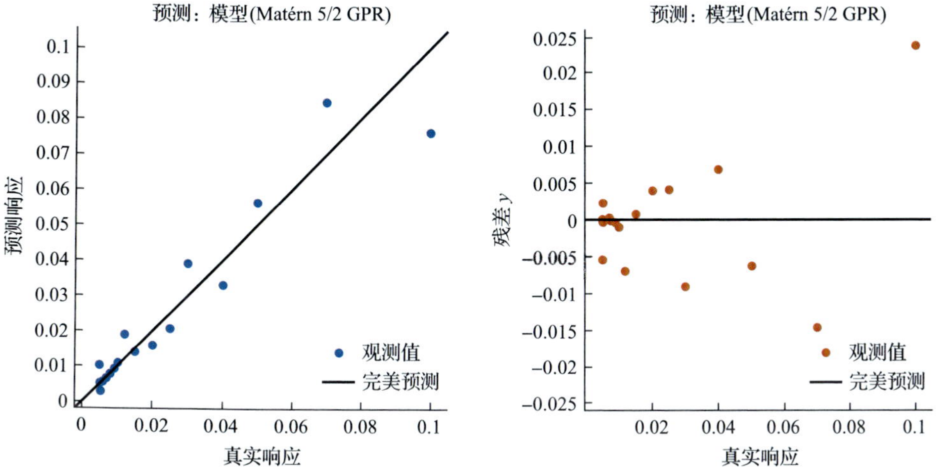

(a) 预测响应　　(b) 残差

图 6.24　基于 Matérn 协方差函数的高斯过程回归 1

表 6.1　三种核函数的预测性能指标评估表

指标	平方指数协方差函数	有理二次协方差函数	Matérn 协方差函数
RMSE	0.0055018	0.005429	0.0053889
R^2	0.93	0.93	0.93
MSE	3.027×10^{-5}	2.9474×10^{-5}	2.9041×10^{-5}
MAE	0.0025748	0.025006	0.0023738
预测速度	2300	3200	2000
训练时间/s	0.54204	0.76887	0.39886

估回归模型的拟合度，它表示因变量的变异有多少能够被自变量解释。R^2 的数值范围为 0～1，越接近 1 表示回归模型对数据的拟合度越好。同时，还需考虑回归模型的预测速度(即每秒更新次数)和训练时间，以评估模型的完成速率。根据实验结果，基于 Matérn 协方差函数的高斯过程回归模型的 RMSE、MSE 和 MAE 均为最低，表明其预测精度最高。而在预测速度和训练时间方面，基于有理二次协方差函数的高斯过程回归模型表现最好。综合分析可知，基于 Matérn 协方差函数的高斯过程回归模型在本书的数据类型和规模下具有最优的综合性能。因此，选用基于 Matérn 协方差函数的高斯过程回归模型作为预测模型。

高斯过程的基本结构为 $\mathrm{GP}(m,k,\sigma^2)$，其中 m 为均值函数，k 为协方差函数。为提高模型泛化能力并减少过拟合现象，噪声方差 σ^2 也被考虑在内。上述基本结构的理论基础为高斯过程的联合分布原理：高斯过程中任意有限个输出值的联合分布服从一个多元高斯分布。换言之，高斯过程可以视为对多元高斯分布的连续形式的推广。

给定训练数据集表达如下：

$$D\{\boldsymbol{x},\boldsymbol{y}\}=(x_1,y_1),(x_2,y_2),\cdots,(x_N,y_N) \tag{6.42}$$

则高斯过程目标的数学描述为：给定训练数据 $D\{\boldsymbol{x},\boldsymbol{y}\}$，对于新数据点 x_{N+1}，预测输出值 $f(x_{N+1})$ 及其概率分布 $p(f(x_{N+1})\,|\,x_{N+1},D)$，此分布在该情况下称为后验分布。

$f(x_{N+1})$ 的表达式如下：

$$f(x_{N+1})=y_{N+1}+\varepsilon_{N+1} \tag{6.43}$$

式中，ε_{N+1} 为高斯噪声，一般情况下，认为其均值为 0，方差为 σ^2。

根据贝叶斯公式，后验分布表达式如下：

$$p(f(x_{N+1})\,|\,x_{N+1},D)=\frac{p(y_{N+1}\,|\,f(x_{N+1}),x_{N+1},D)\,p(f(x_{N+1})\,|\,x_{N+1},D)}{p(y_{N+1}\,|\,x_{N+1},D)} \tag{6.44}$$

式中，$p(y_{N+1}\,|\,f(x_{N+1}),x_{N+1},D)$ 表示在给定 x_{N+1} 和训练数据集 D 条件下 $f(x_{N+1})$ 生成 y_{N+1} 的概率分布；$p(f(x_{N+1})\,|\,x_{N+1},D)$ 表示在给定训练数据集 D 条件下 x_{N+1} 的后验分布；$p(y_{N+1}\,|\,x_{N+1},D)$ 表示在给定训练数据集 D 条件下 x_{N+1} 输出值 y_{N+1} 的概率分布。$f(x_{N+1})$ 和 ε_{N+1} 相互独立，$p(y_{N+1}\,|\,f(x_{N+1}),x_{N+1},D)$ 和 $p(f(x_{N+1})\,|\,x_{N+1},D)$ 均可表示为高斯分布。

为具体求解方便，假设训练数据集的后验分布已知，用 $p(f_{1:n} \mid y_{1:n})$ 表示，那么预测新输入点 x_{n+1} 的输出 f_{n+1} 的概率分布为 $p(f_{n+1} \mid x_{n+1}, f_{1:n}, y_{1:n}) = \dfrac{p(f_{n+1}, x_{n+1}, f_{1:n}, y_{1:n})}{p(x_{n+1}, f_{1:n}, y_{1:n})}$。根据贝叶斯公式可得如下表达式：

$$p(f_{n+1}, x_{n+1}, f_{1:n}, y_{1:n}) = p(y_{n+1} \mid f_{n+1}, x_{n+1}, f_{1:n}, y_{1:n})\, p(f_{n+1} \mid x_{n+1}, f_{1:n}, y_{1:n})\, p(f_{1:n} \mid y_{1:n}) \tag{6.45}$$

$$p(x_{n+1}, f_{1:n}, y_{1:n}) = p(y_{n+1} \mid x_{n+1}, f_{1:n}, y_{1:n})\, p(f_{1:n} \mid y_{1:n})\, p(x_{n+1}) \tag{6.46}$$

由此可得

$$p(f_{n+1} \mid x_{n+1}, f_{1:n}, y_{1:n}) = \frac{p(y_{n+1} \mid f_{n+1}, x_{n+1}, f_{1:n}, y_{1:n})\, p(f_{n+1} \mid x_{n+1}, f_{1:n}, y_{1:n})}{p(y_{n+1} \mid x_{n+1}, f_{1:n}, y_{1:n})} \tag{6.47}$$

式中，$p(y_{n+1} \mid f_{n+1}, x_{n+1}, f_{1:n}, y_{1:n}) = \mathcal{N}\left(y_{n+1} \mid f_{n+1}(x_{n+1}), \sigma_n^2\right)$ 为高斯噪声模型。

将 $p(y_{n+1} \mid x_{n+1}, f_{1:n}, y_{1:n})$ 通过全概率公式展开，可得

$$p(y_{n+1} \mid x_{n+1}, f_{1:n}, y_{1:n}) = \int p(y_{n+1} \mid f_{n+1}, x_{n+1}, f_{1:n}, y_{1:n})\, p(f_{n+1} \mid f_{1:n}, y_{1:n})\, \mathrm{d}f_{n+1} \tag{6.48}$$

$p(f_{n+1} \mid f_{1:n}, y_{1:n})$ 可通过高斯过程性质得到，即

$$p(f_{n+1} \mid f_{1:n}, y_{1:n}) = \mathcal{N}\left(\mu_{n+1}, \sigma_{n+1}^2\right) \tag{6.49}$$

式中，$\mu_{n+1} = \boldsymbol{k}_{n+1}^{\mathrm{T}}\left(\boldsymbol{K}_{1:n,1:n} + \sigma_n^2 \boldsymbol{I}\right)^{-1} y_{1:n}$；$\sigma_{n+1}^2 = \boldsymbol{k}(x_{n+1}, x_{n+1}) - \boldsymbol{k}_{n+1}^{\mathrm{T}}\left(\boldsymbol{K}_{1:n,1:n} + \sigma_n^2 \boldsymbol{I}\right)^{-1} \boldsymbol{k}_{n+1}$，$\boldsymbol{k}_{n+1}$ 表示新数据点 x_{n+1} 与历史数据点 $x_{1:n}$ 的协方差向量，$\boldsymbol{K}_{1:n,1:n}$ 为历史数据点之间的协方差矩阵。

将 $p(y_{n+1} \mid f_{n+1}, x_{n+1}, f_{1:n}, y_{1:n})$ 和 $p(f_{n+1} \mid f_{1:n}, y_{1:n})$ 代入贝叶斯公式可得

$$p(f_{n+1} \mid x_{n+1}, f_{1:n}, y_{1:n}) = \frac{p(y_{n+1} \mid f_{n+1}, x_{n+1})\, p(f_{n+1} \mid f_{1:n}, y_{1:n})}{p(y_{n+1} \mid x_{n+1}, f_{1:n}, y_{1:n})} \tag{6.50}$$

式中，$p(y_{n+1} \mid f_{n+1}, x_{n+1}) = \mathcal{N}\left(f_{n+1}; \mu_{n+1}, \sigma_{n+1}^2\right)$；$p(f_{n+1} \mid f_{1:n}, y_{1:n}) = \mathcal{N}\left(f_{n+1}; \mu_{n+1|n}, \sigma_{n+1|n}^2\right)$。

根据高斯分布的归一化条件及条件高斯分布的性质求解 $p(f_{n+1} \mid x_{n+1}, f_{1:n}, y_{1:n})$：

$$p\left(f_{n+1} \mid x_{n+1}, f_{1:n}, y_{1:n}\right)=\mathcal{N}\left(f_{n+1} \mid \mu_{n+1}, \sigma_{n+1}^{2}\right) \tag{6.51}$$

式中，μ_{n+1}^{m} 为 f_{n+1} 的后验均值；σ_{n+1}^{2} 为 f_{n+1} 的后验方差。μ_{n+1}^{m}、σ_{n+1}^{2} 表达式分别如下：

$$\mu_{n+1}^{m}=m_{n+1}+\boldsymbol{k}_{n+1}^{\mathrm{T}}\left(\boldsymbol{K}_{1:n,1:n}+\sigma_{n}^{2}\boldsymbol{I}\right)^{-1}\left(y_{n+1}-m_{n+1}\right) \tag{6.52}$$

$$\sigma_{n+1}^{2}=\boldsymbol{k}\left(x_{n+1}, x_{n+1}\right)-\boldsymbol{k}_{n+1}^{\mathrm{T}}\left(\boldsymbol{K}_{1:n,1:n}+\sigma_{n}^{2}\boldsymbol{I}\right)^{-1}\boldsymbol{k}_{n+1} \tag{6.53}$$

式中，m_{n+1} 为新数据点的均值，$m_{n+1}=\boldsymbol{k}_{n+1}^{\mathrm{T}}\left(\boldsymbol{K}_{1:n,1:n}+\sigma_{n}^{2}\boldsymbol{I}\right)^{-1} y_{1:n}$。

综上所述，f_{n+1} 的后验分布已求得，用它预测新数据点 x_{n+1} 的输出 y_{n+1} 的概率分布，进而进行预测和决策。μ_{n+1}^{m} 和 σ_{n+1}^{2} 又分别称为预测均值 y^{*} 和预测方差 $\mathrm{Var}(y^{*})$，预测均值即为目标参数预测值，预测方差即得到此预测值的概率评估。

为求解方便，重写 Matérn 协方差函数表达式如下：

$$k_{\theta}(r)=\frac{1}{\Gamma(\nu)2^{\nu-1}}\left(\frac{\sqrt{2\nu}r}{l}\right)^{\nu} K_{\nu}\left(\frac{\sqrt{2\nu}r}{l}\right) \tag{6.54}$$

式中，$r=\|\boldsymbol{x}-\boldsymbol{x}'\|$ 为输入 $\boldsymbol{x}$ 和 $\boldsymbol{x}'$ 之间的欧几里得距离；l 为长度尺度参数；ν 为平滑度参数；K_{ν} 为修正贝叶斯函数。因此，此核函数的超参数为 $\theta=(l,\nu)$。对于任意两个输入 x_i 和 x_j，它们对应的核函数值 $k_{\theta}\left(x_i, x_j\right)$ 满足均值为 0、方差为 $k_{\theta}\left(x_i, x_i\right)$ 的多元正态分布。因此，对于训练数据 D 中的任意一对数据 $\left(x_i, y_i\right)$ 和 $\left(x_j, y_j\right)$，它们的联合分布可以表示如下：

$$\left(y_i\ y_j\right) \sim \mathcal{N}\left((0\ 0),\left(k_{\theta}\left(x_i, x_i\right) \quad k_{\theta}\left(x_i, x_j\right) k_{\theta}\left(x_j, x_i\right) \quad k_{\theta}\left(x_j, x_j\right)\right)\right) \tag{6.55}$$

令 μ_i 和 μ_j 分别表示在输入为 x_i 和 x_j 时输出的均值。根据最大似然估计法原理，通过最大化似然函数 $\prod_{i=1}^{n}\prod_{j=i+1}^{n} p\left(y_i, y_j \mid x_i, x_j, \theta\right)$，求解 Matérn 协方差函数中的超参数 l 和 ν。

由于似然函数的形式比较复杂，直接对其求解比较困难。因此，可采用对数似然函数的形式来简化计算。设对数似然函数为 $\log p(D \mid \theta)$，则有如下表达式：

$$\frac{\partial \log p(\boldsymbol{y}\mid \boldsymbol{x},\theta)}{\partial \theta_i}=\frac{1}{2}\boldsymbol{y}^{\mathrm{T}}\left(\boldsymbol{K}+\sigma_n^2\boldsymbol{I}\right)^{-1}\frac{\partial K}{\partial \theta_i}\left(\boldsymbol{K}+\sigma_n^2\boldsymbol{I}\right)^{-1}\boldsymbol{y}-\frac{1}{2}\mathrm{Tr}\left(\boldsymbol{K}+\sigma_n^2\boldsymbol{I}\right)^{-1}\frac{\partial K}{\partial \theta_i} \tag{6.56}$$

式中，$\partial K/\partial \theta_i$ 表示核函数 K 对超参数 θ_i 的偏导数；$\mathrm{Tr}(\cdot)$ 表示矩阵的迹。通过对上述公式求极值(函数值为零)的解，来最大化数据的对数似然函数，进而得到最优的超参数。

为了获取高斯过程回归模型，在零负载条件下设置电感参数标称值在以实际参数值为基准的–25%～25%范围波动，并通过系统运行过程中获取的电流等实时信息进行信息量化和数据集的构建。这些数据将作为训练数据用于高斯过程回归模型的训练。具体而言，采用基于 Matérn 协方差函数的高斯过程回归模型，并采用最大似然估计法进行超参数的自适应获取，以获得最优的模型参数。通过对训练数据的拟合，获取电机电感参数失配状态与电流特征之间的关系，进而预测电感参数失配情况并获得系统实际参数的信息。

为了评估基于不同核函数的高斯过程回归模型在某一数据类型和规模下的预测性能，在具体实验中对模型的参数预测精度和效率进行验证和分析。

针对永磁同步电机模型预测控制系统，利用实时采集的电流波动度等数据，训练高斯过程回归模型，得到如图 6.25 所示的拟合曲面。通过对电流波动度和电流偏移度进行回归分析，可以获得电感参数失配信息。具体而言，电流波动度反映了系统中电流的稳定程度，而电流偏移度则表征了系统中电流的偏移情况。基于这两个指标，可以对系统中的参数进行精确的分析和评估。

系统参数真实值与预测值对比如图 6.26～图 6.28 所示。实验结果表明，以平

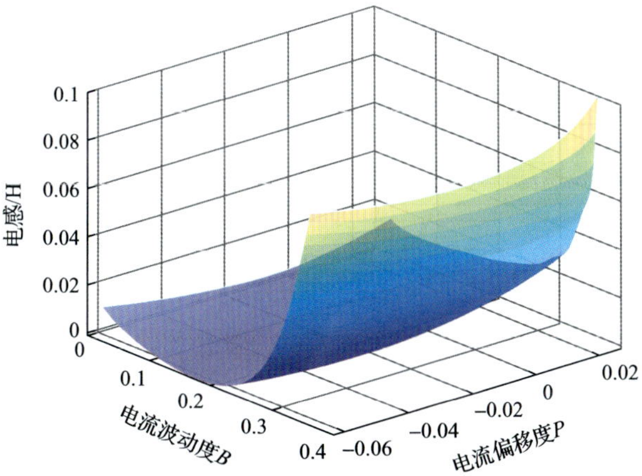

图 6.25　高斯过程回归模型拟合曲面

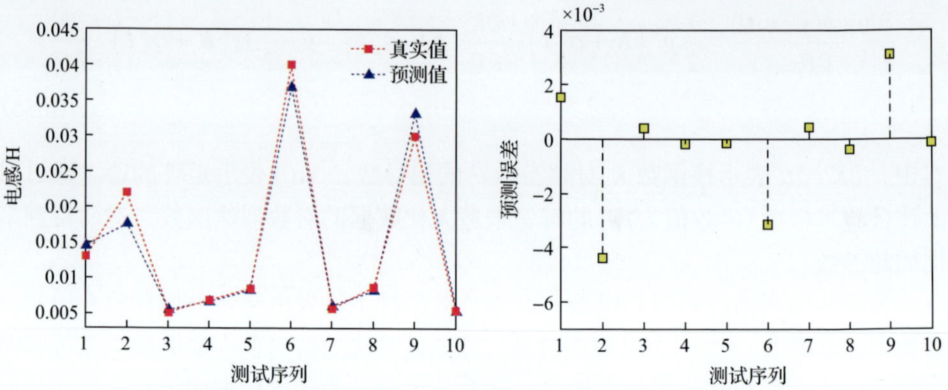

(a) 预测真实值与预测值对比　　(b) 预测误差

图 6.26　基于平方指数协方差函数的高斯过程回归 2

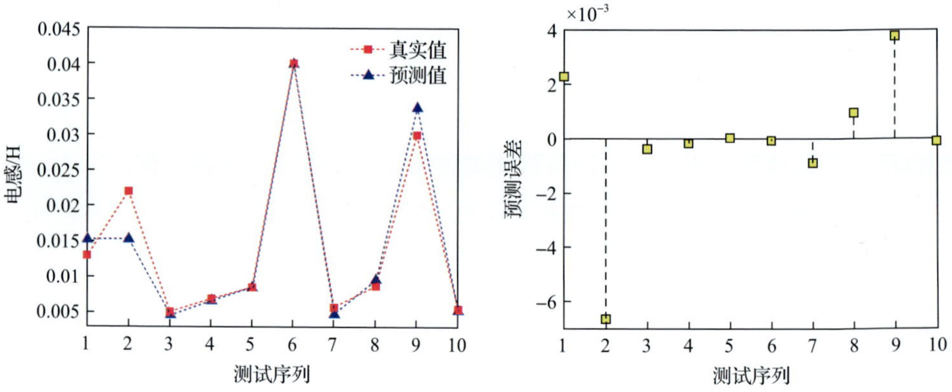

(a) 预测真实值与预测值对比　　(b) 预测误差

图 6.27　基于有理二次协方差函数的高斯过程回归 2

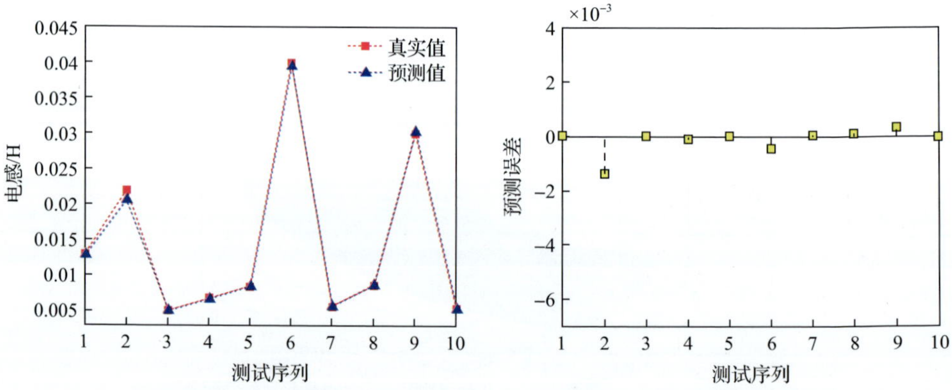

(a) 预测真实值与预测值对比　　(b) 预测误差

图 6.28　基于 Matérn 协方差函数的高斯过程回归 2

方指数协方差函数和有理二次协方差函数为核函数的高斯过程回归算法具有较高的预测精度。但是，在系统参数失配程度较高的情况下，这两种算法仍均会出现较大的预测误差，导致预测精度下降。相比之下，采用 Matérn 协方差函数的高斯回归模型在系统参数的各种失配状态下均表现出较高的预测精度(预测误差控制在 2×10^{-3} 内)，能够更准确地预测系统参数的失配情况。这也证明了基于 Matérn 协方差函数的高斯过程回归模型在本节数据类型和规模下的优越性。需要注意的是，对于不同类型和规模的数据，应当综合考虑多种核函数并进行实验验证，以选择最适合的核函数，进而保证参数预测精度和效率。

为了验证基于高斯过程回归算法参数辨识方法的优越性，对比分析基于神经网络算法、基于支持向量机算法以及基于高斯过程回归算法的参数辨识结果。本节所用数据类型和规模以及参数辨识框架均为基准，实验结果如图 6.29 和图 6.30 所示。

由实验结果可以看出，基于高斯过程回归算法的参数辨识方法在精度方面表现最佳(图中 RMSE 数值取倒数，用 RMSE* 表示)；而在预测速度(PV)方面，介于基于神经网络算法的参数辨识方法和基于支持向量机算法的参数辨识方法之

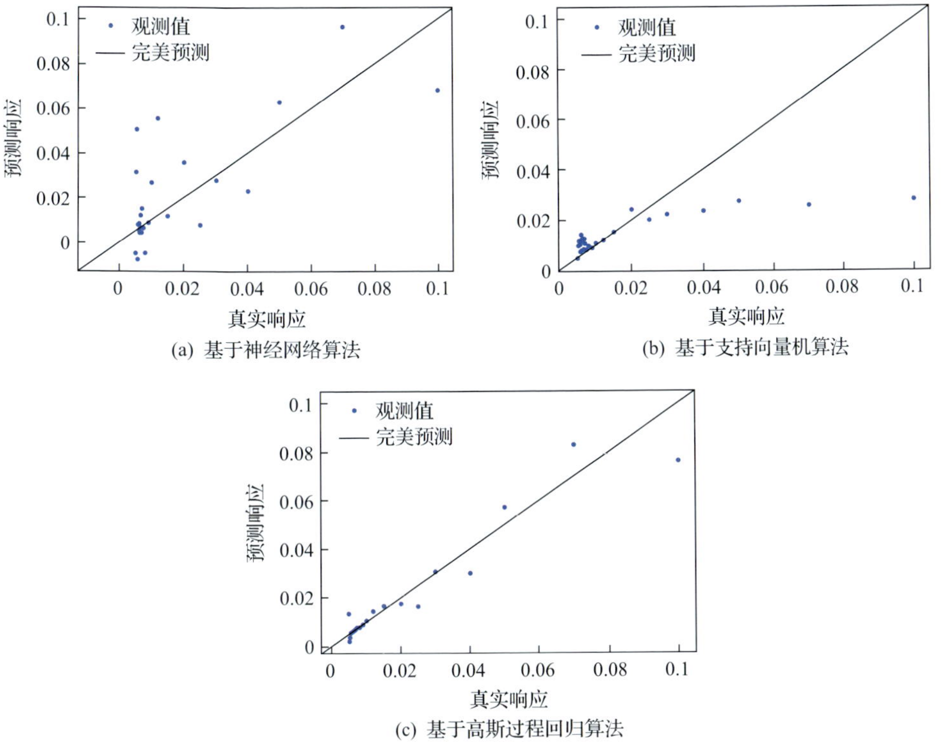

(a) 基于神经网络算法　(b) 基于支持向量机算法

(c) 基于高斯过程回归算法

图 6.29　三种回归算法的参数预测结果

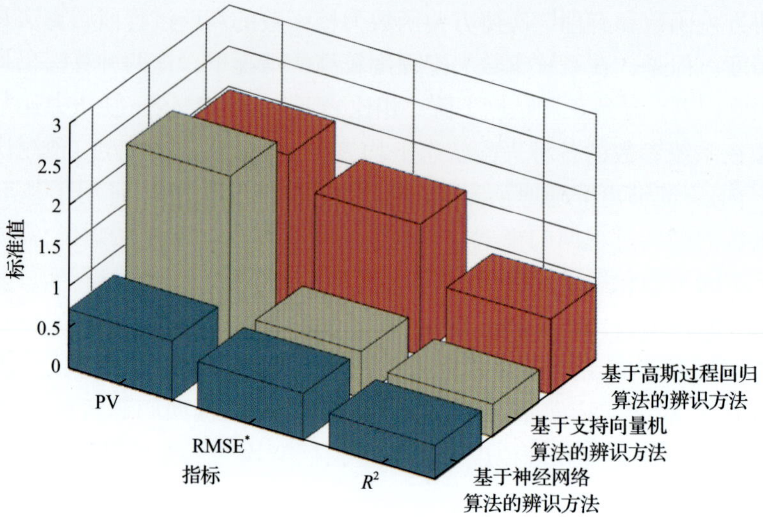

图 6.30　三种回归算法的参数辨识结果对比

间。虽然预测速度性能不及基于支持向量机的算法，但基于高斯过程回归算法的速度表现并未逊色太多。综上所述，实验结果表明，基于高斯过程回归算法在本节参数辨识框架下具有最优的预测性能。

6.3.3　基于数据驱动的电流预测控制

常规的模型预测控制方法通常直接使用系统模型来选择最优控制行为，导致在系统建模错误或参数摄动的情况下控制性能变差。因此，有研究人员将无模型控制理论与模型预测控制相结合，通过扩张状态观测器、超局部模型和电流微分等形式实现无需系统模型参数的模型预测控制方法。无模型预测控制方案和基于参数辨识的预测模型优化控制方案在模型预测控制领域的应用成果显著。但是，一般来说，在相同采样频率下，参数精确的有模型预测控制方案性能要优于无模型预测控制方案。因此，系统模型参数的精确辨识与在线更新对模型预测控制方法来说尤为重要。

基于高斯过程回归的永磁同步电机有限控制集模型预测控制(FCS-GPMPC)系统结构框图如图 6.31 所示。采用 PI 控制器进行速度闭环控制，产生电流参考指令。电流预测控制器将对该电流参考值进行跟踪，选择使代价函数最小化的电压矢量，并将其应用于下一控制周期。在系统运行过程中实时进行电流检测，电流检测数据经预处理模块获得电流波动度 B 和电流偏移度 P 的数据，上述两项数据作为高斯过程回归参数优化模块的输入进行系统参数的预测，预测结果将更新系统预测模型，以期使系统恢复未失配状态。系统中的高斯过程回归模型是不断更新的，随着训练数据的累积而进化。在不同速度参考值或不同负载条件下，稳

定后的 q 轴电流表现量化值会有所不同，因此在不同实验条件下的实验数据将会训练新的高斯过程回归模型。高斯过程回归的训练数据直接由目标算法 FCS-MPC 获取，因此参数辨识过程对 FCS-MPC 不会造成类似于其他入侵式辨识算法带来的不利影响。同时，训练得到的回归模型再用来优化 FCS-MPC 算法，实现了控制与优化的闭环。

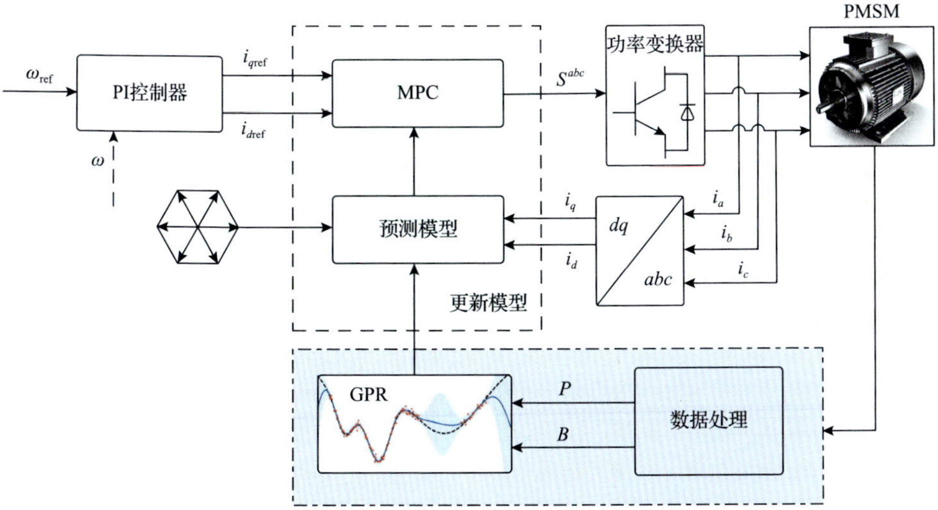

图 6.31　基于高斯过程回归的永磁同步电机有限控制集模型预测控制系统结构框图

在永磁同步电机模型预测控制算法中实现模型参数的在线预测与更新，需要消耗大量的计算资源。为了提高控制算法的效率和实时性，同时减少计算量，本节提出了一种模型失配检测机制。该机制基于高斯过程回归算法，可同时实现在线失配检测和在线参数优化。具体实现方式是将失配检测模块嵌入数据处理模块和高斯过程回归优化模块控制之间，在控制系统运行过程中将电流数据处理结果实时输入模型失配检测模块中，通过电流波动度和电流偏移度数据判断系统是否为参数失配状态。当系统判断为失配时，高斯过程回归算法将自动预测并更新永磁同步电机的模型参数，以保证系统的稳定性和控制精度。当系统判断为未失配时，维持原有的模型参数不进行更新。基于高斯过程回归的系统参数在线失配检测机制如图 6.32 所示。

通过模型失配检测机制，可以在保证系统控制精度和实时性的同时，大幅降低算力需求，提高永磁同步电机模型预测控制算法的实用性和可靠性。当电流波动度 B 超过阈值 B_{th} 或电流偏移度 P 超过阈值 P_{th} 时，系统判定为失配状态。阈值设置对于系统的判定结果有着重要的影响。在实际应用中，阈值的设置需要综合考虑系统的特性、性能要求和环境等多方面因素，并进行大量实验和验证。不同

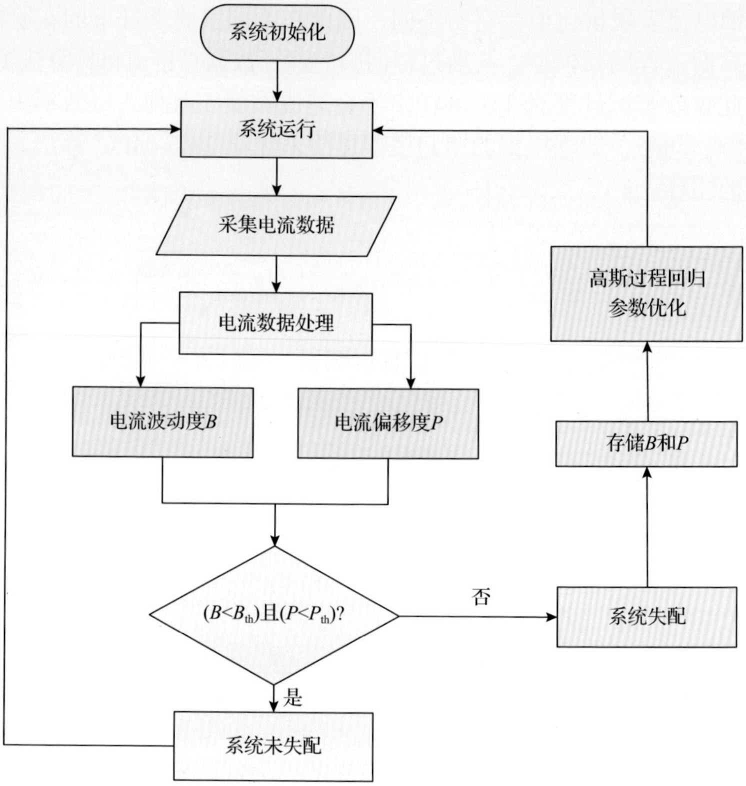

图 6.32　系统参数在线失配检测机制

系统的实际情况和性能需求各不相同，因此阈值的设置还需要根据具体情况进行调整和优化。

一般使用预测值与实际参数值之间的误差来评估系统参数辨识算法的预测精度，其中的实际参数值是基于其他辨识方法得到的。但是，在参数辨识过程中，缺乏实时性的性能指标对预测结果进行评估。高斯过程作为一个具有概率意义的学习机，可对预测输出做出概率解释，其赋予预测结果的置信度指标可用于预测效果的评估。置信区间是指对于给定置信水平(如 95%)，真实值落在该区间内的概率。高斯过程回归的置信区间由两部分组成：预测值和标准差。预测值是由训练集数据拟合出的高斯过程回归模型在测试点处的输出值 y^*。标准差则表征了该预测值的不确定性，可以看成置信区间的半径。

置信区间的计算步骤如下：

(1) 计算测试点 x 与训练集数据之间的核函数矩阵 $\boldsymbol{K}$；

(2) 计算测试点的预测值 y^* 和方差 $\mathrm{Var}(y^*)$；

(3) 根据置信水平 α (如 95%) 和自由度 n (等于训练集样本数)，计算出置信区

间的半径r，表达式为

$$r = t_{n-1,1-\alpha/2}\sqrt{\mathrm{Var}(y^*)} \tag{6.57}$$

式中，$t_{n-1,1-\alpha/2}$为自由度为$n-1$的t分布的上分位数，用于保证在给定置信水平下，置信区间能够覆盖真实值的概率为α。

自由度为$n-1$的t分布的上分位数是指当使用自由度为$n-1$的t分布进行单尾检验时，检验统计量t的取值达到或超过该上分位数的概率为α。其中，α通常取 0.05 或 0.01，表示显著性水平。具体而言，若t检验的统计量t的取值达到或超过自由度为$n-1$的t分布上分位数t，则可以拒绝零假设，认为在显著性水平α下存在显著差异或关联性；反之，若t的取值未达到或低于$t_\alpha(n-1)$，则无法拒绝零假设，即不能认为在显著性水平α下存在显著差异或关联性。因此，自由度为$n-1$的t分布上分位数是进行t检验的一个重要参考值，用于判断样本数据是否与假设值存在显著差异。最终的置信区间表示为$[y^*-r, y^*+r]$。

引入系统在线失配监测机制与置信区间概念后，系统的整体控制结构如图 6.33 所示。系统分为基础控制模块、系统监测模块和系统优化模块，在保证控制性能的前提下提高了整体运算效率。

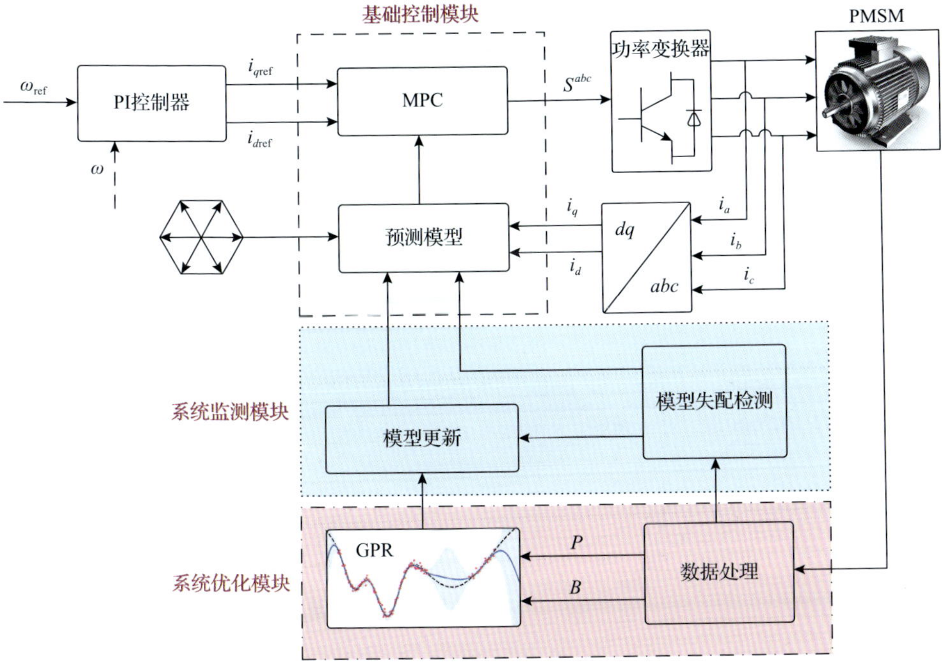

图 6.33　系统整体控制结构框图

6.3.4 实验实例

1. 高斯过程回归模型的获取

在速度 50r/min、零负载的运行条件下，电感参数标称值在以实际参数值为基准的–25%～25%范围波动。利用电流波动度等实时数据进行高斯过程回归模型的训练，得到如图 6.34(a)所示的拟合曲面，通过电流波动度和电流偏移度即可获得电感参数的失配信息。为了验证回归模型在不同速度条件下的自适应性能，在速度 100r/min、零负载的运行条件下再次进行回归模型的自适应获取，得到如图 6.34(b)所示的拟合曲面。为验证高斯过程回归模型在不同负载条件下的自适应性能，在速度 100r/min、2N·m 负载条件下进行回归模型自适应获取，得到如图 6.35(b)所示的拟合曲面。图 6.34 和图 6.35 的实验结果表明，电机运行条件不

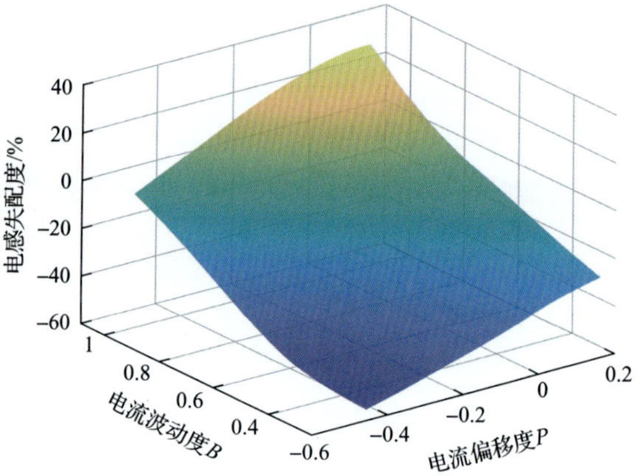

(a) 速度50r/min，零负载

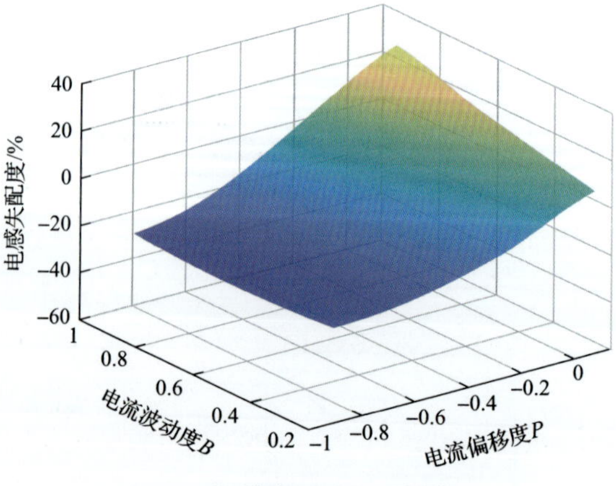

(b) 速度100r/min，零负载

图 6.34 不同速度条件下回归模型训练

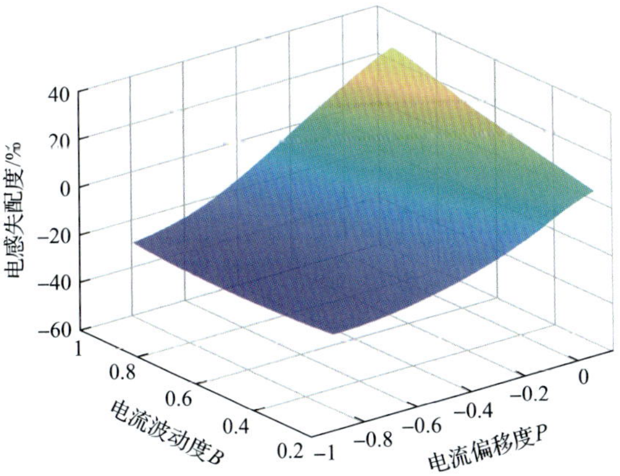

(a) 速度100r/min，零负载

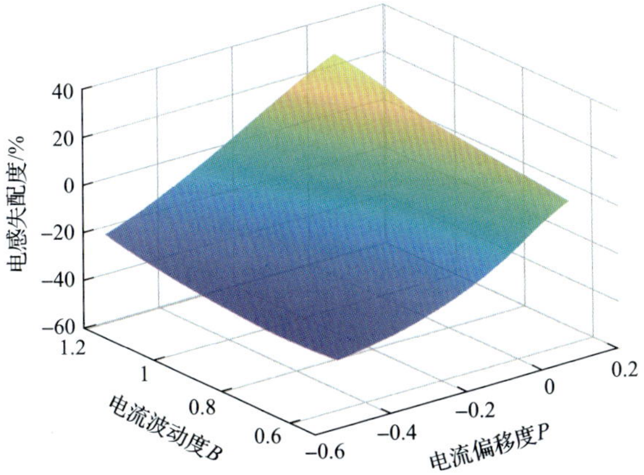

(b) 速度100r/min，负载2N·m

图 6.35 不同负载条件下回归模型训练

同，电流表现和参数失配之间的回归模型会有不同，高斯过程回归方法能够在电机不同速度和负载状态的条件下自适应更新回归模型。

2. 参数辨识实验

参数辨识实验结果如图 6.36(a)所示，图中圆圈表示该时刻实际参数值，红色曲线表示预测参数值。可以看到，预测参数曲线能够准确跟踪实际参数值。测试数据集显示，在本节实验的数据类型和规模下，预测误差可控制在 2%以内，均方根误差为 0.0021，达到千分位级，R^2 为 0.99，接近于 1。

高斯过程回归模型在输出预测均值 y^* 的同时会输出预测方差 $\mathrm{Var}(y^*)$，因此置信度为 95%的置信区间为 $\left[y^* - 2\sqrt{\mathrm{Var}(y^*)},\quad y^* + 2\sqrt{\mathrm{Var}(y^*)}\right]$。图 6.36(a)中灰色阴影部分即预测值的置信区间，可用于预测效果的评估以及异常数据的检测。

预测误差与置信区间的波动正相关。为验证置信区间对异常预测值的检测能力，在系统运行的过程中加入异常值，如图 6.36(b) 所示阴影部分即置信区间迅速扩大，这代表此时预测方差出现较大波动，即检测到本组数据中出现异常值或者出现较大预测误差。因此，置信区间的大小可用于预测效果的评估。

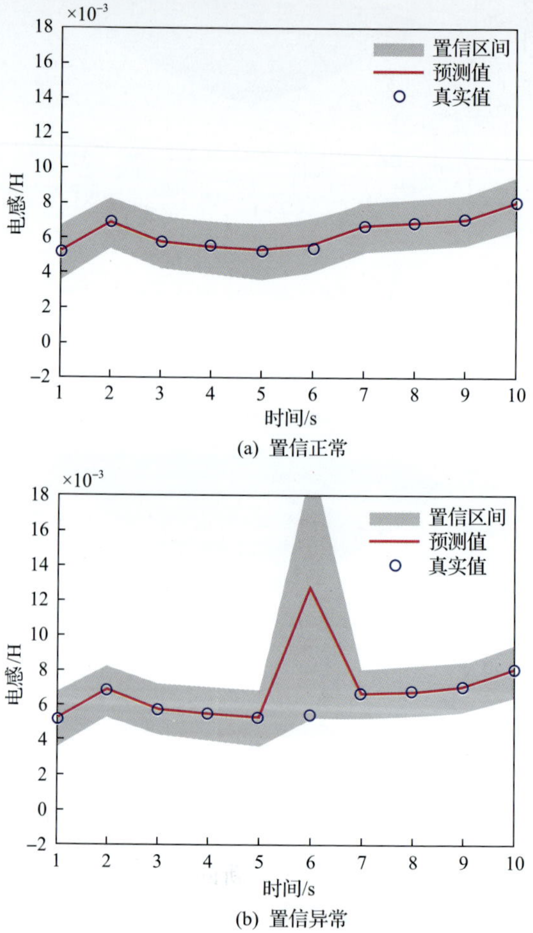

图 6.36　置信区间实验结果

3. 参数失配条件下控制性能对比

为了进一步验证 FCS-GPMPC 方法的电流控制性能，在速度 100r/min、负载 2N·m 条件下，对比 FCS-GPMPC 方法与传统 FCS-MPC 方法在参数失配情况下相电流和 q 轴电流的控制结果。

图 6.37 为传统 FCS-MPC 方法下 A 相电流波形及其 FFT 分析结果。图 6.38 为 FCS-GPMPC 方法下参数优化后 A 相电流波形及其 FFT 分析结果。可以看出，

相比于传统 FCS-MPC 方法，FCS-GPMPC 方法下的相电流波形畸变更小，THD 由 4.38%降为 3.74%。

考虑在系统正常运行时出现参数突变的情况，设置参数标称值以实际参数值为基准正、逆向突变。为使实验对比效果更加明显，系统参数优化模块延迟 1s 后运行。d、q 轴电流响应结果如图 6.39 所示。可以看出，在参数标称值以实际参数值为基准出现突变的条件下，当 1s 后系统优化模块运行时，系统参数迅速实现了校正，q 轴电流表现为回归参数未失配状态。

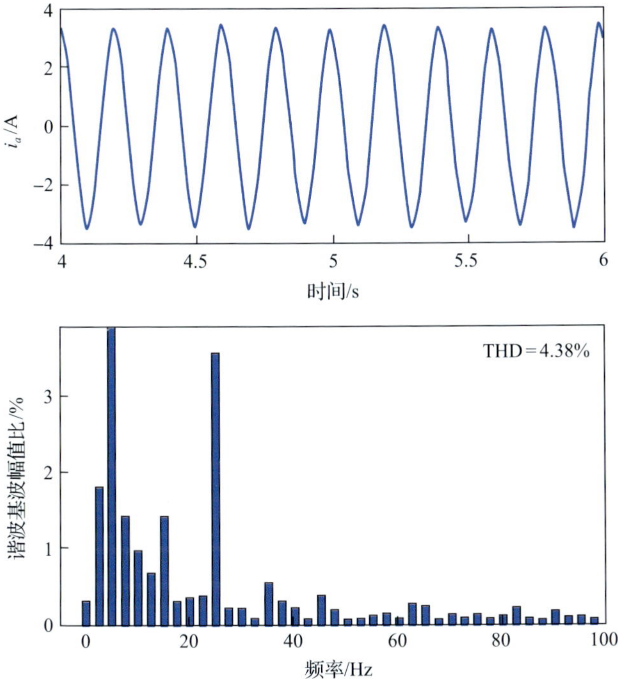

图 6.37　FCS-MPC 方法下 A 相电流响应结果

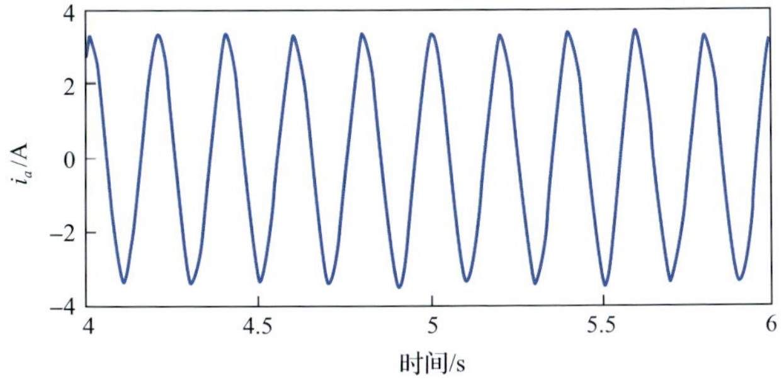

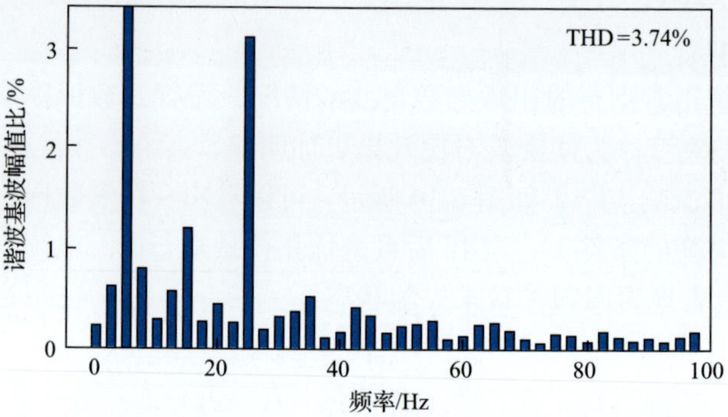

图 6.38　FCS-GPMPC 方法下参数优化后 A 相电流响应结果

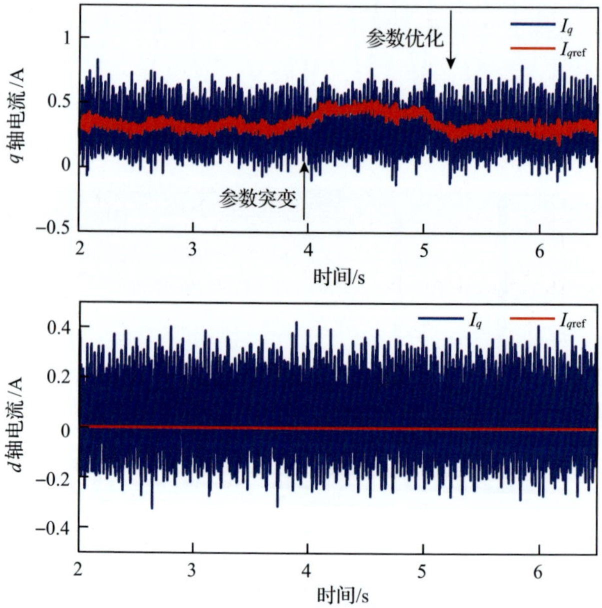

(a) 参数正向突变

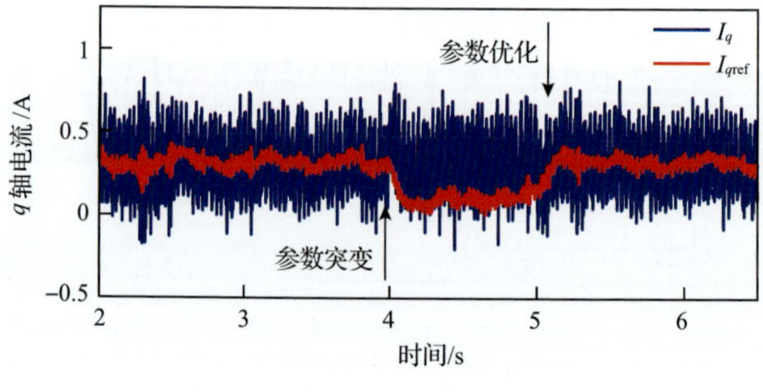

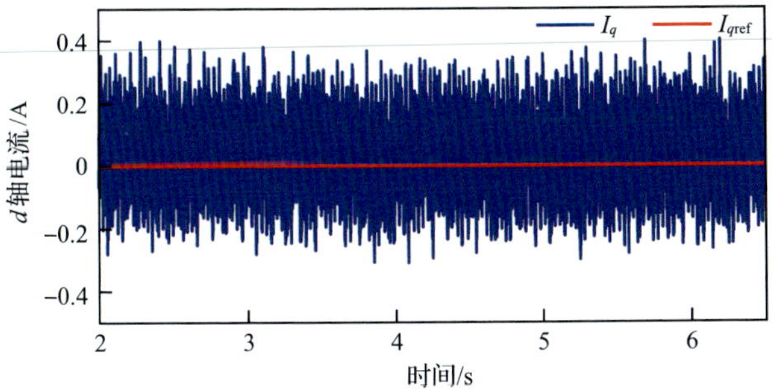

(b) 参数逆向突变

图 6.39　d、q 轴电流响应结果(参数无失配正常启动)

考虑系统参数在最初启动时便已存在参数失配的情况，在参数标称值以实际参数值为基准正、逆向失配时系统启动。考虑系统安全性，系统参数优化模块于启动 4s 后运行。d、q 轴电流响应结果如图 6.40 所示。可以看出，在系统优化模块运行后，即使系统原本工作在参数失配的状态下，系统参数也迅速实现了校正，q 轴电流表现为回归参数未失配状态。

在系统正常运行情况下，考虑电感参数失配程度的极限情况，设置参数标称值在以实际参数值为基准−50%～50%的范围随机波动。传统 FCS-MPC 方法下 d、q 轴电流响应结果如图 6.41(a)所示，基于 FCS-GPMPC 方法参数优化后的 d、q 轴电流响应结果如图 6.41(b)所示。可以看出，相较于传统 FCS-MPC 方

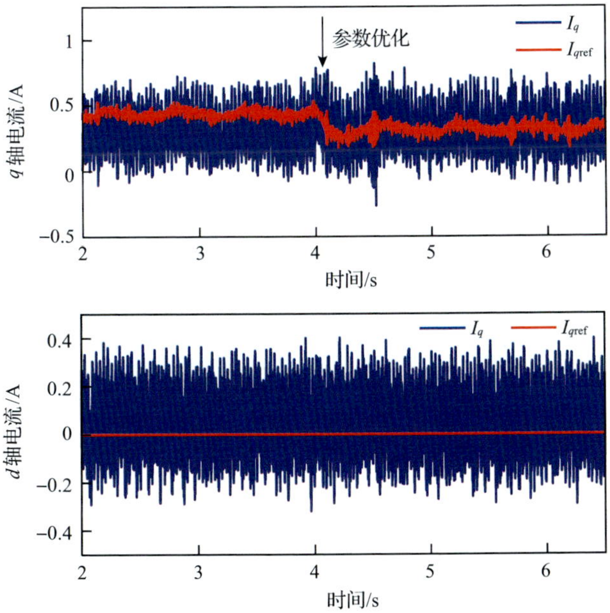

(a) 参数正向突变

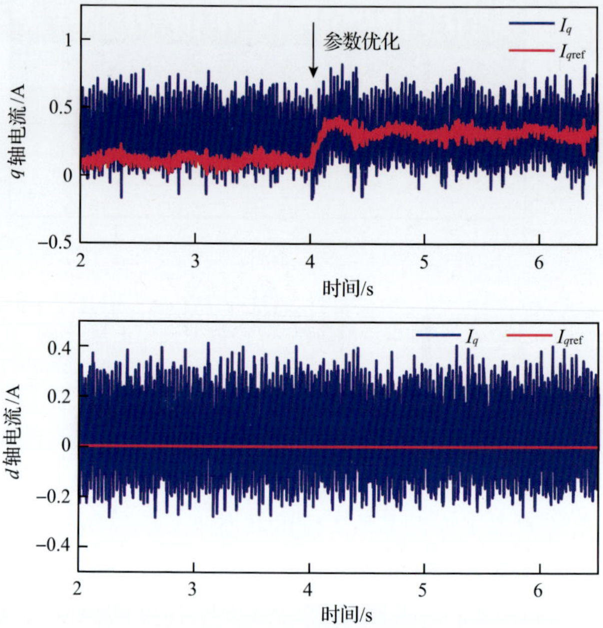

(b) 参数逆向突变

图 6.40　d、q 轴电流响应结果(参数失配启动)

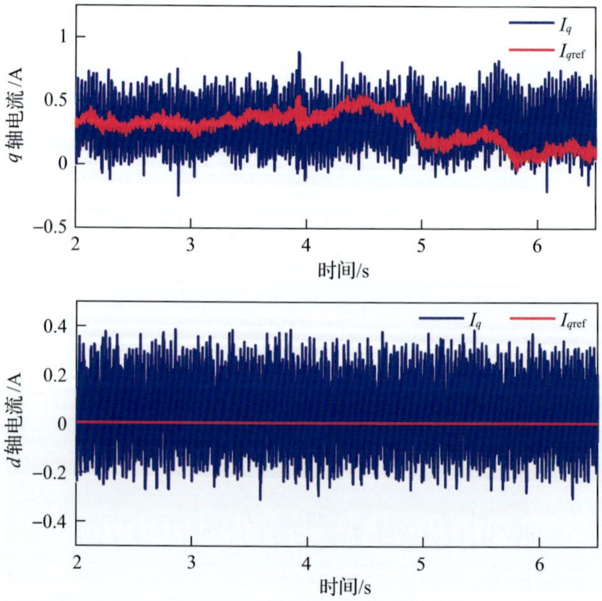

(a) FCS-MPC

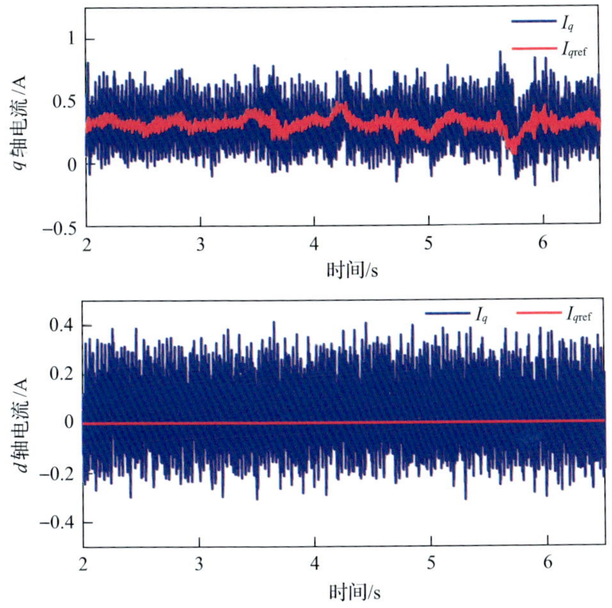

(b) FCS-GPMPC

图 6.41 d、q 轴电流响应结果(参数标称值随机波动)

法，FCS-GPMPC 方法的 q 轴电流波动度降低 30.5%，电流平均偏移度降低 19.6%，电流控制性能明显改善。

4. 对阶跃参考信号的动态跟踪性能

为了验证 FCS-GPMPC 方法对电流阶跃参考信号的动态跟踪性能，分别采用传统 FCS-MPC 和 FCS-GPMPC 两种方法跟踪幅值为 1A 的电流阶跃参考信号，q 轴电流响应结果如图 6.42 所示。由图可以看到，q 轴参考电流在 t=5s 时由 0A 阶跃到 1A，传统 FCS-MPC 方法的电流响应时间与 FCS-GPMPC 方法一致。但是，由于电感参数的不匹配，FCS-MPC 方法对未来电流的预测不准确，导致电流稳态

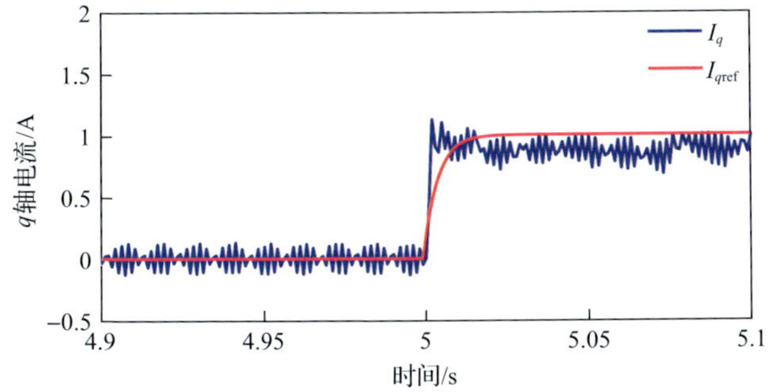

(a) FCS-MPC

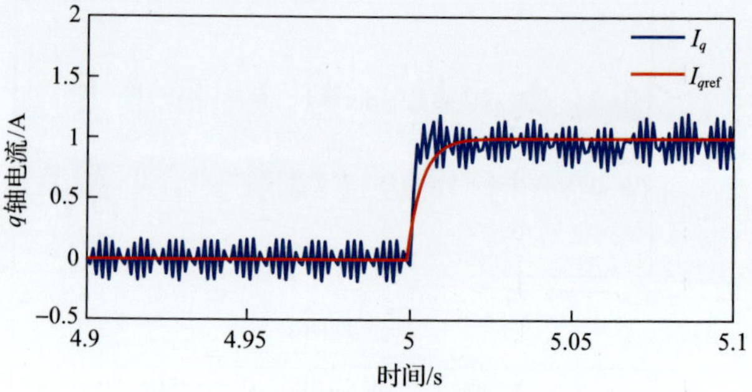

(b) FCS-GPMPC

图 6.42 q 轴电流阶跃响应

跟踪出现偏差，降低了电流稳态跟踪性能。而 FCS-GPMPC 方法能够及时调整电感参数标称值，对参考电流有更高的跟踪精度。

6.4 本章小结

模型预测控制方法是一种具有较大潜能的永磁同步电机控制方法，对控制系统中的各种约束、不确定性、非线性因素等具有较强的处理能力。本章以模型预测控制为核心，对永磁同步电机的有限控制集模型预测控制方法、有限控制集无模型预测控制方法以及基于数据驱动的有限控制集模型预测控制方法依次进行了介绍。其中，有限控制集模型预测控制方法对模型参数的精确度要求较高，若参数出现摄动失配，则可能会导致系统控制性能产生较大波动。有限控制集无模型预测控制方法和基于数据驱动的有限控制集模型预测控制方法解除了对参数准确性的高度依赖，提高了模型预测控制方法对参数失配的鲁棒性，有利于获得更优的控制精度。

参考文献

[1] Rodriguez J, Pontt J, Silva C A, et al. Predictive current control of a voltage source inverter[J]. IEEE Transactions on Industrial Electronics, 2007, 54(1): 495-503.

[2] Rodriguez J, Kennel R M, Espinoza J R, et al. High-performance control strategies for electrical drives: An experimental assessment[J]. IEEE Transactions on Industrial Electronics, 2012, 59(2): 812-820.

[3] Kouro S, Cortes P, Vargas R, et al. Model predictive control: A simple and powerful method to control power converters[J]. IEEE Transactions on Industrial Electronics, 2009, 56(6): 1826-1838.

[4] Cortes P, Kazmierkowski M P, Kennel R M, et al. Predictive control in power electronics and drives[J]. IEEE Transactions on Industrial Electronics, 2008, 55(12): 4312-4324.

[5] Darby M L, Nikolaou M. MPC: Current practice and challenges[J]. Control Engineering Practice, 2012, 20(4): 328-342.

[6] Faedo N, Olaya S, Ringwood J V. Optimal control, MPC and MPC-like algorithms for wave energy systems: An overview[J]. IFAC Journal of Systems and Control, 2017, 1: 37-56.

[7] Khalilzadeh M, Vaez-Zadeh S, Rodriguez J, et al. Model-free predictive control of motor drives and power converters: A review[J]. IEEE Access, 2021, 9: 105733-105747.

[8] Lin C K, Liu T H, Yu J T, et al. Model-free predictive current control for interior permanent magnet synchronous motor drives based on current difference detection technique[J]. IEEE Transactions on Industrial Electronics, 2014, 61(2): 667-681.

[9] Fliess M, Join C. Model-free control[J]. International Journal of Control, 2013, 86(12): 2228-2252.

[10] Zhou Y N, Li H M, Zhang H G. Model-free deadbeat predictive current control of a surface-mounted permanent magnet synchronous motor drive system[J]. Journal of Power Electronics, 2018, 18(1): 103-115.

[11] Zhang Y C, Jin J L, Huang L L. Model-free predictive current control of PMSM drives based on extended state observer using ultralocal model[J]. IEEE Transactions on Industrial Electronics, 2021, 68(2): 993-1003.

[12] Wang T, Zhu Z Q, Freire N M A, et al. Comparative study of parameter mismatch on different model predictive controls for PMSM drives[C]. The 9th International Power Electronics and Motion Control Conference, Nanjing, 2020: 177-184.

[13] Siami M, Khaburi D A, Rodriguez J. Torque ripple reduction of predictive torque control for PMSM drives with parameter mismatch[J]. IEEE Transactions on Power Electronics, 2017, 32(9): 7160-7168.

[14] Goncalves P F C, Cruz S M A, Mendes A M S. Sensitivity to parameter mismatch in a bi-subspace predictive current control strategy for six-phase PMSM drives[C]. The 46th Annual Conference of the IEEE Industrial Electronics Society, Singapore, 2020: 4875-4880.

[15] Guo L L, Xu Z Y, Jin N, et al. A weighted voltage model predictive control method for a virtual synchronous generator with enhanced parameter robustness[J]. Protection and Control of Modern Power Systems, 2021, 6: 1-11.

[16] Li H X, Lin J C. Current prediction-based three-vector voltage optimization system for the induction motor with current static error correction[J]. Mathematical Problems in Engineering, 2020, (3): 1-12.

[17] Wang Q W, Zhang G Q, Wang G L, et al. Offline parameter self-learning method for general-purpose PMSM drives with estimation error compensation[J]. IEEE Transactions on Power Electronics, 2019, 34(11): 11103-11115.

[18] Zentai A, Daboczi T. Offline parameter estimation of permanent magnet sychronous machines by

means of LS optimization[C]. IEEE/SICE International Symposium on System Integration, Nagoya, 2008: 36-41.

[19] Zhu Z Q, Liang D W, Liu K. Online parameter estimation for permanent magnet synchronous machines: An overview[J]. IEEE Access, 2021, 9: 59059-59084.

[20] Naikawadi K M, Patil S M, Kalantri K, et al. Comparative analysis of features of online numerical methods used for parameter estimation of PMSM[J]. International Journal of Power Electronics and Drive Systems, 2022, 13(4): 2172-2180.

[21] Lai C Y, Feng G D, Mukherjee K, et al. Torque ripple minimization for interior PMSM with consideration of magnetic saturation incorporating online parameter identification[J]. IEEE Transactions on Magnetics, 2017, 53(6): 1-4.

[22] Abu-Ali M, Berkel F, Manderla M, et al. Deep learning-based long-horizon MPC: Robust, high performing, and computationally efficient control for PMSM drives[J]. IEEE Transactions on Power Electronics, 2022, 37(10): 12486-12501.

[23] Pang S Z, Zhang Y H, Huangfu Y G, et al. A virtual MPC-based artificial neural network controller for PMSM drives in aircraft electric propulsion system[J]. IEEE Transactions on Industry Applications, 2024, 60(2): 3603-3612.

[24] Ali Gamal Al-Kaf H, Lee K B. Low complexity MPC-DSVPWM for current control of PMSM using neural network approach[J]. IEEE Access, 2022, 10: 132596-132607.

[25] Yao C X, Sun Z Y, Xu S, et al. ANN optimization of weighting factors using genetic algorithm for model predictive control of PMSM drives[J]. IEEE Transactions on Industry Applications, 2022, 58(6): 7346-7362.

[26] Yao C X, Sun Z Y, Xu S, et al. Optimal parameters design for model predictive control using an artificial neural network optimized by genetic algorithm[C]. The 13th International Symposium on Linear Drives for Industry Applications, Wuhan, 2021: 1-6.

[27] Lai C Y, Feng G D, Iyer L V, et al. Genetic algorithm-based current optimization for torque ripple reduction of interior PMSMs[J]. IEEE Transactions on Industry Applications, 2017, 53(5): 4493-4503.

[28] Wang F X, Li J X, Li Z, et al. Design of model predictive control weighting factors for PMSM using Gaussian distribution-based particle swarm optimization[J]. IEEE Transactions on Industrial Electronics, 2022, 69(11): 10935-10946.

[29] Kong X Z, Li J X, Li Z, et al. Particle swarm optimization based continuous control set model predictive speed control for PMSM[C]. IEEE International Conference on Predictive Control of Electrical Drives and Power Electronics, Jinan, 2021: 152-156.

[30] Fang S H, Wang Y C, Wang W, et al. Design of permanent magnet synchronous motor servo system based on improved particle swarm optimization[J]. IEEE Transactions on Power Electronics, 2022, 37(5): 5833-5846.